DESCRIPTION GÉOLOGIQUE

DE

L'ÎLE D'AMBON

PAR

R. D. M. VERBEEK

Docteur ès sciences.

(Edition française du Jaarboek van het Mijnwezen in Nederlandsch
Oost-Indië, Tome XXXIV, 1905, partie scientifique).

BATAVIA.
IMPRIMERIE DE L'ÉTAT
1905.

DESCRIPTION GÉOLOGIQUE

DE

L'ÎLE D'AMBON

PAR

R. D. M. VERBEEK

Docteur ès sciences.

(Edition française du Jaarboek van het Mijnwezen in Nederlandsch Oost-Indië, Tome XXXIV, 1905, partie scientifique).

$\longrightarrow\!\blacklozenge\!\longleftarrow$

BATAVIA
IMPRIMERIE DE L'ÉTAT
1905.

DESCRIPTION GÉOLOGIQUE

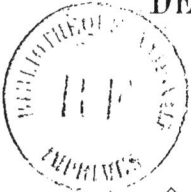

DE

L'ÎLE D'AMBON

PAR

R. D. M. VERBEEK
Docteur ès sciences.

PRÉFACE.

Un premier rapport sur mes recherches dans la partie orientale de l'Archipel des Indes Néerlandaises a paru dans le „Jaarboek van het Mijn-wezen in Nederlandsch Oost-Indië", Tome XXIX, 1900, pp. 1—29, sous le titre „Geologische beschrijving van de Banda-eilanden".

Je présente ici mon 2^d rapport, relatif à l'île d'Ambon. Pour des causes diverses, la publication en a été quelque peu retardée. Mais ce retard a été plutôt avantageux; car d'abord j'ai été à même de faire usage des données que m'a fournies l'analyse des roches, que j'ai pu recueillir dans les autres îles des Moluques; et d'autre part, j'ai eu l'occasion, en 1904, de visiter encore une fois Ambon, pour compléter mes recherches de 1898 et de 1899.

Je travaille à présent à un 3e rapport, que je nommerai, pour abréger „rapport sur les Moluques". Il comprendra des notes géologiques sur 250 îles environ, grandes et petites, situées entre Célèbes et la Nouvelle-Guinée, appartenant en majeure partie aux résidences Ternate, Timor et Amboina, et pour une faible part à la résidence Menado et au Gouverne-ment de Célèbes.

Le Gouvernement a eu la bienveillance de décider que les deux derniers rapports seraient publiés en deux langues, en hollandais et en français.

Il m'est agréable d'exprimer ici ma gratitude à toutes les personnes qui, à des titres divers, m'ont prêté leur concours pour l'exploration de l'île d'Ambon et pour la rédaction du rapport

Tout d'abord: à mon collègue M. KOPERBERG, pour la part qu'il a eue dans l'exploration de Hitou;

au lieutenant-colonel J. A. B. MASTHOFF, médecin en chef de l'armée à Ambon, qui a pris pour moi des photographies donnant une image fidèle des dévastations, produites au chef-lieu par le tremblement de terre de 1898;

à M. A. VAN WETERING, assistant-résident et secrétaire de la résidence
Amboina, pour les données qu'il m'a fournies sur la population et les
divisions politiques d'Ambon; l'ancien résident d'Ambon, M. J. VAN OLDEN-
BORGH, qui m'a communiqué aussi des renseignements sur la même
matière, n'est malheureusement plus en vie;

à M. PAULUS NAJOAN, maître de dessin à l'école normale pour instituteurs
indigènes à Ambon, qui m'a fourni des photographies de Leitimor et du
Salahoutou.

Puis, à toutes les autorités (régents, wijkmeesters et gezaghebbers) de
la population d'Ambon, pour le concours qu'ils m'ont prêté dans le relèvement de l'île et pour l'hospitalité qu'ils ont accordée à moi et à mon
personnel; je citerai surtout, pour *Hitou*, M.M. MATTHEUS JOSEPHUS
EDUARD PATTY, régent d'Alang et de Nousaniwi; RADJA ADAM NUKUHEHE,
régent de Saïd; JAN PIETER WILLEM HEHUWAT, régent de Tawiri et de
Hatiwi bésar; pour *Leitimor*, M.M. JACOBUS FREDERIK TUPENALAY, régent
de Halong; RUDOLF PIETER DE QUELJO, régent de Kilang; JACOBUS PETRUS
TISERA, régent de Ouri mèsèng; JACOBUS MUSKITA, wijkmeester de Mahija;
JONAS MASPETELLA, gezaghebber de Routoung.

Dans l'élaboration de mon rapport, j'ai reçu l'appui de diverses personnes. Je dois de la reconnaissance principalement:

à mon vieil ami, le Professeur CLEMENS WINKLER à Freiberg en Saxe,
qui ne peut plus agréer l'expression de ma gratitude car, par malheur,
la mort nous l'a enlevé; c'est sous sa direction et plus tard sous celle de
son obligeant successeur, le Professeur O. BRUNCK, qu'ont été effectuées,
au laboratoire de l'Académie des mines à Freiberg, diverses analyses
chimiques de roches d'Ambon.

Ensuite: à mes anciens collègues le Professeur S. J. VERMAES à Delft
et le Dr. F. BEIJERINCK à la Haye, également pour des analyses chimiques de roches;

au Professeur P. KLEY à Delft, pour différentes recherches microchimi-
ques sur les éléments de roches d'Ambon;

à M. P. HUFFNAGEL Pz., ingénieur des mines à Rotterdam, pour la
détermination de quelques minéraux.

Puis encore: au lieutenant de vaisseau F. SMIT, commandant de la
canonnière „Ceram" de la Marine Royale Néerlandaise, stationnée à Ambon,
pour la détermination de la direction astronomique de la hampe du
pavillon au fort Nieuw-Victoria vers l'arbre isolé situé au sommet du
Gounoung Kĕrbau. Cette direction fut évaluée à 48° 31' 50" ouest; et
comme, d'après nos mesures, la direction magnétique est de 51° 10' ouest,

il s'ensuit qu'en 1904 la déclinaison de l'aiguille aimantée, ou l'angle formé par les méridiens magnétique et astronomique, était pour Ambon, de 2° 38′ à l'est;

au capitaine du génie F. W. P. CLIGNETT à Ambon, qui m'a prêté assistance pour recueillir, par pétardement, une grande quantité d'échantillons d'un calcaire dur, fossilifère, de la vallée de la Batou gantoung;

à M. C. A. ECKSTEIN, directeur de l'Institut topographique à la Haye, pour les soins tout particuliers qu'il a fait apporter par son personnel dans la reproduction des cartes.

Enfin, aux Professeurs F. ZIRKEL à Leipzig, H. ROSENBUSCH à Heidelberg et A. OSANN à Fribourg e. Br., pour l'analyse de quelques-unes de mes préparations microscopiques de roches;

et aux Professeurs G. BOEHM à Fribourg e. Br. et O. BOETTGER à Francfort s. l. M., pour leur détermination et leur description des fossiles d'Ambon.

A tous mes collaborateurs mes remerciements les plus sincères.

Les titres et les légendes explicatives des cartes, profils et dessins annexés à ce rapport sont en hollandais, car ces annexes n'ont été imprimés qu'une seule fois. On en trouvera la traduction française après la table, à la page XVII.

Dans le texte français on a conservé pour les noms l'orthographe hollandaise; cependant la voyelle composée *oe*, qui se prononce comme *ou* en français, a été remplacée par cette dernière: c'est ainsi que Goenoeng a été écrit ici Gounoung.

La Haye, le 30 Novembre 1905.

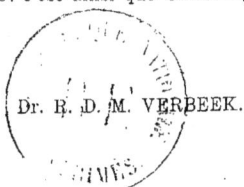

Dr. R. D. M. VERBEEK.

TABLE DES MATIERES.

LISTE
DES 4 CARTES ET DES 6 FEUILLES-
ANNEXES (EN PORTEFEUILLE).

LISTE DES PROFILS, DESSINS ET PLANCHES (FIGG. 1 à 75).

Annexe I.

Fig. 1.   Profil géologique, suivant une ligne brisée, depuis Kĕlapa douwa (près de Halong) par le G. Api angous, la Waï Warsia et Halerou vers Touwi sapo. Échelle horizontale 1 : 20000; échelle verticale 1 : 20000 et 1 : 5000.

Fig. 2.   Profil géologique, suivant une ligne brisée, d'Ambon à la chaîne gréseuse au-dessus de Routoung, par le G. Batou medja, Soja di atas, le G. Sirimau et le G. Horiel. Échelle horizontale 1 : 20000; échelle verticale 1 : 20000 et 1 : 5000.

Fig. 2a.   Limite de la serpentine et du grès à la grand' route d'Ambon à Routoung. Échelle horizontale 1 : 20000; échelle verticale 1 : 5000.

Fig. 3.   Profil géologique, suivant une ligne brisée, de Waï Nitou (près d'Ambon) à Tandjoung Hati ari, en passant par le G. Nona. Échelle horizontale 1 : 20000; échelle verticale 1 : 20000 et 1 : 5000.

ERRATA.

A. INTRODUCTION.

L'île d'Ambon est située au sud de l'extrémité occidentale de la grande île de Céram, entre 3° 29' et 3° 48' de latitude sud et entre 127° 54' et 128° 21' de longitude orientale de Greenwich.

Les coordonnées géographiques de la hampe du pavillon au fort Nieuw-Victoria (voir fig. 54, feuille annexe V) du chef-lieu Ambon sont
128° 10' 30",7 longit E. de Gr. et 3° 41' 30" lat. S. (¹)

Sur la carte n°. I, dressée d'après nos nouveaux levés effectués en 1898, l'île est figurée à l'échelle de 1 : 100 000. Cette carte fait voir que l'île d'Ambon se compose de deux presqu'îles, qui communiquent près de Paso par une bande étroite d'alluvium, élevée de 3 à 5 m. au-dessus du niveau de la mer.

Ces deux parties, dont la plus grande, celle du nord, a reçu le nom de *Hitou*, tandis que la partie sud, la plus petite, est appelée *Leitimor*, formaient jusqu'à une époque relativement récente deux îles distinctes, et c'est aussi comme telles qu'elles seront décrites ci-dessous.

Nous avons effectué en détail le levé topographique de la portion méridionale et nous l'avons représentée sur la carte n°. II, qui consiste en 5 feuilles à l'échelle de 1 : 20000 avec titre. Le levé du terrain a été fait par le topographe W. van den Bos, et je l'ai exploré moi-même au point de vue géologique.

Je n'ai pu faire que fort peu usage de la carte de Mickler (²);

(¹) L'ancienne donnée 128° 10' 15",15 longit. E. de Gr. a subi deux corrections, parce que en 1892 Makasser a été déplacée de 4" vers l'est par rapport à Batavia ; et cette dernière ville a elle-même subi un déplacement de 11",55 vers l'est en 1896 ; cela fait ensemble une différence de 15",55.

(²) Carte d'Ambon et des environs, ainsi que des voies de communication avec les autres parties de la presqu'île de Leitimor. Plan levé et cartographié par le capitaine d'infanterie W. H. A. Mickler. Publiée par le Bureau topographique de Batavia en 9 feuilles, à l'échelle de 1 : 20000 (sans date).

Par décret gouvernemental du 23 novembre 1865 n°. 10, le capitaine Mickler fut envoyé à Ambon, afin d'y faire quelques levés topographiques en vue de la défense de l'île contre une invasion étrangère. Dans une lettre officielle du 15 avril 1867, Mickler annonçait que les opérations étaient terminées; elles avaient donc duré une année environ.

1

d'abord, une petite partie seulement de Leitimor a été complètement achevée, savoir les environs du chef-lieu; en second lieu, nous nous sommes aperçus bien vite que les configurations des terrains n'ont pas toujours été rendues avec exactitude et que les hauteurs des montagnes présentaient aussi des écarts assez considérables. C'est ainsi que, d'après nos mesures, le Gounoung Horiel a 562 m. de hauteur, tandis que MICKLER ne lui attribue qu'une altitude de 548.4 m. C'est pour ce motif que nous avons résolu de faire des levés tout à fait nouveaux, et en dressant notre carte nous n'avons consulté celle de MICKLER que pour quelques parties seulement, dans le tracé des courbes de niveau.

Le Leitimor de la carte n⁰. I est une copie réduite de la grande carte en 5 feuilles.

Notre séjour à Ambon a été bien trop court pour pouvoir lever *Hitou* en détail. C'est pourquoi nous n'avons effectué dans cette grande île que les mesures suivantes: le contour tout entier; la route de Roumah tiga à Hitou lama; une seconde route de Hatiwi bĕsar (à vrai dire du hameau Batou loubang) vers Hila; le sentier de Waï laä au Gounoung Kĕrbau; le sentier de Nania au Gounoung Eri; la route de Souli à Toulehou et de Waë à Liang. La situation des principaux sommets a été déterminée par des angles de relèvement, de sorte que pour cette île aussi il a été possible de tracer les courbes de niveau avec une précision convenable. Sur la carte n⁰. I les lignes d'altitude, tant pour Hitou que pour Leitimor, correspondent à des distances verticales de 50 mètres. Sous le rapport géologique, Hitou a été étudiée pour la plus grande partie par l'ingénieur des mines M. KOPERBERG, qui m'a été adjoint pour l'exploration d'Ambon, et pour le reste par moi-même. Tous les échantillons de roches que nous avons recueillis, je les ai examinés au microscope.

B. TOPOGRAPHIE DE LEITIMOR.

(CARTES N⁰. I et N⁰. II).

Leitimor a la forme d'un triangle irrégulier dont la base, qui a 8 km. environ de longueur, est située du côté est; le sommet du triangle est situé à l'ouest, là où l'île se termine en une pointe, le cap Nousaniwi (ou Nousanivé).

La longueur de l'île, dans une direction de 57° astr., est de 26.7 km.; la plus grande largeur, entre Gĕlala et le cap Hihar, est de 10 km.

Leitimor est séparée de Hitou par les baies d'Ambon et de Bagouala, entre lesquelles s'étend l'isthme de Paso, une bande de terre très basse, large de plus de un kilomètre, qui relie les deux presqu'îles. L'extrémité orientale de la baie d'Ambon est appelée «baie Intérieure» (Binnenbaai); près du cap Martafons (¹) elle communique avec la baie d'Ambon proprement dite par un détroit qui n'a que 500 m. de largeur.

Leitimor est presque entièrement montagneuse; elle ne présente que quatre plaines alluviales de quelque étendue; la première est située dans la partie du sud-ouest, le long de la côte près de Latou halat et d'Ajĕrlo; dans la seconde se trouve le chef-lieu Ambon, à la côte nord; la troisième plaine est celle de Paso, la localité dont il a été question plus haut; la quatrième s'étend de Routoung à Houtoumouri, le long de la plage dans la partie sud-est de l'île. Abstraction faite de ces plaines relativement peu étendues, les montagnes plongent partout dans la mer.

(¹) D'après VALENTIJN, Oud- en Nieuw Oost-Indien II, 1, bdz. 114, une corruption de „Martijn Alfonsus-hoek"; à la même page; il donne encore à ce cap les noms de „Melis-" ou „Martijn Fonso's hoek".

Les *principaux sommets* sont: dans la portion occidentale, étroite de l'île, le Gounoung Kapal (229.5 m. ou 230 en nombre rond); dans l'intérieur, plus à l'est, le G. Nona (539 et 514 m.), le G. Sirimau (463 m.) et le G. Horiel (562 m.), le point le plus élevé de Leitimor. Dans la partie orientale, le G. Api angous (309 m.) et le G. Maout (334 m.). Un grand nombre d'autres cimes seront citées plus tard, lors de la description géologique de l'île. (¹)

Le terrain situé en arrière d'Ambon offre un caractère très particulier: il monte très rapidement jusqu'au niveau de 80 m. au-dessus de la mer; puis il continue à s'élever peu à peu, en croupes longues et plates, en forme de terrasses, jusqu'au pied de la chaîne de Soja di atas, où il atteint l'altitude de 170 m. Plus haut dans la montagne, il y a encore des terrasses, mais celles-ci sont moins apparentes. Ces terrasses, en forme de plateau, s'étendent à partir d'Ambon, dans une direction nord-est, jusque derrière Halong et Paso.

La *ligne de partage des eaux* (cartes nᵒˢ. II et IV) entre les côtes nord et sud de Leitimor commence à l'ouest, près du cap Nousaniwi; de ce point elle se dirige vers le G. Kapal (altitude 229.5 m.), descend ensuite jusqu'à 55 m. vers un point de la route de Latou halat à Silali, pour remonter ensuite vers les hautes montagnes en arrière d'Amahousou, en passant le G. Rousi (220 m.). Cette première partie, avec le G. Kapal, doit donc être considérée comme une chaîne de montagnes distincte, qui se rattache à la chaîne d'Amahousou par le défilé de 55 m. de hauteur seulement, dont il vient d'être question. Dans le massif montagneux d'Amahousou la ligne de faîte atteint déjà des altitudes de 477 jusqu'à 495 m., au G. Nona elle parvient même à 539 m. A partir de ce point elle se dirige sensiblement vers l'est et passe par les sommets Siwang (534 m.) et les montagnes calcaires Eri haou (361 m.) et Nanahou (377 m.); elle prend ensuite au nord-est, par le G. Loring ouwang (384 et 401 m.) jusqu'au G. Sirimau (463 m.); puis elle s'infléchit de nouveau vers l'est jusqu'au G. Horiel (562 m), pour redescendre

(¹) Les chiffres donnés ici et plus loin ont été déterminés après calcul de toutes les mesures; en partie, ils présentent de petites différences avec ceux que j'ai donnés dans mon travail „Over de geologie van Ambon". Verh. der Kon. Ak. v. Wetenschappen. Amsterdam, Deel VI. Nᵒ. 7, 1899.

5

enfin le versant nord-est de cette montagne, vers un point situé à
360.5 m. au-dessus du niveau de la mer (voir feuille 3), un peu
au-dessus du point où la grand' route d'Ambon à Routoung atteint
l'altitude de 314 m. En cet endroit, la ligne de faîte se sépare en
deux branches, qui enferment le bassin de la côte orientale. L'arête
septentrionale se dirige vers Paso en passant par le G. Api angous
(309 m.) et le G. Wringin pintou (240 m.), tandis que la seconde
branche part du point susnommé (314 m.) et passe par-dessus le
G. Tjolobaï (239 m.) et le G. Kamala houhoung (248.5), pour former
ensuite un grand coude, d'abord vers l'est, puis vers le sud et se
diriger vers le G. Patah et atteindre de là le cap Houtoumouri. La
première branche forme donc la ligne de partage des eaux entre les
côtes du nord et de l'est; la seconde, entre les côtes du sud et de l'est.

Les principales *rivières* sont (carte n°. II):

I. *A la côte est:*

1. La Waï (rivière) *Jori*, qui débouche dans la baie de Bagouala
   au sud de Paso; cette rivière et la Waï Rouhou sont les
   plus grandes de Leitimor; elles ont toutes deux un cours de
   8 km. environ de longueur. La Jori a de nombreux affluents,
   dont les plus importants se nomment la Warsia et la Tané,
   qui prennent toutes les deux leur source au versant nord-est
   du G. Horiel. A l'époque des pluies (de mai à août) la
   W. Jori transporte des masses d'eau prodigieuses, de telle sorte
   que bien souvent la rivière ne peut être traversée. Sauf au chef-
   lieu Ambon, des ponts ne se rencontrent nulle part dans l'île.

2. La Waï *Touwi sapo*, qui se jette dans la mer près de l'endroit de ce nom, et qui s'appelle Malako dans son cours
   supérieur. Cette rivière descend du G. Kamala houhoung.

II. *A la côte sud:*

3. La Waï *Sérmeti*, nommée Ajér bèsar à son embouchure; elle
   se jette dans la mer à l'est d'Houtoumouri et prend aussi sa
   source au G. Kamala houhoung. Le Manat en est un affluent
   inférieur de droite.

4. La Waï *Ihouresi*, qui prend sa source au G. Horiel et coule
   en direction méridionale vers la Labouhan Ihouresi ou baie
   de Houkourila.

5. La Waï *Hahila,* appelée I-jang dans son cours supérieur, prend sa source à la crête située entre Sirimau et Horiel et se jette dans la Labouhan Hahila.

6. La Waï *Hatalaï,* nommée Hanouan dans son cours moyen, près de Nakou, prend sa source au G. Sirimau; toutefois, de nombreux affluents de droite, tels que la Nahoupaman, l'Abouhou, la Leisisa, la Houri, la Karo etc. viennent du terrain sis à l'ouest de Hatalaï et de Nakou. Elle débouche dans la baie de Nakou (Labouhan Nakou).

7. La Waï *Roupang,* qui se jette dans la Labouhan Roupang et qui descend du G. Loring ouwang. Un des affluents supérieurs se nomme Laouroung.

8. La Waï *Wemi,* à l'ouest de Seri.

III. *A la côte nord:*

9. La Waï *Ila,* ou rivière d'Amahousou, qui charrie de grandes masses de gravier et de pierres, venant des montagnes, composées de matières très friables, situées en arrière d'Amahousou.

10. La Waï *Batou gantoung,* qui se jette dans la mer à l'ouest d'Ambon. Quelques affluents ont leur source au G. Apinau (à l'est du G. Nona); d'autres, aux monts Eri haou et Nanahou; d'autres encore au Loring ouwang.

   Cette rivière arrose le hameau Malaman et passe à l'ouest du kampong Kousou-kousou-sĕreh.

11. La Waï *Batou gadjah,* qui forme sensiblement la limite occidentale du chef-lieu Ambon. Le cours supérieur, nommé Sasouou, descend du G. Sirimau, dans le voisinage de Soja di atas.

12. La Waï *Tomo,* qui prend aussi sa source près de Soja di atas et du G. Sirimau et débouche dans la mer du côté est du fort Nieuw-Victoria. Un affluent de gauche est la Waï *Tomo kĕtjil.*

13. La Waï *Batou merah,* dont l'embouchure est près du kampong de ce nom. Sur la route d'Ambon à Routoung on passe la Hoka, la Kaharou et la Jalima, des affluents de cette rivière.

14. La Waï *Rouhou,* près de Gĕlala; une grande rivière, longue de 8 km. environ (comme la Waï Jori) et large de 70 m.

à l'endroit où on la traverse. Les affluents Ila et Waï Jouwa descendent tous les deux du flanc septentrional du G. Horiel.
15. La Waï *Rikan* a son origine au G. Api angous et se jette dans la mer près de Lateri.

Canal de Paso. L'isthme de Paso, large de 1200 m., était jadis traversé dans toute sa largeur par un canal qui, d'après Lüdeking, fut creusé en 1725. Buddingh donne toutefois l'année 1754 comme date de cette première percée. Ce canal s'est ensablé bientôt à son embouchure orientale, et fut rendu de nouveau navigable, une première fois de 1783 à 1787, sous l'administration du Gouverneur des Moluques R. Padbrugge; plus tard une seconde fois de 1826 à 1827. En 1839 il était de nouveau bouché. (P. Bleeker. Reis door de Minahassa en den Molukschen Archipel. Batavia 1856, Deel II, bdz. 162 en 163. S. A. Buddingh. Neerlands Oost-Indië. Rotterdam 1860, Deel II, bdz. 149. E. W. A. Lüdeking. Schets van de residentie Amboina. 's Gravenhage 1868, bdz. 6 en 7. Extrait des Bijdragen tot de Taal-, Land- en Volkenkunde van Ned. Indië, 3e reeks, III, 1868, bdz. 1—272).

Actuellement il n'existe plus une communication parfaite entre la baie Intérieure et la baie de Bagouala. Des canots peuvent arriver de la baie Intérieure jusque dans le kampong Paso; mais les derniers 40 à 50 m. ils sont placés sur des rouleaux pour être poussés par voie de terre, à marée haute, jusqu'à la baie de Bagouala.

Les négories (villages indigènes), kampongs de bourgeois et hameaux de Leitimor sont, à partir de la pointe sud-ouest:
1. Latou halat. Une négorie sous l'autorité d'un régent.
2. Nousaniwi. Une négorie sous un régent, consistant en deux kampongs, Ajér lo et Eri. Le régent d'Alang (dans Hitou) est en même temps régent de Nousaniwi.
3. Silali. Une négorie sous un régent, administrée à présent temporairement par le régent de Latou halat.
4. Amahousou. Une négorie sous un régent.
5. Ouri mèsèng. Une négorie sous un régent, constituée par quatre hameaux ou petits kampongs: Kousou kousou séreh, où habite le régent, Malaman, Siwang et Seri (à la côte du sud).

6. Mahija. Un kampong de bourgeois séparé, sous l'autorité d'un sergent chef de quartier (wijkmeester).

7. Kilang. Une négorie sous un régent.

8. Houkourila.　　Idem.

9. Ema.　　Idem.

10. Nakou.　　Idem.

11. Hatalaï.　　Idem.

12. Soja di atas. (¹)　Idem.

13. Soja di bawah. Une négorie sous un régent. (Fait partie du chef-lieu Ambon).

14. Léahari. Une négorie sous un régent.

15. Routoung. Idem, administrée temporairement par un gouverneur (gezaghebber) pendant la minorité du jeune régent.

16. Houtoumouri. Idem. Le hameau Touwi Sapo, à la côte orientale, en fait partie.

17. Paso.　　Idem.

18. Lateri. Un kampong de bourgeois à part, sous un sergent chef de quartier. Le hameau Nontetou en fait partie.

19. Lata. Idem. A ce village appartient le hameau Kĕlapa douwa.

20. Halong. Une négorie sous un régent.

21. Hatiwi kĕtjil.　　Idem.

22. Gĕlala. Grand kampong de bourgeois séparé, sous l'autorité d'un sergent chef de quartier.

23. Batou merah. Une négorie mahométane, sous un régent.

24. Ambon. Chef-lieu de la résidence d'Amboine et siège du gouvernement. La partie orientale est appelée *Mardika*; à côté est située la négorie déjà citée *Soja di bawah*; plus au sud se trouve le kampong *Batou medja*; la portion du sud-ouest, où demeure le résident, est nommée *Batou Gadjah*. A l'ouest d'Ambon sont situés les hameaux *Ajĕr Wolanda*, *Waï Nitou* (où une source limpide jaillit du calcaire) et *Kouda mati*.

(¹) L'arbre aux canaris (amandier) de Soja di atas, déjà cité par VALENTIJN (Oud en Nieuw Oost-Indie II, 1, bdz. 117). qui doit être âgé à présent de 400 ans au moins. est encore toujours en vie; tous les ans il donne encore en abondance des fruits d'une excellente qualité.

Les négories sous un régent que nous venons de citer, ainsi que les kampongs de bourgeois séparés, administrés par un sergent chef de quartier, sont des négories et kampongs chrétiens, sous l'autorité de chefs indépendants. Toutes les négories mahométanes sont aussi placées sous des chefs indépendants. (¹)

(¹) Au sujet de la différence entre les négories chrétiennes et les kampongs de bourgeois, j'ai reçu des communications détaillées tant de la part de l'ancien-résident d'Amboine J. VAN OLDENBORGH, maintenant décédé, que de l'assistant-résident A. VAN WETERING, secrétaire de la résidence. J'en rapporte ici les plus importantes.

Une négorie chrétienne sous un radja (rajah) ou régent est toujours un village habité par la population primitive du pays. C'est à elle qu'appartient le sol; elle paie des impôts. fait des services de quart (kwarto-diensten), etc.

Les kampongs de bourgeois sous un sergent chef de quartier sont des colonies de bourgeois. d'anciens „mardijkers", les descendants d'étrangers qui, durant les premières années de la Compagnie des Indes orientales, se sont rendus utiles en combattant pour elle, ont embrassé le christianisme et ont été libérés pour cette raison à tout jamais de tout impôt et du service de quart. mais sont restés astreints au service de garde (schutterij). Dans l'Indisch Staatsblad de 1886. N⁰. 136. figure un „Reglement voor de schutterijen in de residentie Amboina" (Règlement pour les corps de garde dans la résidence d'Amboine). L'article 2 de ce règlement désigne ceux qui font partie de la garde. l'article 4 ceux qui sont libérés personnellement de ce service; ces derniers doivent, d'après l'article 5, payer une certaine contribution. Cette contribution est recouvrée par les sergents chefs de quartier, qui ne sont pas rétribués pour cette fonction, mais sont indemnisés pour leurs frais de voyage, lorsqu'ils viennent déposer à Ambon les contributions qu'ils ont encaissées. Les frais pour les moyens de transport s'élèvent à peu près à 8 pct. des sommes encaissées. S'il arrive que dans un kampong de bourgeois demeurent des Binoungkounais. lesquels doivent payer l'impôt personnel, le sergent chef de quartier recouvre aussi cet impôt et reçoit alors 8 pct. de salaire. Ces sergents n'ont d'ailleurs pas d'autres revenus.

Les rajahs des négories chrétiennes et musulmanes n'ont pas non plus de revenus fixes. Ils reçoivent 8 pct. des impôts recouvrés par eux. dont ²/₃ pour le régent et ¹/₃ pour tous les kapala's-soa (chefs subalternes) ensemble; ils reçoivent de plus une indemnité pour la privation des deniers de l'hassil et du pitis, depuis la suppression du monopole des girofles; et en outre, tous les ans, une gratification en linges; ces deux derniers revenus sont de peu d'importance. Enfin ils ont droit aux services de quart. Ces derniers ne sont pas des services de garde; les hommes, désignés à cet effet, le plus souvent au nombre de quatre par régent, peuvent être employés par ce dernier pour des services domestiques ou des travaux agricoles; c'est ainsi qu'on leur fait arranger le jardin, battre du sago etc. Les femmes des régents (njoras) ont également droit aux services de 2 à 4 jeunes filles de leur ressort, pour se faire aider à la cuisine ou aux travaux de couture. Les services de quart sont la principale source des revenus des régents. Déjà à diverses reprises on a proposé de supprimer ces divers revenus et de les remplacer par un traitement fixe; mais jusqu'à ce jour ces tentatives ont échoué. à cause des dépenses que ce changement entraînerait pour l'état. (Voir aussi G. W. W. C. Baron VAN HOËVELL, Ambon en meer bepaaldelijk de Oeliasers. Dordrecht 1875, pp. 24 à 28, où il est question des revenus des régents et des kapala's-soa, des services de quart. etc.; et p. 38, où il est traité de l'impôt prélevé sur les habitants d'Ambon. Cet impôt a été réglé ultérieurement par l'Indisch Staatsblad de 1891, N⁰. 45; et dans l'Indisch Staatsblad de 1892, N⁰. 82, figurent des dispositions relatives aux bourgeois de la résidence d'Amboine).

Routes. La plupart des endroits nommés plus haut sont reliés par des voies de communication que l'on appelle des routes, mais qui ne sont que des sentiers mal tracés, mal entretenus, à fortes pentes, sans ponts sur les rivières, de sorte qu'ils sont impraticables aux chevaux; c'est probablement pour cette raison que les chevaux de selle font totalement défaut à Ambon; s'ils étaient introduits, ils ne seraient d'aucun usage dans l'état actuel des routes. Aussi à Ambon les transports s'effectuent-ils exclusivement à pied; ou bien, si la route est assez large, par des chaises à porteurs reposant sur de longues tiges de bambou et portées par 8 à 12 personnes. C'est un mode de transport désagréable, car il faut souvent quitter la chaise aux fortes pentes. Les habitants d'Ambon ont toutefois acquis dans le maniement de ces chaises une grande habileté, de sorte que tout nouveau venu est surpris de les voir. gravir avec une telle masse de hautes montagnes, telles que le Gounoung Nona, dont ils atteignent le sommet, à l'altitude de 500 m., d'Ambon en quelques heures.

Végétation. Une grande portion de Leitimor, principalement les parties orientale et centrale de l'île, est recouverte de forêts épaisses; là où les bois font défaut, il faut attribuer cette absence, sans exception, à l'arrangement de petits jardins par les Binoungkounais, habitants de la petite île Binoungkou, située près de Célèbes, au sud-est de Bouton; les Binoungkounais séjournent temporairement à Ambon et s'y livrent surtout à la culture des légumes et des fruits. Pour leurs jardins, ils choisissent de préférence un sol calcarifère où les fragments de calcaire sont mélangés à du gravier et des matières éruptives; pour l'aménagement du jardin ils abattent la haute futaie. Mais, comme ce sol n'est pas particulièrement fertile, les jardiniers déménagent assez fréquemment et par là les bois épais disparaissent lentement mais sûrement. Dans les jardins abandonnés ne croît plus que l'herbe alang-alang que l'on nomme «kousou-kousou» à Ambon.

Panorama. La fig. 73 donne un panorama général de Leitimor, obtenu au moyen de quatre photographies faites par Paulus Najoan, professeur de dessin à l'école normale pour instituteurs indigènes à Ambon. La vue est prise d'un point situé à 100 m. environ au-dessus

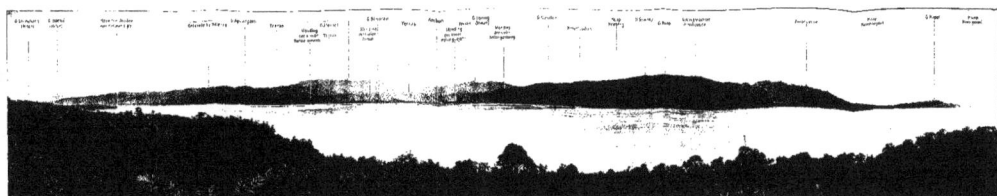

Fig. 23. Panorama de Lausanne pris en se servant de trois clichés.

du niveau de la mer, sur le sentier qui conduit du hameau Waï laä au Gounoung Kĕrbau. On voit de gauche à droite les points suivants : tout à fait à gauche les montagnes calcaires Eriwakang et Houwé dans Hitou ; puis la montagne près de Halérou et la chaîne grèseuse en arrière de Halong, qui culmine par le G. Api angous ; la montagne plate de serpentine Horiel, la montagne granitique Sirimau, la cime de péridotite Loring ouwang et le mont calcaire Nanahou. Plus à l'ouest les monts Siwang et Nona, la chaîne derrière Amahousou et le mont Kapal. Au premier plan, également de gauche à droite : la pointe près de l'embouchure de la Waï Lela, à l'ouest de Roumah tiga (le cap Martafons est situé derrière cette pointe et n'est pas visible) ; les terrasses plates, qui s'étendent de Halong jusque derrière Ambon et son entaillées profondément par les quatre rivières Batou merah, Tomo, Batou gadjah et Batou gantoung ; puis le chef-lieu Ambon avec quelques bateaux à vapeur amarrés dans la rade ; plus à l'ouest encore, les hangars à charbon, le cap Benteng, le village d'Amahousou, le cap Batou anjout et le cap Nousaniwi.

L'échelle étant un peu trop réduite, le caractère fortement accidenté du massif montagneux de Leitimor n'est pas bien rendu dans ce panorama. Mais on n'a pas pu trouver un point plus rapproché, offrant une bonne vue d'ensemble de toute l'île.

C. TOPOGRAPHIE DE HITOU.

(CARTE N°. I.)

Hitou est beaucoup plus grande que Leitimor; l'axe longitudinal, dans la direction de 62° astr., est long de 52.7 km.; la largeur est de 12 à 15 km. dans la portion occidentale, de 6.6 km. seulement au centre, entre Hitou lama et Hounout, et de 12 à 17 km. dans la partie orientale.

De même que Leitimor, Hitou est montagneuse pour la plus grande partie; ou ne trouve des plaines alluviales de quelque étendue que près de Laha, entre Roumah tiga et Poka, près de Paso et entre Toulehou et Waë; puis encore, en bandes plus ou moins larges, en divers endroits le long de la côte.

Les *montagnes* de Hitou sont situées principalement dans l'ouest et dans l'est de l'île; la partie centrale est beaucoup plus basse et présente de nombreuses croupes plates, étagées en terrasses, tout comme le terrain en arrière d'Ambon.

Les montagnes de l'ouest appartiennent à deux groupes, que l'on peut appeler le massif du Latoua et le massif du Loumou-loumou. Les monts de l'est appartiennent presque tous au grand massif du Salahoutou.

1. *Massif du Latoua.*

Le plus haut point de ce groupe de montagnes est le Latoua lui-même, haut de 882 m.; il est en même temps le sommet le plus élevé de tout l'ouest de Hitou. Du Latoua partent dans toutes les directions des contreforts en forme de rayons, qui se prolongent jusqu'aux rivages sud, ouest et nord de l'île.

Sur ces arêtes se trouvent les cimes suivantes. Au sud du Latoua, le Hita kapal (830 m.), le Sapak aja (718 m.) et l'Isirpei (550 m.); du Sapak aja se détache, dans une direction sud-est, une arête qui passe par le Hatou lalikoul (650 m.) et se dirige vers Alang; une seconde arête se dirige au sud-ouest vers Wakasihou et Lariké, en passant par le Tita oulou (550 m.). Du Hita kapal une arête portant le G. Lana (500 m.) descend vers la côte occidentale au nord de Lariké, et une autre, portant le G. Taïnan (500 m.) vers Asiloulou. Sur le versant nord du G. Lana se trouve un petit lac insignifiant, le Télaga Lana, à l'altitude de 415 m. Au nord du Latoua, une arête s'étend par dessus le dôme du Tili (838 m.), le Sëribou éwan (710 m.) et le Héna kastétou (617 m.) vers Lima. Au sud-est du Latoua on trouve encore le sommet Oupa (467 m.), au-dessus de Liliboï et de Hatou. Ce grand massif montagneux se rattache au second grand terrain de montagnes de l'ouest de Hitou par une longue arête, qui s'étend du Latoua dans une direction nord-est, et porte les sommets Hatou koï (750 m.) et Walé ateh (755 m.).

2. *Le massif du Loumou-loumou.*

Ce groupe de montagnes consiste en trois dos ou chaînes, qui portent les noms de Loumou-loumou, Walawaä et Touna; la crête de tantôt, qui vient du Latoua et passe par le Walé ateh, rencontre ce groupe juste au point de rencontre du Walawaä, dirigé du nord au sud, avec le Loumou-loumou qui s'étend de l'ouest à l'est.

Cette *dernière montagne* présente diverses éminences, qui toutefois ne diffèrent pas considérablement en altitude, de sorte que, vue à distance, elle apparaît comme un dos plat. La cime extrême occidentale a 742 m. d'altitude, les deux suivantes, respectivement 751 m. et 782 m.; ces trois sommets forment le Loumou-loumou proprement dit. Le sommet cité en dernier lieu est appelé G. Oulou kadera par les habitants de Tawiri, tandis que ceux de Saïd l'appellent G. Kadera. Cependant le vrai G. Kadera est situé plus au sud et n'a qu'une altitude de 607 m. (voir carte n°. I). Vient ensuite, séparée de la précédente par une dépression de 707 m., la montagne désignée sur notre carte par le nom Loumou-loumou, et qu'on nomme communément G. Setan; elle a deux sommets, de 748 et 741 m. D'ici la chaîne descend, d'abord dans une direction nord-est par le sommet pointu Koukousan (657 m.), puis vers le nord jusqu'à la colline Pransana (64 m.) près de Hila. Au nord du Loumou-loumou proprement dit (occidental)

se trouve une arête qui présente deux sommets, de 694 et 635 m.,
et s'étend de l'ouest à l'est. Entre cette arête et le Loumou-loumou,
on trouve un petit lac, le Télaga Radja, à 619 m. d'altitude, entouré
de montagnes et qui, de tous les lagons d'Ambon, donne seul
l'impression d'un ancien lac de cratère. L'eau en est fraîche et
potable. Une seconde mare existe au versant sud du Loumou-loumou,
à proximité d'un des affluents supérieurs de la rivière de Tawiri,
ou Waï Lawa, à 497 m. au-dessus du niveau de la mer; c'est le
Télaga Bounga.

Du Loumou-loumou descendent vers le sud des contreforts, sur
lesquels se trouvent le G. Kadera (607 m.) et la montagne allongée
le G. Kĕhouli, au-dessus de Tawiri.

La seconde chaîne, le *Walawaä*, se rattache à l'extrémité occidentale du Loumou-loumou; mais sa direction est du sud au nord et
elle présente plusieurs sommets qui diffèrent peu en altitude; ce
dos est donc également plat. Le plus haut point est à 828 m.
d'altitude; l'extrémité septentrionale est appelée Hatou Sĕliin.

Entre ce Hatou Sĕliin et la troisième chaîne, le Touna, existe une
selle de 623 m. de hauteur. Le Touna est un dos étroit à 3 sommets,
de 804, 861 et 875 m. d'altitude; celui du nord-est est le plus élevé.
A l'ouest et à l'est, cette montagne est très escarpée et inaccessible
à sa partie supérieure; on atteint le plus facilement la cime par une
arête qui part d'un point de la route de Hila à Saïd, du côté nord
de la montagne, et va directement au sommet le plus élevé. Un
second sentier, au versant ouest de la montagne, conduit d'abord
de Saïd vers le petit défilé de 623 m. dont il vient d'être question;
il s'infléchit ensuite à l'est, vers un petit affluent de la Waï Loï,
la Waï Touna; et de ce point, à 505 m. d'altitude, on peut, par une
arête excessivement escarpée, avec des déclivités de 30° et plus,
atteindre, du côté sud de la montagne, le sommet du milieu (861 m.)
et puis la cime la plus élevée (875 m.). Par suite de l'état avancé
de désagrégation du sol et de la couche épaisse de mousse qui le
recouvre, ainsi que par la végétation abondante, on ne peut pour
ainsi dire rien apercevoir des roches qui constituent la partie supérieure de cette montagne; et il en est de même de beaucoup d'autres
montagnes de Hitou.

Les arêtes Touna et Walawaä bornent du côté ouest, et le Loumou-loumou au sud et à l'est, une vallée allongée, où coule la Waï Loï, laquelle débouche près de Kaïtetou dans un large lit de cailloux roulés.

3. *Groupe du Salahoutou.*

La troisième chaîne de Hitou est située dans la moitié orientale de l'île et forme le groupe du Salahoutou. A proprement parler, ce n'est qu'une seule montagne, qui culmine en deux sommets, les deux Salahoutou (1027 et 1024 m.), situés l'un à côté de l'autre, et qui envoie dans toutes les directions de nombreux contreforts avec divers sommets de moindre importance disséminés au loin. A l'est des deux cimes les plus élevées il s'en trouve une autre, plus basse, de 989 m. d'altitude; puis une seconde, plus à l'est, de 985 m., séparée de la première par un ravin très profond, qu'on peut atteindre de Waë (ou Waé) et dont on jouit d'une vue magnifique sur Hitou et Leitimor tout entières. Les échancrures du Latoua et le dôme du Tili, dans l'ouest de Hitou, sont à reconnaître distinctement à une distance de 36 km.; il en est de même du Loumou-loumou. Par contre, vu de ce point, le Touna est caché en grande partie par les plus hautes cimes du Salahoutou, situées plus avant. Par un temps clair, on aperçoit distinctement le chef-lieu Ambon, ainsi que l'île d'Haroukou et une partie de Céram. L'ascension à partir de Waë, par un sentier abrupt et désagréable d'ailleurs, est donc bien rémunérée par ce panorama; mais sur ces arêtes on ne voit pas plus de roches que sur le Touna. Celles-ci ne sont à découvert que dans le lit des rivières. Par les flancs escarpés de la partie supérieure, les deux plus hautes cimes du Salahoutou passent pour inaccessibles.

On peut voir sur la carte n°. I la situation des arêtes et des principaux sommets qui appartiennent au Salahoutou.

A l'est, au sud de Liang, se trouve le Lapia rouma (511 m.); au Nord le Houla pokoul (714 m.) et le mont très escarpé et pointu G. Setan (567 m.); ce dernier n'est pas loin de la côte. A l'ouest, le Sipil (560 m.). Au sud-ouest, le mont allongé Ama (424 m.) et le Sësoui (508 m.) près de Hitou lama; l'Eri (465 m.), au-dessus de

Nania, et le Lalahouhou (600 m.). Au sud, le Kadera (741 m.); au versant oriental de cette montagne il y a un petit lac, le Tëlaga Namang (à 371 m. d'altitude).

4. Les monts calcaires de Hitou orientale.

A proximité du rivage oriental s'élèvent trois montagnes calcaires plates, séparées du Salahoutou, qui est formé de roches éruptives; la première de ces montagnes, au sud-est de Liang, près du cap Batou itĕm, a 213 m. d'altitude; les deux autres sont situées entre Toulehou et Souli, l'Eri wakang (263 m.) à l'ouest et le Houwé (348 m.) à l'est. Dans le terrain bas à l'ouest de la première montagne se trouvent divers lagons et sources d'hydrogène sulfuré, tels que le Tëlaga Birou et le Télaga Tihou.

5. Hitou centrale.

La portion de Hitou entre le Loumou-loumou et les contreforts occidentaux, Sĕsoui et Eri, du Salahoutou, je la désignerai sous le nom de *Hitou centrale*. Aucun point n'atteint ici une hauteur de 500 m.; les crêtes montagneuses s'élèvent rapidement à partir de la côte, jusqu'à 100 m.; puis, en forme de terrasses, jusqu'à 250 et 450 m. d'altitude. Vu du sud, le G. Kĕrbau (478 m.) fait l'effet d'un sommet isolé, mais il n'est que l'extrémité méridionale, quelque peu sur-élevée, d'une longue croupe plate de 400 m. de hauteur. Au nord-ouest du G. Kĕrbau se trouve le G. Damar (469 m.); un peu plus au nord, le plateau Damar (440 à 450 m.); sur ce plateau passe un mauvais sentier qui mène de Hatiwi bĕsar (Batou loubang) à Hila.

Les deux pointes G. Maspaït (217 m.) et G. Pohon pisang (¹) (283 m.), sur la route de Roumah tiga à Hitou lama, ne sont nullement des cimes aigues, mais des parties peu proéminentes d'arêtes où passe la route.

Le caractère de plateau qu'affecte cette partie centrale de l'île de Hitou est surtout bien reconnaissable de l'est, p. ex. de la baie de Bagouala.

La *ligne de partage des eaux* (cartes nᵒˢ. I et IV) entre les côtes

---

(¹) Appelé aussi G. Kĕbon pisang et G. Tanah tjoupak.

nord et sud de Hitou commence au G. Hita kapal. De ce point partent deux arêtes, l'une passant par le G. Lana vers la pointe nord-ouest de Hitou près d'Asiloulou, et une autre par le G. Tita oulou vers le cap Tomoltetou, pointe sud-ouest de Hitou, au sud de Wakasihou. Ces dos enferment le bassin de la côte occidentale. Du Hita kapal (830 m.), la ligne de faîte entre les côtes nord et sud se dirige par le Latoua, le Hatoukoï, le Waléateh et les sommets du Loumou-loumou vers le plateau Damar (441 m.); puis elle descend conti-nuellement vers le G. Pohon pisang ou Tanah tjoupak (283 m.), sur la route de Roumah tiga à Hitou lama. Ensuite, la ligne monte vers le G. Sësoui (508 m.), et descend jusqu'à un point du sentier de Mamala à Nĕgri-lama (393 m.); et puis elle s'élève constamment vers les plus hauts sommets du Salahoutou (1024 et 1027 m.). Ici elle se partage entre deux arêtes; la branche du nord décrit une grande courbe vers la petite cime (à panorama) au-dessus de Waë (985 m.) et puis par le G. Lapiarouma (511 m.) vers la pointe nord-est de Hitou, appelée Tandjoung Honimoa, tandis que la branche du sud se dirige par dessus les monts Kadera (741 m.), Eri wakang (263 m.) et Houwé (348 m.) vers Tandjoung Tial, la pointe sud-est de Hitou. Ces deux lignes enferment le bassin de la côte orientale.

Les rivières principales sont (carte no. I).

    I. *A la côte ouest:*

       1. La Waï *Lariké*, qui prend sa source au Hita Kapal et se jette dans la mer près de Lariké.

    II. *A la côte nord:*

       2. La Waï *Soula*, ou rivière d'Asiloulou, qui descend du G. Lana. Près de l'une des branches supérieures se trouve le petit lac Télaga Lana.

       3. La Waï *Siah*, ou rivière d'Ouring, ayant ses sources au G. Tili et au G. Latoua.

       4. La Waï *Ela*, ou rivière de Lima, qui vient également des monts Tili et Latoua.

       5. La Waï *Ilé*, descendant du Waleateh.

       6. La Waï *Walawaï*, et

       7. La Waï *Boujang*, descendant toutes deux du Walawaï.

2

8. La Waï *Houloun*, venant aussi du Walawaä, reçoit toutes les eaux du flanc occidental du G. Touna et se jette dans la mer à l'ouest de Saïd.

9. La Waï *Loï*, une grande rivière, ayant son origine au Loumou-loumou et qui reçoit en même temps toute l'eau du versant oriental du G. Touna. Dans le milieu de son cours, la différence de niveau de l'eau à l'époque des pluies et en temps de sécheresse est de 5 m. au moins. Non loin de l'une des sources est situé le lagon Tëlaga Radja (619 m.)

10. La Waï *Wakahouli*, et

11. La Waï *Tomo*, venant du plateau Damar.

12. La Waï *Ela*, dénomination qui revient fréquemment, et qui signifie «grande rivière», entre Hitou mèsèng et Mamala. Cette rivière et les suivantes jusqu'au n°. 18 ont toutes leur source au Salahoutou.

13. La Waï *Nitounahaï*, près du Gounoung Setan.

III. *A la côte est:*

14. La Waï *Taïsoui*, venant de la petite cime (985 m.) du Salahoutou au-dessus de Waë; débouche dans la baie de Waë au sud de cet endroit.

15. La Waï *Routoung*, avec ses affluents Mamina et Reuw, qui vient de l'intérieur du Salahoutou. A proximité du cours supérieur de la W. Reuw, sur le versant est du G. Kadera, se trouve le petit lac Tëlaga Namang.

IV. *A la côte sud:*

16. La Waï *Jari bësar*, entre Souli et Paso.

17. La Waï *Tonahitou*, près de Nëgri lama.

18. La Waï *Lela*, à l'ouest de Roumah tiga, avec son affluent de gauche la Maspaït (d'après VALENTIJN une altération de Modjopaït, laquelle dénomination proviendrait de Javanais qui étaient jadis fixés ici). La rivière principale vient du plateau près de la cime Pohon pisang, la Maspaït d'un contrefort (408 m.) du Sësouï. C'est la dernière rivière qui descend du massif du Salahoutou.

19. La Waï *Ami*, près du hameau Nipa.

20. La Waï *Laä*, au flanc ouest du Gounoung Kĕrbau.
21. La Waï *Piah bĕsar*, près de Lata.
22. La Waï *Witi*.
23. La Waï *Lawa*, près de Tawiri, une grande rivière venant du Loumou-loumou. Près d'un des affluents se trouve le lagon Tĕlaga Bounga.
24. La Waï *Sĕkoula*, encore une grande rivière, descendant du Loumou-loumou et du Waleateh. Se jette dans la mer près de Hatourou.
25. La Waï *Hatou*, près de Hatou, venant du Latoua et du Hatoukoï.
26. La Waï *Sĕkawiri*, près de Liliboï; vient du Hita kapal.
27. La Waï *Alang lama*, à l'ouest d'Alang, venant du Sapakaja.

Chute des pluies. Bien qu'aucune de ces rivières n'ait un bassin plus long de 8 ou tout au plus 9 km., à l'époque des pluies elles transportent des masses d'eau énormes.

Cela provient de ce qu'à Ambon la chute des pluies est particulièrement forte du mois de mai jusqu'au mois d'août, ainsi que le fait voir le tableau ci-dessous, qui donne, d'après l'Observatoire Royal magnétique et météorologique de Batavia, la moyenne des 23 dernières années (1879 à 1901).

Nombre des jours de pluie.

Janvier.	Février.	Mars.	Avril.	Mai.	Juin.	Juillet.	Août.	Septem- bre.	Octobre.	Novem- bre.	Décem- bre.	Par an.
14.3	13.6	15.4	18.8	22.8	24.6	23.1	21.4	15.5	14.7	10.5	14.2	208.9

Nombre de mm. d'eau tombée.

Janvier.	Février.	Mars.	Avril.	Mai.	Juin.	Juillet.	Août.	Septem- bre.	Octobre.	Novem- bre.	Décem- bre.	Par an.
152	117	134	290	536	644	624	437	250	183	112	146	3625

De ces 3625 mm., il en tombe 2241 rien que dans les mois pluvieux de mai à août, donc environ les $^2/_3$; dans les autres mois il n'en tombe que $^1/_3$.

Iles. Trois îles, Nousa Laïn, Nousa Hatala et Nousa Ela (¹) sont situées à proximité de la pointe nord-ouest de Hitou, non loin d'Asiloulou. On les réunit aussi sous le nom Nousa Tĕlou (les 3 îles). Une quatrième île, Poulou Pombo, se trouve à l'est de Hitou, entre cette île et Haroukou; elle est plate et basse. Les îles près d'Asiloulou ne sont pas hautes non plus, et sont constituées en majeure partie par des bancs de corail soulevés.

La mer, qui entoure l'île d'Ambon, est partout très profonde; seule la baie de Bagouala cache beaucoup de récifs coralliens, à petite distance au dessous de la surface à marée basse. Les grandes profondeurs commencent ici près de la ligne qui joint le cap Houtoumouri au cap Tial.

Les négories, kampongs et hameaux de Hitou sont, à partir du côté opposé à Ambon:

1. Roumah tiga. Une négorie sous un régent, comprenant les deux hameaux Pohon mangga et Kousou-kousou.

2. Nipa. Un kampong de bourgeois à part sous un sergent chef de quartier.

3. Hatiwi bĕsar. Une négorie sous un régent; le régent de Tawiri est en même temps régent de Hatiwi bĕsar. Le hameau Lata et puis les dousouns (champs ou jardins avec quelques maisons, donc aussi de petits hameaux) Kĕmiri, Sahourou, Touhoulerou, Waï laä, Batou koubour et Batou loubang en font partie.

4. Tawiri. Une négorie sous un régent.

5. Laha. Une négorie mahométane sous un régent.

6. Hatourou. Un kampong de bourgeois séparé, sous un sergent chef de quartier.

7. Hatou. Un négorie sous un régent. Le hameau Léké en fait partie.

(¹) Nommées Djambou, Tĕngah et Bĕsar sur les cartes marines. D'après les renseignements de A. VAN WETERING, sécretaire de la résidence Ambon, Hatala ou Tĕngah signifie moyen, et Ela ou Bĕsar grand. Laïn veut dire que l'île a apparu en échange d'un autre morceau de terrain; le nom de Djambou n'est pas connu de la population. Les îles Laïn et Hatala font partie de la négorie Asiloulou; Ela appartient à Ouring.

8. Liliboï. Une négorie sous un régent.

9. Alang. Une grande négorie sous un régent.

10. Wakasihou. Une négorie mahométane sous un régent.

11. Lariké. Idem.

12. Asiloulou. Idem.

13. Ouring. Idem.

14. Lima. Idem.

15. Saïd. (¹) Idem.

16. Kaïtetou. Idem.

17. Hila. Une négorie mahométane sous un régent. (Mais il y a aussi une communauté chrétienne avec église.)

18. Wakal. Idem.

19. Hitou lama. Une négorie mahométane sous un régent.

20. Hitou mèsèng. Idem.

21. Mamala. Idem.

22. Morela. Idem.

23. Liang. Idem.

24. Waë. Une négorie sous un régent.

25. Toulehou. Une négorie mahométane sous un régent.

26. Téngah téngah. Idem.

27. Tial islam. Idem.

28. Tial christen. Une négorie sous un régent.

29. Souli. Idem.

30. Négri lama. Un kampong de bourgois à part, sous un sergent chef de quartier.

31. Nania. Idem.

32. Waï herou. Idem. Le hameau Waï napou y appartient.

33. Hounout. Idem. Avec le hameau Dourian patah.

34. Poka. Idem.

Tous les villages sont situés à la côte; l'intérieur de l'île est totalement inhabité; on n'y trouve que quelques sentiers et par ci par là une petite maison.

Végétation. Hitou est presque tout entière couverte de forêts épaisses; ce n'est que le long de la route de Roumah tiga à Hitou lama que

---

(¹) S'écrit aussi Seit et même Cheit.

l'on a aménagé quelques jardins et que le bois a été abattu sur une faible étendue.

Panoramas. La feuille annexe IV avec les croquis figg. 26 à 36, qui représentent, vus de divers points, les massifs du Latoua, du Loumou-loumou, du Walawaä, du Touna et du Salahoutou, donne une idée des formes des montagnes de Hitou. Vus du chef-lieu Ambon, les sommets du Loumou-loumou, du Touna et du Salahoutou se présentent comme l'indiquent les figg. 31 à 33. On m'accordera volontiers que ces montagnes présentent un tout autre caractère que les cônes volcaniques de Java et de Sumatra; seul le Salahoutou, vu d'un point situé à proximité du kampong Siwang, a quelque peu l'apparence d'un ancien volcan, dont la cime a disparu par effondrement et par érosion (fig. 35). Avec les figg. 33 et 35 il faudra comparer la fig. 74, faite d'après un cliché, pris par P. NAJOAN, près du passage d'eau d'Ambon au hameau Waï Laä. Bien que figurés à une petite échelle, les 7 sommets sont très nettement visibles.

Superficie d'Ambon. D'après la détermination planimétrique de nos nouvelles cartes, l'étendue en surface est:

pour Hitou . . 613.00 km².;

» Leitimor . . 148.19 » ;

» les 4 îles (¹) 1.14 » ;

Ensemble . . . 762.33 km²., ou $\dfrac{762.33}{55.0629} = 13.845$

lieues géographiques carrées, ce qui est à peu près le tiers de la superficie de la province de Groningue en Hollande.

(¹) Laïn 0.29, Hatala 0.155, Elu 0.517 et Pombo 0.18 km².; ensemble 1.142 km².

Fig. 74. Le massif du Salahoutou: vue prise de la baie d'Ambon, entre Ambon et le hameau de Wai-Laä.

D. BIBLIOGRAPHIE

relative à la géologie et la topographie d'Ambon.

1. G. E. RUMPHIUS. D'Amboinsche Rariteitkamer. Amsterdam 1705.
2. F. VALENTIJN. Oud en Nieuw Oost-Indiën. Dordtrecht en Amsterdam. Deel II, 1724.
3. STAVORINUS. (1775) (¹) Reize van Zeeland over de Kaap de Goede Hoop en Batavia naar Semarang etc. Leyden 1797, Deel I, p. 250.
4. M. LABILLARDIÈRE (1792) Relation du voyage à la recherche de la Pérouse. Tome I. Paris, An VIII. Edition in-4º. pp. 305, 309, 316, 317, 324. Edition in-8º. pp. 303, 306, 314, 315, 322.
5. C. G. C. REINWARDT. (1821) Over de vuurbergen in den Indischen Archipel. Magazijn van Wetenschappen, Kunsten en Letteren, Deel V, Amsterdam 1826, blz. 78.
6. C. G. C. REINWARDT. (1821) Reis naar het Oostelijk gedeelte van den Indischen Archipel in het jaar 1821. Kon. Instituut voor Taal-, Land- en Volkenkunde van Nederl. Indië te Delft. Ouvrages séparés. Amsterdam 1858, pp. 426 à 435.
7. L. J. DUPERREIJ. (1823). Voyage autour du monde sur la corvette «la Coquille» 1822—1825. Zoölogie par P. LESSON et GARNOT. Paris 1828, pp. 376, 377.
8. P. LESSON. Voyage autour du monde sur la corvette «la Coquille»

(¹) Les dates entre crochets indiquent l'année dans laquelle les divers auteurs ont visité Ambon.

(Trésor historique et littéraire) Bruxelles 1839. Tome III pp. 153, 154, 164, 165.

9. S. MÜLLER. (1828). Reizen en onderzoekingen in den Indischen Archipel. Verhandelingen der natuurkundige commissie Leyden 1839—1844. Publié aussi séparément par le Kon. Instituut voor de Taal-, Land- en Volkenkunde van Ned.-Indië, Deel II, 1857.

10. J. B. HOMBRON. Les montagnes d'Amboine. Revue de l'Orient. Bulletin de la Société Orientale, V, Paris 1843, p. 421.

11. F. EPP. Geneeskundig-topographische schetsen van Amboina. Natuur- en Geneeskundig Archief, I, Batavia 1844, bdz. 285.

12. F. EPP. Schilderungen aus Holländisch-Ost-Indien. Heidelberg 1852, S. 262.

13. F. JUNGHUHN. Java (édition allemande) II, 3ter Abschnitt 1853, S. 837.

14. C. A. BENSEN. Topographische beschrijving van het eiland Amboina. Geneeskundig Tijdschrift voor Ned.-Indië, III, Batavia 1855, bdz. 294—314.

15. P. BLEEKER. Reis door de Minahassa en den Molukschen Archipel in 1855, Deel II, Batavia 1856.

16. W. A. DUVELAAR VAN CAMPEN. Minerale bronnen van Amboina. Natuurk. Tijdschrift van Ned.-Indië, Deel XX, 1859-1860, bdz. 209.

17. S. A. BUDDINGH. Neerlands Oost Indië, Rotterdam 1860, Deel II, bdz. 149.

18. A. R. WALLACE. On the physical geography of the Malay Archipelago. Journ. of the R. Geogr. Society XXXIII, 1863, p. 222 etc.

19. S. A. BLEEKRODE JR. Scheikundig onderzoek van twee minerale wateren, afkomstig uit warme bronnen te Toelehoe (Eiland Ambon) Natuurk. Tijdschrift van Ned.-Indië, Deel XXVIII 1865, bdz. 215—223.

20. N. A. T. ARRIËNS. (1865). De Wawanie. Tijdschr. van Ned. Indië. Deel XXIX, 1867, bdz. 462.

21. E. W. A. LÜDEKING. Schets van de residentie Amboina. Bijdragen tot de Taal-, Land- en Volkenkunde van Ned.-Indië,

3de reeks, III, 1868, bdz. 1—272. Publié aussi séparément, La Haye 1868.

22. A. R. WALLACE. The Malay Archipelago I, London 1869, p. 460—461. Traduit par P. J. VETH, sous le titre «Insulinde», Amsterdam 1870—1871.

23. L. E. GERDESSEN. Een pleziertochtje in Indië. Tijdschrift van Ned.-Indië, 1871, I, bdz. 375—382.

24. R. EVERWIJN. Marmer op het eiland Amboina. Jaarboek van het Mijnwezen in N. O.-Indië, 1874, I, bdz. 172.

25. TH. STUDER. (1875;. Die Forschungreise S. M. S. Gazelle in den Jahren 1874—1876. Band III. Zoölogie und Geologie. Berlin 1889, S. 216—318.

26. F. S. A. DE CLERCQ. Eenige aanteekeningen over de Ambonsche eilanden. Tijdschrift v. h. Kon. Ned Aardr. Genootschap, 1876, I, bdz. 242—246. Avec carte, et carton du chef-lieu Ambon.

27. F. SCHNEIDER. Geologische Uebersicht über den Holländisch-Indischen Archipel. Jahrb. d. k. k. geol. Reichsanstalt, XXVI. Wien 1876, S. 131.

28. F. SCHNEIDER. Geographische verspreiding der minerale bronnen in den Indischen Archipel. Tijdschrift v. h. Kon. Ned. Aardr. Genootschap, Bijblad N°. 7, bdz. 12, Amsterdam 1881.

29. K. MARTIN. Neue Fundpunkte von Tertiärgesteinen im Indischen Archipel. Sammlungen des geol. Reichsmuseums in Leiden. Serie I, Band I, 1882, S. 154—158.

30. H. O. FORBES. A naturalist's wandering in the Eastern Archipelago. London 1885.

31. J. G. F. RIEDEL. De sluik- en kroesharige rassen tusschen Selebes en Papua. 's Gravenhage 1886, bdz. 29 e. v.

32. K. MARTIN. Ueber eine Reise in den Molukken etc. Verhandl. der Gesellschaft für Erdkunde zu Berlin 1894, S. 506—521.

33. K. MARTIN. Reisen in den Molukken. Eine Schilderung von Land und Leuten. 1894, S. 1—24.

34. J. L. C. SCHROEDER VAN DER KOLK. Mikroskopische Studien über Gesteine aus den Molukken. I. Gesteine von Ambon und

26

den Uliassern. Sammlungen des geol. Reichsmuseums in
Leiden, Serie I, Band V, 1896, S. 70—126.
Reproduit dans Jaarboek van het Mijnwezen in Ned.
O.-Indië, XXIV, 1895, Wet. Ged. II, bdz. 1—57.

35. J. L. C. SCHROEDER VAN DER KOLK. Beiträge zur Kentniss der
Gesteine aus den Molukken. 1. Gesteine von Ambon und den
Uliassern. Neues Jahrbuch f. Mineralogie, 1896, I, S. 152.

36. R. SEMON. Im australischen Busch und an den Küsten des
Korallenmeeres. Leipzig 1896.

37. K. MARTIN. Reisen in den Molukken. Geologischer Theil. 1e
Lieferung. Ambon und die Uliasser 1897. S. 1—10 und 18—74.

38. J. J. DE HOLLANDER. Handleiding bij de beoefening der Land-
en Volkenkunde van N. O.-Indië. 5e édition, modifiée et
augmentée par R. VAN ECK. Deel II, 1898, blz. 441—443.

39. A. WICHMANN. Der Wawani auf Amboina und seine angeblichen
Ausbrüche. Tijdschr. v. h. Kon. Ned. Aardr. Genootschap.
Deel XV, 1898, bdz. 1—20 en 200—218; Deel XVI, 1899,
bdz. 109—142.

40. K. MARTIN. Einige Worte über den Wawani sowie über Spalten-
bildungen und Strandverschiebungen in den Molukken.
Tijdschr. v. h. K. N. Aardr. Genootschap. Deel XVI, 1899,
bdz. 709—742.

41. R. D. M. VERBEEK. Kort verslag over de aardbeving te Ambon
op 6 Januari 1898. Annexe au Javasche Courant du
20 janvier 1899, N⁰. 6. Batavia.

42. R. D. M. VERBEEK. Over de geologie van Ambon (I). Verhand.
der K. Akad. van Wetensch. 2de Sectie. Deel VI, 1899,
N⁰. 7. Amsterdam.

43. R. D. M. VERBEEK. Over de geologie van Ambon (II) Verh. der
K. Akad. van Wetensch. 2de sectie. Deel VII, 1900, N⁰. 5.
Amsterdam.

44. R. D. M. VERBEEK. Voorloopig verslag over eene geologische
reis door het Oostelijk gedeelte van den Indischen Archipel
in 1899. Avec une carte. Annexe au Javasche Courant du
17 août 1900, N°. 66. Batavia.

45. J. VAN BAREN. Beschrijving van het schiereiland Leitimor volgens

W. Mickler. Tijdschr v. h. K. N. Aardr. Genootschap.
Deel XVIII, 1901, bdz. 678—687.

46. A. Wichmann. Het aandeel van Rumphius in het mineralogisch
en geologisch onderzoek van den Indischen Archipel.
Rumphius-Gedenkboek. Haarlem 1902, bdz. 137—164.

47. R. Martin. Reisen in den Molukken. Geologischer Theil, 2te
Lieferung. Nachtrag zu Ambon und den Uliassern. 1902,
S. 99—103.

48. G. Boehm. Weiteres aus den Molukken. Zeitschr. d.d. geol.
Gesellschaft. Band 54, 1902, S. 74.

49. K. Martin. Reisen in den Molukken, Geologischer Theil, 3te
Lieferung. Buru etc. 1903, S. 249 u. ff.

50. A Wichmann. Over den Wawani. 3e Bulletin der Nieuw Guinea-
Expeditie. 1903, bdz. 7.

RÉSUMÉ

des principaux de ces mémoires.

L'exploration géologique des possessions Néerlandaises des Indes
orientales par l'Administration des mines a eu lieu presque exclusivement, dans ces 35 dernières années, dans la partie occidentale
de l'Archipel et principalement dans les îles de Sumatra, Java, Bangka,
Billiton, Bornéo et Célèbes septentrionale.

Si ces îles venaient les premières en ligne de compte pour de
nouvelles recherches, Sumatra le devait à la découverte de riches
couches de houille dans la résidence des Padangsche Bovenlanden
en l'année 1868; Java, à l'existence de couches de houille dans le
sud de la résidence Bantam et à l'espoir de rencontrer encore ailleurs
des couches exploitables, principalement dans les Régences de Préan-
ger; Bangka et Billiton, à leur richesse en minerai d'étain; Bornéo, à
l'existence de couches de houille exploitables, et à la découverte

d'or, de platine et de diamants; le Nord de Célèbes, à la présence d'or et de minerais de cuivre.

On ne connaissait dans la partie orientale de l'Archipel ni houille ni minerais de quelque importance, de sorte qu'il n'y avait, pour le gouvernement, aucune raison spéciale pour faire explorer cette partie géologiquement, surtout que les recherches effectuées à l'île de Timor, par l'ingénieur des mines JONKER en 1872, pour découvrir des mines de cuivre, avaient donné un résultat négatif. Du reste, vu le nombre fort restreint d'ingénieurs des mines, disponibles pour l'exploration géologique, on a dû naturellement se borner à la partie principale, et celle-ci était incontestablement la portion occidentale, au point de vue *pratique* de l'exploitation de minéraux.

Toutefois, la découverte vraiment très importante de couches de formation triasique et de pétrifications jurassiques (lias, dogger et probablement aussi du jura supérieur), faite à Roti par WICHMANN (1) en 1889, a démontré clairement qu'une exploration géologique de la partie orientale, c'est-à-dire principalement des îles qui entourent la mer de Banda, donnerait des résultats *scientifiques* très intéressants. Bientôt après, des fragments roulés de *calcaire à halobies* (trias) furent trouvés à Timor par TEN KATE (2)

Vint ensuite, en 1892, la découverte d'aptychus et de bélemnites, dans des fragments roulés de calcaire de Bourou, par MARTIN (3) qui les tint pour jurassiques. Et bientôt après, en 1895 et 1896, on reconnut que l'intérieur de Bornéo occidentale renfermait également des couches jurassiques, tant lias que jura supérieur; cela résultait de l'examen et de la description, par MARTIN (4) (qui crut d'abord (1889) que les pétrifications appartenaient à la période crétacée) VOGEL (5) et KRAUSE (6), des fossiles recueillis par les ingénieurs

---

(1) WICHMANN. „Bericht uber eine im Jahre 1888—1889 ausgefuhrte Reise nach dem Indischen Archipel". Tijdschr. v. h. K. Ned. Aardr. Gen. 1892, bdz. 264, 276, 277.

(2) WICHMANN. „Id. id." 1892 blz. 255. H. F. C. TEN KATE. „Verslag eener reis door de Timorgroep en Polynesie". Tijdschr. v. h. K. Ned. Aardr. Gen. 1894 bdz. 363.

(3) „Reisen in den Molukken. Eine Schilderung von Land und Leuten". Leiden 1894 S. 369. Anmerkung 1.

(4) „Sammlungen des geol. Reichsmuseums zu Leiden". IV 1890. S. 198—208. „Id." V 1895. S. 29—34. „Id." V 1898. S. 253—256.

(5) „Sammlungen etc." V 1896 S. 127—153. „Id." VI 1900 S. 40—76.

(6) „Sammlungen etc." V 1896 S. 154—168.

des mines van Schelle et Wing Easton, et pour une petite partie par le Dr. J. Bosscha. En 1897, Bullen Newton (¹) y ajouta un calcaire jurassique (oolithique moyen) de Sĕrawak. Et comme le terrain jurassique avait déjà été signalé depuis 1870 dans l'Australie occidentale par Moore (²) et en 1889 dans la Nouvelle Guinée Britannique par Etheridge (³), il y avait lieu de s'attendre à rencontrer le terrain jurassique, aussi bien que le terrain triasique, dans les différentes îles qui entourent la mer de Banda.

Une circonstance tout à fait particulière, le grand tremblement de terre qui se produisit aux premiers jours de l'année 1898, a été le motif d'une exploration géologique de l'île d'Ambon, pour constater un déplacement éventuel du chef-lieu Ambon.

Cette exploration me fut confiée dès mon retour d'Europe; et cette mission eut pour conséquence une expédition étendue à travers tout l'Archipel oriental en 1899, de sorte que j'eus encore l'occasion, avant mon départ définitif pour l'Europe, de fouler et d'explorer ce terrain extraordinairement intéressant.

Dans les mémoires cités plus haut nᵒˢ. **1** à **37**, on trouve tout ce qui était connu de la géologie d'Ambon avant mon arrivée dans cette île; c'est fort peu de chose et très incohérent, en partie même inexact.

1. Rumphius, l'observateur consciencieux dans un domaine varié, signale à Ambon du soufre, de la pyrite, du quartz, du sable ferrugineux, du spath calcaire, de la serpentine, de l'argile ainsi que de grandes coquilles fossiles (tridacnes) dans la montagne. Il n'y a pas longtemps, Wichmann (mémoire nᵒ. **46**) a publié un ensemble de ses observations dans le Rumphius-Gedenkboek.

2. Valentyn est la source pour les rapports relatifs à d'anciens tremblements de terre à Ambon. Toutefois, le rapport sur la commotion du 17 février 1674 est attribué à Rumphius.

4. Labillardière signale le premier l'existence à Ambon d'un granite composé de quartz, de mica et de schorl (?) noir en petites aiguilles (l. c. p. 309 «un beau granit d'un grain fin»). Il ne parle

(¹) „A jurassic lamellibranch from Sarawak". Geol. Magazine 1897, p. 407—415.
(²) „Quart. Journ. Geol. Society" XXVI 1870. p. 1—3 and 226—261.
(³) „Records of the Geol. Survey of New-South Wales" I 1889. p. 172—179".

pas de feldspath. Il a trouvé aussi de la stéatite (probablement de la serpentine), du grès dur, des schistes argileux tendres, gris clair, et du calcaire d'une grande pureté, jusqu'à l'altitude de 300 m. Et le tout à Leitimor. A la côte sud de Hitou il a rencontré sous les galets de la plage «des laves très poreuses, mais trop lourdes pour flotter». Il parle aussi d'un tremblement de terre qui aurait eu lieu à Ambon 12 années avant son arrivée en 1792, donc en 1780.

6. REINWARDT fait mention de calcaire corallien recouvert d'une terre argileuse, dans les collines en arrière d'Ambon; de fragments roulés de grès, de quartz et de schistes dans les contreforts, tandis que la haute montagne serait composée de basalte. A Leitimor il visita la grotte «Batou lobang» (une mauvaise planche en accompagne la description) et le village Soja di atas. A Hitou, il suivit la côte du nord, depuis Hitou lama jusqu'à Ceit (Saïd) et gravit la montagne Ateti ou Wawani au sud-est de Saïd (il est écrit sud-ouest, mais ce sera bien là une erreur, car dans ces régions il n'existe qu'un seul gisement de soufre) jusqu'à la soufrière, et il dit que cette montagne est constituée par du porphyre basaltique. De plus, il a trouvé au littoral, près de Hila, des fragments de jaspe, d'agate et de calcédoine.

7. LESSON est le second auteur qui parle de granite à Ambon. Il a trouvé en outre des schistes tendres, à 700 pieds d'altitude, du calcaire et de l'argile rouge. A Ambon, au-dessus de Routoung, les schistes gisent réellement à la hauteur indiquée, les grès même plus haut encore, mais je ne crois pas qu'il ait visité cet endroit.

8. Dans un travail publié séparément, à Bruxelles en 1839, LESSON ne donne que 300 pieds pour la hauteur du gisement des schistes, et il y fait mention d'un tremblement de terre à Ambon, le 19 octobre 1823.

9. MULLER a fait examiner les roches qu'il a recueillies par le professeur VON LEONHARD à Heidelberg, lequel a déterminé: du granite, de la serpentine, du conglomérat de frottement, du porphyre feldspathique (entre autres de Batou merah), des roches trachytiques à pâte gris clair, enfermant des cristaux de tourmaline bleue, du feldspath et du mica. La tourmaline bleue sera sans doute de la cordiérite, de sorte que ces roches sont évidemment nos Ambonites.

Ensuite VON LEONHARD signale encore «de jeunes roches calcaires et de l'argile commune». La partie inférieure du calcaire, qui repose sur de la serpentine ou sur du gravier roulé de serpentine, renferme toujours beaucoup de particules de serpentine, et forme une jeune ophicalce; c'est à cette roche qu'appartient le «conglomérat de frottement» cité tantôt.

Nous avons ainsi nommé sinon toutes, du moins les principales roches d'Ambon, auxquelles les explorateurs qui ont suivi n'ont pour ainsi dire rien ajouté.

10. HOMBRON prétend que du calcaire existe dans le nord et le nord-est de Hitou, à une altitude de 200 à 300 m. au-dessus de la mer et reposant sur du basalte; mais cette dernière assertion est fausse.

11 et **12.** EPP cite du calcaire corallien et du trachyte; **14** BENSEN, du trachyte, du basalte et de l'obsidienne, ainsi que du calcaire corallien. **13** JUNGHUHN ne donne pas d'observations personnelles, mais nomme seulement les roches déterminées par LEONHARD.

Les mémoires **15** de BLEEKER, **21** de LÜDEKING, **27** et **28** de SCHNEIDER et **31** de RIEDEL ont de l'importance dans un autre domaine, mais peuvent être laissés de côté au point de vue géologique, car ces écrits montrent clairement que leurs auteurs n'avaient pas la moindre notion de géologie. Lorsque BLEEKER p. ex. écrit l. c. II p. 57: «Lors de ce soulèvement (savoir de Hitou et Leitimor, V.) le calcaire corallien fut poussé au travers du grès et jeté de côté», un pareil non sens ne vaut certes pas la critique.

Les données de WALLACE (**16** et **22**) sont aussi de minime importance pour la géologie; il cite du basalte et de la lave, des fragments roulés de roches volcaniques, de l'argile et du calcaire corallien; il tient le Wawani pour un volcan encore actif, bien qu'il n'ait pas visité lui-même cette montagne.

23. GERDESSEN a fait l'ascension du Salahoutou, notamment du sommet qu'on peut atteindre de Waë et de Toulchou et qui, d'après nos mesures, a une altitude de 985 m. Toutefois d'autres cimes sont plus élevées; les deux plus hautes, qui sont inaccessibles, ou qui du moins sont considérées comme telles, atteignent les altitudes de 1024 et de 1027 m. BLEEKER a donné 1200 m. pour la hauteur de cette montagne; FORSTEN 1221, RIEDEL 1225, MARTIN même 1300 m.

Dans son exploration, GERDESSEN n'a pas trouvé de roches compactes, mais uniquement de l'argile grasse jaune.

25. STUDER rapporte de la plage de Hitou, en face du chef-lieu Ambon, «des galets de roches volcaniques, entre autres de trachyte quartzifère de teinte claire»; plus avant dans l'intérieur, il a trouvé «un conglomérat, avec fragments roulés de trachyte quartzifère dans une masse tuffeuse.» Les données qu'il fournit au sujet de Leitimor sont fort peu nombreuses. «Au sud de la ville, le sol consiste en un sable rouge jaunâtre, dans lequel gisent des blocs de granite et de calcaire noir . . . . . . Plus au sud, on trouve un grès rouge altéré, consistant en grains de quartz dans un ciment calcarifère . . . . . Je n'ai pas trouvé de granite sur place, ni de calcaire . . . . . Selon S. MÜLLER le granite doit former la base du massif montagneux d'Ambon et être partiellement couvert par la serpentine . . . . . . A 1½ heure environ au sud de la ville d'Amboine existe la grotte à stalactites Batou lobang . . . . L'entrée est une large ouverture, dans un plateau étroit adossé contre la montagne plus élevée. L'accès est fourni par un puits de 18 m. (?) environ de profondeur, qui pénètre obliquement dans le sol, et dans lequel une échelle en bambou permet d'atteindre le fond de la grotte. Celle-ci s'étend horizontalement à une distance de 300 pas environ, dans la direction nord-sud. Elle consiste en 3 cavités, de plus de hauteur d'homme; dans la 2e et la 3e le sol est recouvert d'eau».

30 FORBES et **36** SEMON ont observé diverses terrasses de calcaire corallien superposées; la première près de Těngah-těngah, la dernière près de Souli.

29. MARTIN a examiné des calcaires et le «conglomérat de frottement» dont il a été question plus haut, provenant de la collection MÜLLER (MACKLOT), et il est arrivé à ce résultat que les deux roches ne sont pas plus âgées que le tertiaire.

37. En 1891 MARTIN a visité lui-même Ambon, mais très rapidement. Dans Leitimor il n'a fait qu'une excursion de 6 jours (du 5 au 10 décembre) et une autre dans Hitou, aussi de 6 jours (du 13 au 18 décembre); comme il ne suivait pas, autant qu'il le pouvait, les lits des rivières, mais qu'il prenait toujours les routes ordinaires, il n'y a pas lieu de s'étonner qu'il n'ait pas vu grand' chose. Lorsque plus tard, après une visite aux îles Ouliasser, à Céram et à Bourou, il revint à Ambon, il était trop malade pour y faire de plus amples recherches. Les roches qu'il a recueillies furent examinées au microscope et décrites par Schroeder van der Kolk (**34** et **35**); c'est là certes un résultat important du voyage de Martin à travers Ambon. Ainsi que je l'ai fait observer ailleurs (voir mémoire n°. **42**), en beaucoup de points je ne suis pas d'accord avec l'aperçu géologique que Martin rédigea après l'examen de ses roches d'Ambon par van der Kolk.

La péridotite, il la tint d'abord pour archéenne et plus âgée que le granite. Cette détermination d'âge était conforme à ce que l'on avait appris au sujet de la présence de la péridotite sur l'île voisine de Céram (mémoire **37**, p. 21). Plus tard cependant on s'est aperçu que cette détermination était loin d'être sûre et ne reposait à vrai dire sur aucune base solide (mémoire n°. **47**, pp. 145, 148, 149), parce que le gisement n'est pas clair «infolge des Fehlens brauchbarer Aufschlüsse» (l. c. p. 148). A présent, il déclare que la péridotite est plus jeune que le granite, mais cela pour l'unique raison que, suivant Verbeek, il en est ainsi à Ambon (n°. **47**, p. 145); ce motif ne peut pas être considéré comme une preuve concluante, car à cette époque n'avaient encore paru que quelques courts rapports *préliminaires* sur mes recherches à Ambon, rédigés avant que ces recherches fussent définitivement terminées. Il persiste à regarder les péridotites comme des roches éruptives très anciennes, appartenant aux schistes cristallins, toutefois avec cette restriction, que probablement les péridotites de Céram ne sont pas toutes du même âge (l. c. p. 149). Et à la même page 149, à la note 2, il entrevoit même la *possibilité* que les péridotites fussent plus jeunes que les grès, ainsi que le croyait Verbeek; elles seraient notamment crétacées, ce qui serait naturellement en contradiction formelle avec son opinion de tantôt, que ce seraient des roches *très anciennes*. On voit par là que sa détermination de l'âge de la péridotite de Céram et d'Ambon n'est qu'une détermination en l'air, comme je viens de le dire.

Lorsque Martin exposa ces vues, j'étais déjà, pour des considérations diverses, revenu de mon idée, que les péridotites de la partie orientale de l'Archipel Indien seraient du même âge que celles de Java, lesquelles je persiste à rattacher au terrain crétacé. Mais je ne puis nullement accorder qu'il résulterait de mon profil fig. 3, mémoire **41**, que la péridotite d'Ambon serait, non pas plus jeune, mais plus ancienne que les grès. Cette assertion, émise par MARTIN à deux reprises (Tijdschr. v. h. K. N. Aardr. Genootschap, XVI, 1899, bdz. 656; et le mémoire nº. **47**, S. 149, Anmerkung 2) est toujours restée pour moi une parfaite énigme. Voici ce qui en est. Dans le profil en question, j'ai figuré les grès à l'est du Horiel, en couches *inclinées* adossées à la péridotite. Pourquoi, — toujours d'après le profil, — cette roche éruptive n'aurait-elle donc pas pu percer les grès et être plus jeune que ceux-ci? Si les grès avaient été dessinés en une situation parfaitement horizontale sur la péridotite, il y aurait eu un argument en faveur de l'âge plus jeune des sédiments; mais à présent il n'y en a pas. Mon profil ne donne pas une réponse définitive à la question de l'âge relatif de la péridotite et du grès.

Nous parlerons plus loin de l'âge effectif de la péridotite d'Ambon; je puis heureusement arriver à présent avec des preuves convaincantes.

On peut expliquer comment il se fait que MARTIN n'ait pas rencontré, à l'état de roche massive, le mélaphyre parmi les roches jeunes et la diabase parmi les anciennes. Sa route ne l'a pas conduit par les endroits où ces roches se présentent. Mais on ne comprend pas bien qu'il n'ait pas remarqué les belles terrasses que l'on observe sur la route d'Ambon à Soja di atas, et que d'autre part il n'ait pas observé, que celles-ci consistent essentiellement en matériaux *meubles* (avec calcaire corallien). Du moins, il ne parle nulle part des formes topographiques si remarquables le long de cette route (¹); et il ressort de sa description géologique (nº. **37**, p. 66), qu'il regarde le sol rouge comme un produit local de désagrégation de

---

(¹) Le seul endroit, où MARTIN parle d'une structure en forme de terrasses près d'Ambon, se trouve dans son mémoire **37**, p. 10: „Südwestlich (?) von der Stadt steigt aber das Land terrassenartig an, wie man vom Gipfel des Batou merah (?) aus sehen kann". Les cimes plates des monts Batou merah, Karang pandjang, Batou medja et Batou gadjah ne sont toutefois rien d'autre que des portions d'une seule et même terrasse ou plateau, séparées par des ravins profonds, et elles sont toutes situées au nord-est, à l'est et au sud-est d'Ambon, et non au sud-ouest. Peut être a-t-il en vue la petite colline entre le Batou gadjah et Waï Nitou, à moins qu'il n'ait écrit par erreur „südwestlich" au lieu de „südöstlich"? „Batou merah" devra d'ailleurs être „Batou medja".

roches éruptives sous-jacentes, et non comme des matériaux sédimentaires plus jeunes qui recouvrent horizontalement les roches plus anciennes, et entre lesquels s'interpose aussi un peu de calcaire corallien, à 106 m. d'altitude. D'après Martin, la direction des grès et des schistes argileux serait, dans ce sentier, de 45°; selon moi, elle est en partie de 140°.

Le gneiss n'affleure nulle part dans toute l'île d'Ambon; cependant, suivant Martin (**37,** p. 21), cette roche existerait sur la route de Routoung à Ambon, à l'ouest de Waë Hila (Waï Ila). Mais cela n'est guère possible, car on est déjà là en terrain quaternaire, où l'on a pu tout au plus rencontrer un *fragment* de cette roche, ou d'un granite schisteux (¹). La même chose peut se dire de la diabase, à mi-chemin d'Ambon à Soja di atas; il ne peut y avoir eu là encore qu'un fragment interposé dans les couches quaternaires.

Les observations de Martin à Hitou sont également fort incomplètes. Ainsi, sur la route de Roumah tiga à Hitou lama il n'a de nouveau pas remarqué que le sol est constitué partout par des matériaux *incohérents* à côté de calcaire corallien. Du côté sud de la ligne de partage des eaux il y a observé quelques terrasses, qu'il nomme «Brandungsterrassen».

La route de Hitou lama par Hila jusqu'au pied du Touna s'étend presque tout entière sur des matériaux très jeunes, quaternaires et novaires, où n'apparaît qu'en quelques points seulement une roche compacte. Aussi, la représentation de la partie de la côte nord de Hitou, entre Hitou lama et Hila, sur la carte I de Martin (mémoire n°. **37**), et entre Saïd, Hitou et Liang sur sa carte synoptique III, d'après laquelle la roche éruptive se rapprocherait de très près du littoral, est-elle absolument fautive. La roche compacte se trouve partout assez haut et loin dans l'intérieur, et elle est recouverte, jusqu'à une altitude considérable, de matériaux quaternaires meubles — conglomérats, brèches, sable — et du calcaire corallien. Ce n'est que dans le lit des rivières que la roche

---

(¹) La présence de gneiss à Ambon a été rétractée par Martin (**49,** p. 249). Mais que pense-t-il des gros blocs roulés de schiste micacé de la Waï Ila (**37,** p. 21), dont il ne dit plus rien? Le schiste micacé, pas plus que le gneiss. ne se présente pas à Ambon. Il veut parler probablement de granites riches en quartz, tant soit peu schisteux.

éruptive, tant .l'ancienne que la jeune, est parfois visible, les matériaux meubles ayant été entraînés par les eaux; et aussi en quelques points de la côte.

Il a fait l'ascension du Touna ou Wawani du côté du nord et il a déclaré que cette montagne était un volcan *encore actif.*

Dans son mémoire n°. **39**, WICHMANN est parti en guerre contre cette assertion; et il a fait voir qu'il n'a jamais été question d'une éruption en 1674, comme on a cru le voir dans le récit original, qui est attribué à RUMPHIUS, mais seulement d'un tremblement de terre, accompagné d'éboulements du sol dans la montagne, qui ont occasionné l'obstruction des rivières, et ont donné lieu plus tard à des torrents de boue, quand les eaux ont percé les digues. En même temps il y a eu une commotion dans la mer. Même dans la suite le Touna n'a jamais eu d'éruption; si cette montagne a eu la réputation d'être encore en activité, il faut l'attribuer à une fausse interprétation du rapport sur l'évènement de 1674, jointe à cette circonstance qu'au versant occidental de la montagne il se dégage de l'hydrogène sulfuré et qu'il s'y dépose un peu de soufre.

MARTIN s'est défendu à ce sujet (mémoire n°. **40**), en disant que le récit de RUMPHIUS était peu clair et lui avait donné cette idée fausse, que le volcan avait été actif encore en 1674. Il me semble que MARTIN, lorsqu'il était sur le sommet le plus élevé, — et celui-ci il l'a atteint réellement, bien que ce soit à tort révoqué en doute par WICHMANN (**39**) —, aurait dû s'apercevoir que cette montagne ne pouvait en aucune façon appartenir aux volcans actifs, et que par suite le récit d'une éruption antérieure, si tant est que ce récit existât, devait être nécessairement erroné. D'ailleurs, le récit de RUMPHIUS n'est *pas* obscur, et en le lisant attentivement il est impossible d'en déduire une éruption. (¹)

Après la démonstration de WICHMANN (**39**) et les recherches de VERBEEK à Ambon (**41** et **42**), MARTIN a modifié son opinion que le Touna ou Wawani serait un volcan actif; à présent il considère

---

(¹) C'est ainsi que KOTÔ, entre autres, à la lecture du travail n°. 37 de MARTIN, est arrivé à la conclusion, que les évènements de 1674 devaient être attribués *exclusivement* à des tremblements de terre. (B. KOTÔ. On the geologic structure of the Malayan Archipelago. Journal of the College of Science. Tôkyô 1899, p. 97).

cette montagne comme une ruine volcanique d'âge tertiaire-inférieur (mémoire **40**, p. 723.)

34 et **35.** Un mot seulement sur la description microscopique, généralement très bonne, des roches d'Ambon par Schroeder van der Kolk.

Parmi les granites, il décrit en détail deux échantillons (**34**, pp. 80 et 81), savoir le n". 6 de Batou merah, qui doit être selon Martin (**37**, p. 69, note) le n°. 9 de Batou medja, sur la route d'Ambon à Soja di atas; et le n°. 10, à peu près du même endroit, mais d'un peu plus loin, sur la limite des grès. Dans la dernière roche, il est signalé à côté de quartz, plagioclase et biotite une grande quantité d'amphibole. Comme en 1898 je n'avais trouvé à Ambon aucun granite à hornblende, j'ai visité l'endroit en question une seconde fois en 1899, et en deux points de son affleurement fort restreint (le granite n'est à découvert, sur la route d'Ambon à Soja di atas, que sur une longueur de 50 m.) j'ai recueilli des échantillons de cette roche. L'examen microscopique fit voir que c'étaient tous deux des granitites ordinaires, sans aucune trace de hornblende. En 1904 j'ai été pour la troisième fois, à la même place, à la recherche de granites à hornblende, mais encore en vain. Le morceau recueilli par Martin est donc probablement une sécrétion basique hornblendifère de la granitite, qui ne se présente que rarement et a été trouvée par hasard; il n'existe certainement pas à l'état de roche de quelque étendue.

Le nom du lieu de provenance de ces granites, «Batou medjah», n'est pas exact, car la montagne plate de ce nom, de 140 m. de hauteur, se trouve plus au nord-est, entre les rivières Tomo kĕtjil et Tomo (voir feuille 2 de notre carte II).

Les péridotites d'Ambon sont rangées par Schroeder van der Kolk (**34**, p. 84) en partie parmi les picrites à amphibole. Je pense que cela n'est pas exact, parce que, ainsi que je l'ai déjà fait remarquer auparavant (**12**, p. 8), l'amphibole est toujours secondaire dans ces roches, qu'elle a pris naissance aux dépens de la diallage, et ne se présente pas uniquement comme une ouralite finement fibreuse, mais même à l'état de petits prismes compactes de hornblende, d'actinolite etc. Bien qu'il ne le mentionne nulle part d'une manière formelle,

SCHROEDER VAN DER KOLK semble se rallier à cette manière de voir ;
du moins, il décrit plus tard les péridotites de Céram comme des
roches à olivine et pyroxène ou olivine et diallage ; il ne trouve de
l'amphibole que dans un seul échantillon (n°. 403) et notamment sous
forme d'actinolite, donc probablement secondaire (Sammlungen des
geol. Reichsmuseums in Leiden, Ser. I, Band VI, 1899, S. 13—17).

41, 42, 43, 44. En 1898 j'opérais à Ambon du 14 mars au
23 juillet (sauf une excursion à Amahei en Céram du 27 au 30 avril),
assisté par l'ingénieur des mines M. KOPERBERG, le topographe
W. VAN DEN Bos et l'inspecteur de 1re classe de l'administration
des mines J. F. DE CORTE ; mais une violente inflammation de
l'articulation du genou ne permit à ce dernier de faire qu'une petite
partie de son service. Nous avons travaillé alors dans des circonstances très
défavorables, car notre exploration eut lieu précisément pendant les
mois des fortes pluies ; il est vrai qu'en ce qui concerne notre santé
nous n'en avons nullement souffert, bien que nous fussions très souvent
trempés jusqu'aux os ; mais les violentes averses furent néanmoins
très gênantes dans l'examen des terrains et dans les levés, et le fond des
vallées de quelques rivières ne put être exploré suffisamment à cause
de la hauteur des eaux. Il vint s'y ajouter, spécialement pour Ambon,
les inconvénients d'une végétation dense existant presque partout,
et d'une épaisse couverture de mousse sur les montagnes tant soit
peu élevées.

En 1899, dans mon voyage à travers les Moluques, j'ai abordé encore
une fois à Ambon, pour commencer de cet endroit mon excursion
dans les îles appartenant à la résidence d'Amboine. J'ai pu faire
alors, du 26 mars au 2 avril, encore quelques excursions à Ambon,
pour compléter mon exploration de 1898, entre autres dans la vallée
de la Waï Loï, parce qu'à cette époque il faisait encore très sec à
Ambon et que le niveau des rivières était particulièrement bas.

Dans les mémoires **41, 42** et **43** on trouve quelques courtes notes
préliminaires sur mes recherches à Ambon, et dans le n°. **44,** sur la
position des calcaires coralliens soulevés.

Tout en rédigeant le rapport géologique détaillé que l'on trouvera
dans les pages suivantes, il me devint de plus en plus évident que
la péridotite, que j'avais considérée jusqu'alors comme du même âge

que la roche correspondante de Java, — en partie par l'absence de coupes de terrain d'une netteté suffisante, et en partie aussi parce qu'il me paraissait invraisemblable que dans l'Archipel des Indes Néerlandaises existassent des péridotites d'âges différents, de sorte que j'étais imbu de l'idée que toutes les péridotites de l'Inde étaient d'âge récent —, devait appartenir à une époque plus ancienne, c'est-à-dire antérieure à celle de notre grès. C'est pourquoi je n'ai redouté ni les difficultés ni les frais d'un voyage de Hollande à Ambon, pour visiter derechef cette île aux mois d'avril et de mai de l'année 1904, non seulement afin de tirer parfaitement au clair la question dont il s'agit, mais encore pour explorer quelques points de Hitou, que je n'avais pu visiter en 1898 à cause du temps éminemment défavorable. En effet, Hitou avait bien été reconnue au point de vue géologique, mais elle n'avait pas été examinée complètement sous ce rapport, parce que cette opération ne pouvait avoir lieu qu'après le levé topographique détaillé de cette presqu'île. La durée de ce levé avait été évaluée à un an environ et celle du relèvement géologique subséquent à environ 8 mois; et le temps et les moyens nécessaires à ces opérations faisaient défaut. Il est donc évident qu'il reste encore beaucoup à faire à Hitou sous le rapport géologique.

Ce que j'ai communiqué dans mes mémoires **41**, **42** et **43** sur *l'âge* de la péridotite et de son produit de transformation, la serpentine, est erroné.

Une seconde modification a été apportée dans la *dénomination* d'une partie des roches éruptives jeunes, mais non à la détermination de leur âge; ce changement est donc de peu d'importance.

Dans mon mémoire **42**, j'ai fait voir que les roches éruptives jeunes d'Ambon présentent des différences notables avec les roches éruptives tertiaires de Java, Sumatra et Bornéo, connues jusqu'ici; tandis qu'un certain groupe, savoir un mélaphyre à croûtes vitreuses d'Ambon, correspond parfaitement, au point de vue pétrographique, à un même mélaphyre de Java occidental, laquelle roche appartient, avec les diabases qui l'accompagnent, à la période crétacée. J'en ai tiré cette conclusion que les roches éruptives d'Ambon seraient également crétacées et j'ai proposé pour ces roches «où sont combinées d'une manière remarquable certaines propriétés des roches éruptives jeunes à d'autres appartenant aux roches anciennes» (**42**, p. 19), le nom «d'Ambonites»,

Me tenant à l'habitude encore usuelle, mais qui de nos jours ne mérite plus d'être recommandée, de dénommer les roches pré-tertiaires autrement que les roches correspondantes tertiaires ou d'âge plus récent encore, je les ai appelées des «porphyrites»; et comme elles contiennent essentiellement du pyroxène *rhombique*, j'ai été obligé de les appeler des «porphyrites noritiques». Or, ce mot a été improprement choisi, en tant qu'il rappelle immédiatement les norites et par suite les gabbros, auxquels les Ambonites n'appartiennent certainement pas; mais une fois que je conservais l'usage dont je viens de parler, il me fallait bien les nommer des porphyrites, puisqu'il n'existe pas de qualification spéciale pour des roches éruptives crétacées. J'ai déjà fait remarquer (**42**, p. 19) que ces roches présentent plus de ressemblance avec les roches tertiaires qu'avec celles des terrains carbonifère et triasique; c'est naturel d'ailleurs, puisque par leur âge elles se rapprochent davantage des premières.

Une difficulté du même genre s'est présentée à Java pour certaines roches éruptives éocènes; je continuais à les classer parmi les andésites, tout en y ajoutant l'observation «à habitus ancien». Si j'avais à les décrire encore une fois, je les appellerais tout simplement, malgré leur âge tertiaire, des diorites et des diabases, auxquelles elles correspondent parfaitement au point de vue pétrographique.

On voit donc que, de même qu'en Amérique et en tant d'autres régions, dans l'Archipel des Indes Néerlandaises aussi la distinction entre roches éruptives anciennes et récentes, d'après leur *caractère pétrographique* seul, n'est guère possible; et de plus que la limite entre les deux groupes ne tombe nullement à l'origine de la période tertiaire, parce que des roches à caractère ancien apparaissent encore dans l'éocène et que parfois des roches à caractère jeune se présentent déjà à des époques plus anciennes.

Il est donc plus que temps de laisser tomber ces doubles dénominations pour une même roche; et les savants qui font autorité dans le domaine pétrographique sont depuis longtemps de cet avis. Si on lit p. ex. ce que ROSENBUSCH dit de «l'âge des roches éruptives», dans ses Elemente der Gesteinslehre 1901 pp. 61 à 63, on reconnaît clairement qu'une distinction pétrographique entre des roches éruptives jeunes et anciennes n'existe pas dans beaucoup de cas; du moins, il est impossible d'établir une séparation. Aussi longtemps qu'on n'avait qu'à distinguer (principalement en Allemagne) entre roches éruptives permiennes et plus anciennes encore d'une part et roches tertiaires et plus jeunes d'autre part, la distinction était aisée et l'emploi de deux noms pour les roches correspondantes était pratique. Mais depuis cette époque on a trouvé nombre de roches éruptives qui, pour l'âge, se placent entre le permien et le tertiaire et qui correspondent, sous le rapport pétrographique, en partie aux produits anciens, en partie aux produits plus récents. On n'a pas introduit de noms particuliers pour ces roches, p. ex. pour les roches éruptives triasiques et crétacées, et il serait donc pratique de ne donner qu'un seul nom à *toutes* les roches éruptives analogues, quelle que soit la formation à laquelle elles appartiennent. C'est ce qu'on a fait déjà pour certaines roches, sans que personne y ait trouvé à redire; pour d'autres, il n'en fut pas encore ainsi. C'est ainsi qu'on parle de granite, de peridotite, de gabbro et de serpentine dans tous les terrains; mais tel n'est pas le cas pour les porphyrites et les andésites, et pour le mélaphyre et le basalte pas davantage; à ces dénominations s'attache encore toujours l'idée d'âge (pré-tertiaire d'une part, tertiaire et plus jeune d'autre part); et certes il faudra encore du temps avant qu'on n'ait introduit la nomenclature simplifiée pour les roches éruptives d'âges les plus divers.

Mais si la différence des *noms* pour des roches analogues anciennes et récentes a beaucoup perdu de sa valeur, la *détermination de l'âge* des roches éruptives demeure naturellement une question d'une grande importance géologique. A mon avis, les roches éruptives jeunes d'Ambon sont crétacées, sinon toutes, au moins en majeure partie; parmi elles il s'en trouve qui, tant sous le rapport macroscopique qu'au point de vue microscopique, ressemblent à des mélaphyres et à des porphyres quartzifères ou kératophyres, tandis que d'autres présentent plus d'analogie avec des dacites tertiaires ou des andésites quartzifères. Ce sont précisément ces dernières qui ont été examinées par SCHROEDER VAN DER KOLK, et décrites sous des noms de jeunes roches; or je puis me rallier à ces dénominations, parce que les roches examinées présentent plus d'analogie avec les dacites et les andésites déjà connues qu'avec les porphyrites noritiques. Pour bien faire ressortir l'âge mésozoïque, on pourrait parler de *méso-dacites* etc., ainsi que l'a fait AL. LAGORIO pour ses roches éruptives crétacées de la Crimée, au sud de Sébastopol (Vergleichend petrographische Studien über die massigen Gesteine der Krym, Dorpat). Les groupes basiques et les plus acides de mes Ambonites n'ont pas été décrits par SCHROEDER VAN DER KOLK, car ils font défaut dans la collection de MARTIN. Je conserve toujours le nom de mélaphyre pour le groupe basique, parce que les roches de ce groupe présentent le caractère d'anciennes roches, et ont peu d'analogie avec nos basaltes tertiaires de l'Inde. On pourrait encore les nommer des *méso-mélaphyres*.

E. GÉOLOGIE DE LEITIMOR.
(CARTE N°. II).

Comme la partie méridionale, la plus petite d'Ambon a été levée topographiquement et explorée géologiquement avec beaucoup plus de précision que la presqu'île du nord, Hitou, qui est beaucoup plus grande, ces deux parties seront décrites séparément, bien que leur constitution géologique concorde parfaitement.

On rencontre à Ambon les formations suivantes:

1. Péridotite.
2. Diabase.
3. Granite.
4. Grès.
5. Roches éruptives jeunes.
6. Sédiments tertiaires supérieurs et quaternaires.
7. Sédiments novaires.

I. Péridotite et Serpentine.

La roche la plus ancienne de Leitimor, c'est la péridotite, et non le granite comme je le pensais jadis; des roches plus anciennes encore, telles que le schiste micacé et le gneiss, qui sont très répandus dans l'île voisine de Céram, ne viennent au jour nulle part à Ambon.

La plus haute montagne de Leitimor, le *Horiel* (562 m.) consiste en une roche éruptive basique, vert sombre, qui s'étend vers le sud jusqu'à la côte méridionale, de Labouhan Ihouresi jusque près de Lea hari, et vers le nord jusqu'à la Waï Ila (affluent supérieur de la Waï Rouhou), où celle-ci coupe la route d'Ambon à Routoung. A l'est, ce massif confine au grès; à l'ouest, au granite du Sirimau. La pointe sud-ouest de la baie Ihouresi, que l'on appelle Tandjoung Haour, consiste aussi en péridotite, de même que le premier îlot à proximité de ce cap; mais le second îlot, situé plus loin dans la mer, se compose en haut de granite, sous lequel, à en juger d'après l'apparence sombre de la roche, git de la péridotite; par suite des forts brisants, il fut impossible d'atteindre en chaloupe cet îlot, de sorte que je ne pus m'assurer si le granite y a pénétré la péridotite sous forme de filon, comme au cap Seri.

Le deuxième grand massif de péridotite est celui du mont *Nona*, au sud-ouest d'Ambon; il s'étend à l'ouest jusque près d'Amahousou, au nord jusqu'à la vallée de la rivière Batou-gantoung; à l'est, jusqu'au-dessus de Malaman; et au sud, jusqu'à la côte du sud, près de Seri. Les cimes Nona, Siwang, Apinau, Halinoung, Batou gouling, Kramat et Amahkora appartiennent à ce domaine; mais la roche ferme n'affleure pas partout, car en nombre de points elle est recouverte par des matériaux meubles et du calcaire corallien.

Entre ces deux grands terrains de péridotite se trouvent deux montagnes de la même roche, tout à fait isolées au milieu du domaine du granite; ce sont le *Loring ouwang* à l'est de Kousoukousou sereh et *l'Eri samau* près de Mahija. Comme il n'était pas impossible que ces deux montagnes fussent reliées, et formassent une seule large arête, je suis descendu de l'église de Mahija dans la vallée de la rivière Laouroung, profonde de plus de 100 m., du côté nord de l'Eri samau, et j'ai constaté qu'il n'y avait pas de liaison entre ces deux montagnes, mais que du granite était interposé entre les deux. Au nord de Mahija et au sud-ouest du Loring ouwang émerge encore du granite environnant un petit sommet de péridotite, peut-être mis à découvert par érosion du granite.

Un cinquième massif de péridotite est situé plus à l'ouest; il commence près de la rivière Wemi, s'étend le long du littoral jusqu'au Tandjoung Hati ari, un cap que la mer a percé en tunnel en deux points (fig. 14, annexe III), et se dirige à l'ouest par le Gounoung Rousi vers la vallée de la Waï Jowang; il s'élève à 346 m. d'altitude; mais, à son tour, il est recouvert en grande partie par des matériaux meubles et du calcaire corallien.

Le sixième et dernier terrain de péridotite existe à l'extrémité occidentale de Leitimor, au versant nord du mont Kapal; mais à cause du terrain qui le recouvre, il est visible seulement en une bande étroite le long de la côte. Le cap Batou Kapal en fait partie.

Age de la péridotite.

Cette roche éruptive vient, il est vrai, en contact avec la diabase, le granite et le grès en beaucoup de points, mais, par suite de la forte altération des roches et de la densité de la végétation, le contact immédiat n'est visible nulle part avec une netteté suffisante. En un point seulement, le rapport de la *péridotite et du granite* peut s'observer avec une netteté parfaite, notamment près du cap Seri à la côte du sud.

Tandjoung Seri, à 600 m. à l'est du kampong Seri, se termine en 3 pointes de granite A, B, C (fig. 12, annexe III), qui se succèdent dans une direction de 95° et émergent de la mer en parois escarpées et lisses, bien que peu élevées ([1]). Entre ces points existent deux anses I et II, dans lesquelles la péridotite se montre en très gros fragments; il est probable que jadis elle remplissait totalement ces anses. Au contact du granite, la péridotite est totalement métamorphisée et transformée en une roche dure, à grain fin, de la nature de la cornéenne; surtout à ces endroits-là où des filons de granite ont pénétré dans la péridotite, p. ex. en *a*. En certains points, où la péridotite recouvrant la paroi de granite a été enlevée par les eaux, sont restés suspendus çà et là des restes de la roche dure de contact, qui donnent l'impression d'inclusions (fig. 13). A un examen plus précis, on remarque toutefois que ces parties ne pénètrent pas profondément dans le granite, mais que, pour ainsi dire, elles y adhèrent tout simplement; ce ne sont donc nullement des inclusions, mais des restants de la roche de contact, érodée pour la plus grande partie. La roche qui existe exclusivement *à la limite* de la péridotite et du granite, je ne l'ai trouvée nulle part plus épaisse que de $^1/_2$ m.

[1] Ces parois lisses sont couvertes, jusqu'à 2 ou 3 m. au-dessus du niveau de la mer, de milliers de coquilles vivants, très petits, qui, d'après la détermination du Prof. O. BOETTGER de Francfort, appartiennent aux 4 espèces suivantes:

1. *Litorina (Tectarius) trochoides* Gray; très nombreux.
2. *Litorina undulata* Gray.
3. *Nerita constata* Chem.
4. *Nerita plicata* L.

La première espèce existe en nombreux exemplaires; les trois autres ne sont représentées que par quelques exemplaires seulement. Ces organismes vivent dans ce qu'on nomme „la zone de reflux", entre les hautes et les basses eaux; parfois aussi plus haut, de sorte que dans ce cas ils ne reçoivent que les éclaboussures des brisants.

Un des plus gros fragments, adhérant au grand bloc de péridotite en *a*, fig. 12, est long de 1¹/₂ à 2 m. et présente 2 petits filons de granite, dont *a* a 3 et *b* 5 à 6 cm. d'épaisseur (fig. 13*a*); le dernier s'amincit vers le sud (1¹/₂ cm.) et se ramifie ensuite en *c*: la branche étroite n'a que 5 mm. d'épaisseur. Les deux cordons *a* et *b* semblent se réunir plus loin (voir fig. 13*a*); mais ce point est soustrait à la vue par un conglomérat quaternaire grossier, qui s'élève jusqu'à 5 à 6 m. au-dessus de la mer; et il en est de même du point où les filons de granite se raccordent au massif granitique environnant. Ce conglomérat quaternaire, ou plutôt cette brèche, se compose de fragments anguleux et arrondis de péridotite, de granite, de la roche de contact, avec et sans filons de granite (l'un de ces filons a 3 cm. d'épaisseur), très solidement agglutinés par un ciment de sable siliceux.

Ainsi donc, à une distance de ¹/₂ m. de la limite du granite, la péridotite est totalement modifiée dans sa constitution chimique; et d'une roche éruptive basique, avec 40 pct. environ de SiO^2, elle est transformée en un produit plus acide, qui contient, d'après l'analyse chimique, à peu près 51 pct. de SiO^2. A une distance plus grande du granite, sur une étendue de 1 m. au maximum, la péridotite est encore dure, plus ou moins silicifiée et friable et elle passe alors rapidement à la péridotite commune (n°. 58). [1] La modification qu'a éprouvée la péridotite, a donc évidemment été occasionnée par le granite lors de son éruption; en outre, le granite à pénétré dans la péridotite sous forme de filon, et il est donc la plus jeune des deux roches.

Nous avons rencontré encore un étroit filon de granite (n°. 79) dans la péridotite à l'est de la baie de Houkourila, ou Labouhan Ihouresi, à peu près à 300 m. de la limite du granite, à proximité du cap Nouar, devant lequel sont situés deux îlots de péridotite (carte II, feuille 6). Cette petite veine a une épaisseur de 8 à 10 cm., une direction de 30° et se dresse verticalement. A cause de sa richesse en quartz, cette roche ressemble fort à un filon de quartz, et jadis on l'a considérée comme tel.

[1] Les numéros cités ici et plus loin sont ceux du catalogue des roches d'Ambon, recueillies en 1898, 1899 et 1904, et conservées au Musée de l'Administration des mines à Batavia.

La *diabase* n'a pas été rencontrée en contact immédiat avec la péridotite ou le granite; toutefois cette roche accompagne souvent la péridotite, aussi bien à Hitou qu'à Leitimor; et les diabases cristallines de Hitou forment, par des péridotites à plagioclase, la transition aux péridotites communes, de sorte qu'elles sont sans doute connexes sous le rapport géologique.

Le *contact du grès et de la péridotite* n'est pas non plus bien à découvert. Dans le temps, j'ai regardé le grès comme plus ancien, parce que les couches qui reposent immédiatement sur la péridotite ne renferment pas nettement du gravier ou des fragments de péridotite; d'autre part, la présence de roches chloriteuses (n°. 85) paraissait indiquer une roche de contact, qui aurait pris naissance par l'action de la péridotite sur des schistes argileux, comme on l'admet pour certaines couches du Negrais de la chaîne de l'Arakan, dans la Birmanie occidentale. Ces roches chloriteuses et riches en mica (n°s. 85 et 85*a*), qui n'ont pas été déposées en couches, et qui confinent immédiatement à la péridotite et à la serpentine dans la Waï Jouwa (¹), sur la route d'Ambon à Routoung, me paraissent, à plus ample inspection de la surface dénudée, fort restreinte, faire cependant encore partie de la croûte profondément métamorphisée de la péridotite, et non des couches inférieures du terrain gréseux limitrophe, ni des argilolites métamorphisées par contact, ce qui fait que la preuve de l'âge plus avancé du terrain sédimentaire vient à tomber. Toutefois, une brèche de serpentine (n°. 205), qui se présente en gros blocs dans la Waï Warsia, mais n'apparaît pas davantage en couches nettes, appartient probablement déjà aux couches inférieures du terrain gréseux. En outre, ce terrain *doit* certes être plus récent que la péridotite, car il est constitué par un gravier granitique, et le granite est plus jeune que la péridotite. C'est là une preuve indirecte, qui naturellement a aussi sa valeur; je crois qu'une démonstration directe est excessivement difficile à fournir à Ambon, par suite des coupes de terrain insuffisantes.

On voit donc, que dans la partie orientale de notre Archipel, où

(¹) Signalée par erreur comme Waï Jori sur la carte de MICKLER, car cette rivière a son embouchure à la côte orientale; la Waï Jouwa est, comme la Waï Ila, un affluent supérieur de la Waï Rouhou.

presque tout est autre que dans la partie occidentale, il existe une péridotite d'un autre âge qu'à Java. Je vais rassembler ici tout ce que l'on sait de l'âge des péridotites et des serpentines des Indes Néerlandaises, et jeter en même temps un coup d'oeil sur les péridotites qui existent en dehors de notre Archipel.

Céram. D'après MARTIN (mémoire n°. **47**, pp. 145, 148 et 149) les péridotites de Céram sont très vieilles, ce qui doit être exact, puisqu' elles sont *selon toute probabilité* du même âge que celles de l'île voisine Ambon. Mais il me paraît encore fort douteux que, pour cette raison, elles dussent être *archéennes* (mémoire n°. **37**) et faire partie du terrain des schistes micacés et du gneiss. Le profil donné par MARTIN, sur la carte IV de son mémoire **47**, n'a pas été, comme il le dit lui-même, observé, mais construit, et il permet une autre interprétation puisque «das Lagerungsverhältniss infolge des Fehlens brauchbarer Aufschlüsse nicht klar zu erkennen ist» (**47** p. 149). Bien que ce soit toujours risqué de porter un jugement sur un terrain qu'on n'a pas visité soi-même, je serais néanmoins porté, dans ce cas, à admettre que le massif montagneux, coupé dans ce profil, consiste à l'ouest en schiste micacé, et pour le reste entièrement en péridotite, dans laquelle existe, en trois endroits, du gneiss à cordiérite, soit en fragments inclus dans la roche éruptive, soit en gros blocs qui seraient venus à la surface avec elle. Si cette manière de voir est exacte, la péridotite serait naturellement plus récente, et pourrait même être beaucoup plus jeune que les schistes.

Java. A Java, j'ai signalé ([1]) pour la première fois le terrain crétacé

---

[1] Et *non* MARTIN, ainsi que le prétend à tort H. VAN CAPELLE Jr. dans l'„Encyclopedie van Nederlandsch Indie". p. 569. Il y écrit: „Ook op Java hebben VERBEEK en MARTIN het voorkomen van krijt met zeer groote waarschijnlijkheid aangetoond". MARTIN ne l'a jamais prétendu lui-même, mais ce qui aura donné lieu à ce malentendu, c'est ce qu'il dit au tome V, p. 27, des „Beiträge zur Geologie Ost-Asiens etc.": „Dass das Eocaen indessen auf Java nicht fehlt, obwohl es auf dieser Insel nur an wenigen Punkten zu Tage zu treten scheint, ist durch VERBEEK sicher nachgewiesen, und auch die an demselben Orte von letzterem ausgesprochene Vermuthung das auf Java eine *Kreideformation* vorkommen dürfte, ist wohl zweifellos richtig. Ich hatte in Batavia Gelegenheit Praeparate durchzusehen welche durch VERBEEK von den l.c. erwähnten Orbitolinen hergestellt waren, und überzeugte mich davon. dass sie im Bau mit den cretaceischen Orbitolinen übereinstimmen, für welche ich den Familiennamen der *Orbitolinidae* vorschlug, wenngleich eine nähere Bestimmung der Species derzeit nicht auszuführen war". VAN CAPELLE doit avoir compris par là, que MARTIN a pris quelque part à la découverte de couches crétacées à Java.

49

le 1er octobre 1887, par la découverte d'orbitolines dans un calcaire
près du hameau Kĕboutou douwour, au sud de Bandjarnĕgara, dans
la résidence Banjoumas. En août 1892, j'ai visité encore une fois cet
endroit, où l'on avait entrepris alors une exploitation en petit de ce
calcaire, pour un four à chaux d'un chinois. Enfin, le 30 avril 1901,
j'étais encore aux mêmes lieux, pour voir si dans les 9 dernières années
le calcaire était plus fortement mis à nu qu'auparavant. Je constatai
que l'exploitation de la carrière n'était pas beaucoup plus avancée.
Du sentier, qui de Bandjarnĕgara conduit au sud vers Sironggé,
on prend à droite près du hameau Kĕboutou douwour (à l'ouest);
on descend d'abord 30 à 35 m. sur de la serpentine schisteuse et
friable (fig. 57); on arrive ensuite à la carrière du calcaire, qui est
à nu sur une étendue de 10 m. environ, et n'acquiert pas plus de
2 m. d'épaisseur, bien que celle-ci ne soit pas partout la même; plus
bas se présente de nouveau la serpentine compacte, de sorte que le
calcaire, qui pend vers le nord, est situé *entre* la serpentine et est
par suite du même âge que cette roche éruptive. Il est moins vraisemblable que le calcaire forme une inclusion dans la serpentine; les
dimensions du calcaire visible, qui a d'ailleurs l'air de former une
couche régulière, sont un peu trop grandes pour cela. Dans ce cas,
la serpentine serait même plus récente que le calcaire crétacé, mais
à mon avis, ils appartiennent tous deux au même terrain; en d'autres endroits de Java, celui-ci ne consiste pas seulement en serpentine
et calcaire, mais encore en d'autres roches, principalement des quartzites, recouverts en stratification *discordante* par les grès et le calcaire
à nummulites éocènes; dans ces dernières roches, il ne se présente
nulle part de la péridotite, de sorte que l'éruption de cette roche

La première communication sur les orbitolines, datant du 20 janvier 1891. je l'ai faite
dans mon mémoire „Voorloopig bericht over nummulieten. orbitoiden en alveolinen van
Java, etc." Natuurk. Tijdschr. v. Ned. Indie LI, afl. 2, 1891 (et non 1892, ainsi que le
cite MARTIN l. c. p. 26; l'année complète porte bien la date 1892, mais la livraison 2. la
date 1891) pp. 101 à 138. Un extrait publié dans le Neues Jahrbuch f. Mineralogie, 1892
I, S. 65—67, est daté de Buitenzorg. 20 juin 1891. On trouve cette communication
dans le mémoire cité en premier lieu. à la note 1. p. 102. Ce mémoire avait déjà paru
lorsque MARTIN arriva pour la première fois à Batavia en octobre 1891; je lui ai montré
les préparations des pétrifications déterminées par moi comme orbitolines au commencement d'août 1892, lorsqu'il fut revenu à Batavia de son voyage aux Moluques. Il est
donc clair, que MARTIN n'est pour rien dans la découverte du terrain crétacé à Java.

4

n'atteint pas la période tertiaire. D'autre part, je ne tiens pas ici la péridotite pour une roche plus ancienne, parce que la couche de calcaire crétacé est interposée, à mon avis, en stratification concordante entre la serpentine schisteuse.

Il existe encore un second endroit où du calcaire à orbitolines est situé sous la serpentine, notamment au voisinage immédiat du kampong Watou bělah, au nord-nord-est du gisement précédent, à la rive droite du cours supérieur de la rivière Watou bělah, qui est nommée ici Karang-těngah. La roche inférieure visible est ici un calcaire dur et cristallin, à veines de calcaire spathique n°. 1 (fig. 58); ce calcaire s'étend jusque dans le lit du ruisseau; la roche sous-jacente n'y est pas dénudée; mais elle est, sans aucun doute, de la serpentine schisteuse, la seule roche qui apparaît partout aux alentours. Sur ce calcaire n°. 1 repose une roche calcaire gris sombre (n°. 2), veinée aussi de spath, d'une épaisseur de $1/2$ à $1/3$ m. et à orbitolines nombreuses, qui sont surtout bien reconnaissables au microscope, en plaques minces, et sont tout à fait semblables à celles de Kěboutou douwour. Là-dessus se trouve une roche d'un gris verdâtre clair, de $1/2$ m. d'épaisseur, finement schisteuse et friable, consistant en serpentine à nombreuses veines de spath calcaire (n°. 3); dans les couches inférieures, il y a plus de calcaire que de serpentine, de sorte qu'ici encore le calcaire est intercalé dans la serpentine, et tous deux ne peuvent appartenir qu'à une seule et même formation; dans cet affleurement restreint, la direction et l'inclinaison ne pouvaient être bien mesurées; peut-être le calcaire forme-t-il en cet endroit précisément un pli-anticlinal).

L'âge crétacé de la péridotite de Java et de la serpentine schisteuse a été révoqué en doute par MARTIN (Die wichtigsten Daten etc. Bijdragen tot de taal-, land- en volkenkunde van Nederlandsch-Indië 1883; et derechef dans: Die Eintheilung der versteinerungsführenden Sedimente von Java. Beiträge zur Geologie Ost-Asiens etc. VI, 1900, p. 244); c'est surtout la présence de *schistes micacés* qui accompagnent la serpentine, bien que d'une façon tout à fait secondaire, qui lui semble contredire cette ancienneté. Mais il ressort de la bibliographie, que ce fait n'a rien de particulier et qu'on l'a observé aussi en dehors de Java. Nous en reparlerons plus amplement ci-dessous.

Divisions méridionale et orientale de Bornéo. Ici se présentent un grand nombre de roches éruptives qui, d'après l'ingénieur des mines J. A. Hooze (Jaarboek van het mijnwezen in Nederlandsch Oost-Indië 1893), se divisent comme suit:

1. *Roches anciennes,* qui forment des filons ou des assises interposées dans les anciens schistes cristallins et qui, à ce qu'il me semble, sont regardées par lui (l. c. p. 183) comme plus anciennes que les roches de la période crétacée, bien qu'on verra plus loin que sa description n'est pas en harmonie avec cette interprétation. Ce groupe le plus ancien consiste en péridodite et serpentine, gabbro et diorites cristallins; ces dernières roches sont intimement lieés aux gabbros.

2. *Roches moyennes,* consistant en porphyrites diabasiques et dioritiques d'âge vieux-crétacé (crétacé inférieur); une grande partie des sédiments de la période crétacée consistent en conglomérats, tufs et grès de matériaux de porphyrites.

3. *Roches récentes,* consistant aussi en porphyrites diabasiques et dioritiques, mais qui forment distinctement des filons dans les sédiments crétacés et qui sont probablement d'âge crétacé récent. Ces roches éruptives sont incontestablement plus anciennes que l'éocène, car nulle part elles ne forment des filons dans ce terrain (Hooze l.c. p. 127).

Hooze a donné à une partie des porhyrites anciennes le nom de diabase (l.c. p. 105) et il a fait d'autre part une distinction entre porphyrite rouge ou ancienne, et porphyrite récente, grise ou andésitique (l.c. p. 120). Cependant, d'après lui-même, la distinction entre sa diabase (porphyrite diabasique) et la porphyrite jeune est souvent difficile (l.c. p. 127). D'après l'ingénieur des mines Retgers, qui a examiné au microscope les roches de Hooze (Jaarboek v. h. Mijnwezen in Nederlandsch Oost-Indië 1891, Wetenschappelijk Gedeelte), cette distinction doit être abandonnée au point de vue pétrographique, car ces roches appartiennent à peu près toutes aux porphyrites, notamment aux porphyrites diabasiques ou dioritiques, ou bien à des transitions entre les deux, que Retgers appelle des porphyrites diabasiques-dioritiques. Les porphyrites dioritiques renferment parfois du quartz, parfois de la biotite. Des brèches et des tufs se présentent fort souvent à côté des porphyrites massives (l.c. p. 7). Ce n'est que dans

quelques porphyrites diabasiques que l'on a pu montrer des olivines
(l.c. p. 8).

En ce qui concerne en premier lieu l'âge relatif des 4 roches,
péridotite, serpentine, gabbro et diorite cristalline, Hooze a rapporté
en divers endroits des *filons* de gabbro dans la serpentine; le gabbro
serait donc plus jeune. Ce n'est qu'à la p. 104 qu'il dit que parfois,
bien que fort rarement dans ce terrain, le gabbro forme des *transitions*
dans la serpentine; et à la page 110, qu'une roche indiquée sur la
carte comme gabbro (n". 288, du cours supérieur de la rivière
Pamaloungan, à proximité de la cime Pamatang Oja), fait partie des
péridotites. Comme le gabbro et la serpentine se montrent presque
toujours ensemble, il existe un rapport génésique net entre les deux
roches, et je serais porté plutôt à songer à des sécrétions feldspa-
thifères en forme de traînées, dans la roche d'ailleurs privée de
feldspath. Et j'ai pu constater à diverses reprises qu'ailleurs aussi,
entre autres dans les Moluques, ces traînées peuvent ressembler fort
à des filons.

A Bornéo comme partout ailleurs, la serpentine n'est pas une
roche spéciale, mais un produit de transformation de diverses péridotites (Retgers l.c. p. 196).

Ensuite, la diorite cristalline appartient assurément aux gabbros,
en ce qui concerne l'âge, car Hooze fait observer lui-même (l.c. p. 98,
note 2), que dans le *même* massif rocheux — savoir la montagne
Kehok-Tambaga — il existe, d'après Retgers, du gabbro à augite,
de la diorite à augite et de la véritable diorite, parfois quartzifère.
«Cela rend plus vraisemblable encore que le gabbro et la diorite passent l'un dans l'autre».

A mon idée, il n'y a pas de doute que toutes les roches du
1er groupe ne forment un seul ensemble géologique, et que dès lors
elles ne présentent, quant à l'âge, que des écarts très faibles.

Hooze dit encore (l.c. p. 183): «que la serpentine, accompagnée
ou non de gabbro et de masses gabbroïdes, formait avant la période
crétacée un continent avec les schistes plus anciens»; mais comment
concilier cela avec l'assertion formulée à la page 101, qu'un *filon de
serpentine* se montre dans le gabbro et la *diabase* (porphyrite), tandis
qu'à la page 184 les porhyrites diabasiques et dioritiques sont rangées

dans la période crétacée? Hooze dit notamment p. 101 : «qu'à 500 m. au sud du signal Labio (feuille V de sa carte geologique, bord sud) on trouve dans le gabbro et la diabase un filon de serpentine, qui s'étend au nord du côté oriental du G. Batakkan-Binawar, et qui communique avec la serpentine du massif montagneux du Sabat».

Si nous admettons ces observations comme exactes, il s'ensuit que la serpentine, ou plutôt la péridotite du sud-est de Bornéo, se montre çà et là sous forme de filons dans les anciennes porphyrites crétacées, bien que l'on n'ait trouvé ces filons que rarement, et qu'elle est donc elle-même d'âge *crétacé inférieur*, à moins que l'on ne veuille admettre dans cette region des péridotites d'un âge très différent, ce qui n'est pas fort vraisemblable. Les éruptions y ont continué jusqu'à l'époque crétacée récente, et elles ont aussi fourni des porphyrites.

Côte occidentale de Sumatra. L'âge des péridotites, des gabbros et des serpentines de la côte ouest de Sumatra n'est pas connu d'une manière précise; ces roches sont plus récentes que l'époque carbonifère et plus anciennes que l'éocène; il n'est pas impossible qu'ici encore elles soient crétacées, mais cela n'a pas encore été prouvé. Un argument en faveur d'un âge relativement récent est peut-être la grande fraîcheur des éléments de quelques gabbros à olivine et de quelques picrites, à tel point que même l'olivine ne présente dans ces roches qu'un commencement de décomposition. En dehors des résidences des hauts pays de Padang (Padangsche Bovenlanden) et Tapanouli (Verbeek Topogr. en geol. beschrijving van een gedeelte van Sumatra's Westkust, Batavia 1883. Fennema Topogr. en geol. beschrijving van het Noordelijk gedeelte van Sumatra's Westkust. Jaarboek v. h. Mijnwezen 1887, 2de Wetenschappelijk gedeelte), on a trouvé aussi de la péridotite, de l'amphibolite et de la serpentine dans l'île de Sipora, faisant partie des îles Mentawei, situées à l'ouest de Sumatra; ces roches furent recueillies par E. Modigliani et décrites par St. Traverso (Atti della Società Ligustica di Scienze Nat. e Geogr. VI, Fascicolo I, Genova 1895). Elles se présentent conjointement avec du grès et du quartzite, ainsi que des roches rhyolitiques; toutefois leur âge ne put être déterminé. Les îles Mentawei appartiennent, comme on sait, à la série des îles Nias-Engano, qui sont constituées principalement par des roches sédimentaires miocènes.

Comme nous avons affaire très problablement, dans l'Archipel Indien, à des péridotites d'âges différents, il importe de jeter aussi un coup d'œil sur l'Europe et l'Amérique, pour voir ce qu'on sait là de l'âge des péridotites et des serpentines; surtout que les dernières recherches ont appris, que beaucoup de ces roches, que l'on tenait jadis pour notablement plus anciennes, sont relativement récentes. Cela ne veut pas dire naturellement qu'il n'y existerait pas de péridotites anciennes; au contraire, en Europe et en Amérique on connaît un grand nombre d'endroits, où la péridotite et la hartzbourgite se montrent en présence de gabbro et de serpentine, de l'âge élevé desquels personne ne doute Je rappelle ici seulement les assises de serpentine et les formes en filon irrégulier (Stockform) de cette roche, ainsi que les filons dans le gneiss de l'Autriche, du Tyrol, de la Bohême, de la Norvège et de la chaîne de l'Oural, accompagnés ici de schistes chloriteux et talqueux; puis, dans le schiste micacé de l'Ecosse, de la Hongrie et de la Silésie; et encore dans la granulite de la Saxe, de la Bohême, de l'Autriche et des Vosges; suivant quelques auteurs ces dernières serpentines ont été formées entre les époques du trias et du jura. On trouve encore la péridotite, la hartzbourgite etc. dans le Montana, dans le gneiss du Colorado, en Orégon et en nombre d'autres endroits des Etats-Unis de l'Amérique du Nord. Les péridotites de Darjeeling et d'autres endroits des Indes Britanniques sont probablement triasiques.

Je fais suivre ici un aperçu succinct des péridotites plus jeunes encore, qui paraissent appartenir essentiellement au terrain crétacé, en partie même au terrain tertiaire.

Le mémoire de A. BITTNER, M. NEUMAYR et FR. TELLER «Ueberblick über die geologischen Verhältnisse eines Theiles der Aegaïschen Küstenländer», Denkschriften der Kais. Akademie der Wissenschaften. Math. Naturw. Klasse XL 1880, p. 405 et suivantes, commence par parler de la présence de serpentine avec des calcaires crétacés en divers endroits de la Grèce, au Tyrol, en Crète, dans l'Asie mineure, la Bosnie, l'Herzégovine, la Croatie, la Transylvanie, en Italie et dans les Alpes; puis on passe à un aperçu de ces roches dans l'Inde. D'abord,elles sont situées sur une ligne qui s'étend de la chaîne de l'Arakan, en Birmanie occidentale, par les îles Andaman et Nicobar vers

Sumatra. Les grès et les schistes des couches du Negrais dans la chaîne de l'Arakan, qui appartiennent en partie au crétacé, en partie à l'éocène, sont pour une part peu modifiés et pour une autre transformés en schistes argileux durs, silex cornés (Hornsteine) et schistes chloriteux verts. (Voir à la p. 47 ce qu'on dit de la roche n°. 85). Dans les silex cornés existent de nombreux filons de serpentine (MEDLICOTT and BLANFORD, Manual of the geology of India, Vol. II, p. 713 et suivantes). Aux îles Andaman on trouve des couches qui ressemblent fort aux couches du Negrais, également accompagnées de serpentine et de gabbro (MEDLICOTT and BLANFORD, l. c. II p. 733). De même aux Nicobar (MEDLICOTT and BLANFORD, l. c. II p. 734; VON HOCHSTETTER, Reise der Novara, Geologischer Theil II 1866, pp. 83 et 112). Le prolongement des couches crétacées à Sumatra est inconnu jusqu'ici. Par contre, comme on l'a vu plus haut, il apparaît en nombre de points de cette île et de Sipora (îles Mentawei) des péridotites et des serpentines.

«A l'extrémité méridionale de l'Amérique du Sud, dans la Terre de Feu, il se montre des schistes argileux avec filons de pierres vertes et des grauwackes, qui ont un caractère très ancien, mais qui appartiennent néanmoins au crétacé, puisqu'ils contiennent des fossiles de cette période. Il semble ne pas y exister de la serpentine» (DARWIN, Geological Observations on South-America 1851, pp. 151 et 152).

«A cause de leur grande analogie avec les roches de la Grèce, celles de la «Coast-Range» de la Californie, telles que les décrit WHITNEY (WHITNEY. Geological of California, Geology Vol. I Part I, the Coast-Range. ID. The auriferous gravels of the Sierra Nevada of California, Museum of comp. zoölogy at Harvard College, Cambridge Vol. VI n°. I, 1879), sont très importantes. Cette montagne consiste en grès et en schistes du terrain crétacé, qui ont une grande analogie avec le macigno; puis, en schistes cristallins, parmi lesquels se montre localement du *schiste micacé à grenat* (¹), en couches de jaspe et en serpentine. Tantôt ces couches crétacées sont normalement développées, tantôt elles sont devenues cristallines, mais les transitions pétrographiques sont si régulières, qu'une séparation est impossible;

(¹) Voir ci-dessus, p. 50.

les silex cornés sont des grès modifiés, les serpentines appartiennent au même système».

Ainsi que le font remarquer les auteurs (BITTNER etc.), l'apparition de schistes cristallins et sub-cristallins en combinaison avec la serpentine n'est nullement une exception pour le terrain crétacé; c'est même un phénomène assez général. Pour la Grèce en particulier il devient probable «que les phyllites mésozoïques se présentent principalement là où l'axe orographique de la montagne fait un angle considérable avec la direction des couches; *que par conséquent le changement des couches ne doit pas être attribué à la serpentine,* puisque celle-ci se montre précisément souvent dans les roches crétacées clastiques normales, «*mais à la forte pression qu'ont subi ces couches*».

A. PHILIPPSON (Reisen und Forschungen in Nord-Griechenland I. Zeitschr. d. Gesellschaft für Erdkunde zu Berlin, XXX 1895. S. 135—226) a décrit le nord de la Grèce (Thessalie et Epire) et principalement la chaîne de l'Othrys, qui consiste en grande partie en roches du terrain crétacé, et notamment en: 1. calcaire crétacé inférieur; 2. schistes, silex cornés et grès, avec beaucoup de filons et d'assises de serpentine, et aussi du gabbro mais beaucoup moins; 3. calcaire crétacé supérieur avec rudistes. Là-dessus repose un peu de brèche à orbitoïdes, à la limite du calcaire crétacé et du flysch; puis, du flysch, du calcaire en plaques éocène, très peu de néogène, du quaternaire et de l'alluvium.

Les silex cornés rouges, parfois verts et noirs, sont considérés comme des calcaires silicifiés à leur contact avec la serpentine et les gabbros serpentinisés. *Dans* le terrain de la serpentine, du hornstein et du schiste on trouve des calcaires avec des rudistes; ce terrain appartient donc au crétacé. En outre PHILIPPSON fait observer formellement (l c. p. 212), que nulle part en Grèce la serpentine ne se présente dans le flysch éocène, et que par conséquent la roche éruptive n'est certainement pas plus récente que l'époque crétacée.

Les diabases, les péridotites etc. qui se présentent sous forme de filons dans les couches de ce qu'on nomme le «Franciscan series» de la presqu'île de San Francisco, sont d'âge mésozoïque; mais il est encore tant soit peu incertain, s'ils appartiennent à la période jurassique ou bien à l'époque crétacée. (ANDREW C. LAWSON, Sketch of the geology of the San Francisco Peninsula. United States Geological Survey. XVth Annual Report 1893—94 p. 399—476).

La *lherzolithe* du sud de la *France*, dans le département de l'Ariège, est *post-jurassique* (donc tout au plus crétacée) d'après A. LACROIX, car cette roche éruptive a métamorphisé non seulement les calcaires du jura mais aussi ceux du crétacé inférieur. (A. LACROIX, Sur l'origine des brèches calcaires secondaires de l'Ariège. Comptes rendus, tome 131, 1900, pp. 396 à 398).

Par contre, les diabases à olivine du Plessur, dans le canton des Grisons (Suisse), et les gabbros, la serpentine et les schistes verts (ces derniers étant selon C. SCHMIDT des roches éruptives basiques, transformées par dynamo-métamorphisme) des Grisons du nord, apparaissant dans ce qu'on appelle la «Bündner-Aufbruchszone», sont regardées comme éocènes par A. BODMER-BEDER, à l'exemple de G. STEINMANN (Neues Jahrb. f. Min. XIIter Beilage-Band, 1898, S. 238 u. ff.). Suivant une communication par écrit du Prof. STEINMANN, qui connaît aussi bien les serpentines des Alpes que celles de l'Italie, celui-ci ne croit pas, comme certains géologues Italiens, à une différence d'âge de ces roches; selon lui, elles ne sont pas plus anciennes que le crétacé inférieur ni plus récentes que le tertiaire ancien (oligocène), mais une détermination plus précise de l'âge n'a pas encore été possible. Un âge crétacé n'est donc pas encore exclu pour ces serpentines. W. PAULCKE (Geologische Beobachtungen im Antirhätikon. Ber. d. naturf. Gesellsch. zu Freiburg i/Br., Band XIV, 1904, pp. 20 à 22 de la note même) tient les gabbros, les diabases compactes et la serpentine de l'Antirhéticon pour tertiaires.

En dehors de ces serpentines et péridotites jeunes il y en a, d'après certains auteurs, aussi de plus anciennes dans les Alpes et en Italie, bien qu'elles ne soient pas plus vieilles que le trias. Selon MAZZUOLI, ISSEL, DE STEFANI, UZIELLI et d'autres encore, les serpentines et les roches connexes à l'ouest de Gènes sont en partie éocènes, en partie triasiques, et la limite entre les deux s'étend de Sestri à Voltaggio, dans les vallées de la Lemmo, de l'Iso et de la Chiaravagna, cette dernière rivière débouchant dans la mer à l'est de Sestri Ponente. La première rivière coule dans le flysch; la dernière, entre des schistes

talqucux, des quartzites etc. des assises inférieures du terrain triasique
(Capacci, de Stefani, Daubrée, Issel, Mazzuoli, Szabò, Sterry Hunt,
Taramelli, Uzielli. Estratto della conferenza sulle serpentine tenuta
in Bologna in occasione del 11 congresso internazionale di Geologia.
Bollettino della Società Geologica Italiana I p. 14—38, Roma 1882.
Et L. Mazzuoli e A. Issel. Nota sulla zona di coincidenza delle for-
mazioni ofiolitica eocenica e triassica della Liguria occidentale, con
carta geologica. Bollettino del R. Comitato Geologico 1884 n°. 1—2,
Roma 1884). Ce contact de deux domaines de serpentine, qui diffèrent
notablement en ancienneté, est certes excessivement remarquable, on
dirait même étonnant(¹); aussi cette manière de voir n'est-elle pas
partagée par tous les géologues italiens. Sacco entre autres regarde
la serpentine des Apennins comme crétacée, ou en tout cas comme
pré-tertiaire (F. Sacco. Studio geologico dei dintorni di Voltaggio.
Atti della R. Accademia delle Scienze di Torino, XXII, Torino 1887).

Enfin, selon Franchi, il se présente dans les Alpes occidentales
des serpentines dans plusieurs horizons, du trias inférieur jusqu'au lias
(S. Franchi. Sull' età mesozoica della zona delle pietre verdi nelle
Alpi occidentali. Roma 1899). Il règne donc encore de grandes diver-
gences d'opinion, et le dernier mot n'a pas encore été dit sur l'âge
des serpentines de l'Italie.

Si c'est précisément pour les péridotites qu'il règne tant d'incertitude quant à l'âge, il faut l'attribuer, non seulement à leur gisement
souvent peu distinct, mais encore à ce fait qu'il n'existe pas une
différence permanente, au point de vue pétrographique, entre les
péridotites d'âges les plus divers.

Pour les péridotites d'Ambon, j'ai songé aussi à la possibilité d'un
même âge que celles de Java, savoir crétacé, dans le cas où nous
aurions affaire à de très jeunes granites. Car on sait que cette roche
aussi apparaît dans toute espèce de terrain.

C'est ainsi que le granite qui, en Cornouailles, forme des filons dans
la serpentine, a pris naissance après la période carbonifère; le granite
protogyne des Alpes est plus récent que le lias, et il en est de même
d'une partie des granites des Pyrénées, où l'on a même observé des

(¹) Y aurait-il ici peut-être une faille?

filons de granite dans des couches du terrain crétacé. Les granites de l'Amérique du sud, entre autres ceux du Cerro Peine dans l'Argentine méridionale, recueillis par le Prof. HAUTHAL, que j'ai été à même de voir au musée de Strasbourg, grâce à la bienveillance des Proff. BÜCKING et BRUHNS, et qui ne se distinguent en rien de granites beaucoup plus anciens, font partie du terrain crétacé; les granites des Hébrides, de Mull et de Skye, et ceux de l'île d'Elbe ([1]) sont même tertiaires.

Si donc notre granite d'Ambon était très jeune, tertiaire ou crétacé récent, alors la péridotite, qui renferme des filons de ce granite, pourrait aussi appartenir encore au terrain crétacé (crétacé moyen ou inférieur), et par conséquent elle pourrait être du même âge que la péridotite de Java.

Mais le grès d'Ambon, qui, d'après les fossiles peu nets, appartient au permien ou au permo-carbonifère, consiste en majeure partie en gravier de ce granite, de sorte que le granite, et par suite aussi la péridotite d'Ambon, doivent être plus anciens que ce terrain. Il ne reste donc plus qu'à admettre que les péridotites de la partie occidentale et de la partie orientale de l'Archipel Indien sont d'âges différents.

Description des roches.

Les péridotites sont rarement vert clair; le plus souvent la teinte est d'un vert sombre allant presque jusqu'au noir, et elles sont toujours plus ou moins transformées en serpentine. La masse fondamentale sombre de ces roches est constituée par de la serpentine, où se trouvent dissémines porphyriquement de gros cristaux de diallage vert-jaunâtre, et aussi d'une bronzite jaune ou couleur de bronze. Dans les échantillons on n'observe pas d'olivine. La couleur sombre passe parfois au brun par la présence d'oxyde de fer hydraté; dans les fissures de la roche, on trouve souvent une substance blanc-verdâtre serpentineuse ou stéatiteuse.

---

[1] K. DALMER. Die geologischen Verhältnisse der Insel Elba. Zeitschr. f. Naturwissenschaften LVII 1884.

B. LOTTI. Descrizione geologica dell' isola d'Elba. Roma 1886.

B. LOTTI. Sulle apofisi della massa granitica del Monte Capanne nelle roccie sedimentarie eoceniche presso Fetovaia nell' isola d'Elba. Boll. del R. Com. geol. Roma 1894 n⁰. 1.

Au microscope, on voit que toutes les roches sont des roches à olivine et à pyroxène, dont l'olivine est le plus souvent décomposée en majeure partie, le pyroxène d'ordinaire partiellement. L'olivine fournit immédiatement de la serpentine; le pyroxène, qui est en partie de la diallage monoclinique, en partie de la bronzite rhombique ou enstatite, souvent mélangées, passe aussi à la serpentine, parfois mêlée à plus ou moins de chlorite; mais de plus elle fournit assez souvent une substance amphibolique vert clair, en individus ténus et étroits que l'on doit rattacher à l'actinolite. D'après moi, la hornblende est ici toujours de l'ouralite, donc issue secondairement du pyroxène, tandis que nulle part dans les péridotites je n'ai rencontré de la hornblende primitive. Ces roches, je ne les appellerai des serpentines que lorsque leurs éléments ont été décomposés en serpentine totalement ou à peu près; je les nommerai au contraire des péridotites, quand le pyroxène seul, ou le pyroxène et l'olivine ensemble, sont restés inaltérés en quantité notable. Les péridotites de Leitimor, pour autant qu'elles ont été examinées, sont toutes sans feldspath; les roches gabbroïdes y sont inconnues. On verra plus loin que tel n'est pas le cas pour Hitou.

Sont originaires du *massif du Horiel:*

N°. 75. Enlevé à l'ouest de la cime, sur la ligne de faîte, à proximité de la limite du granite, à 525 m. d'altitude. En échantillons, c'est une roche vert-grisâtre terne, à pyroxènes vert-jaunâtre. Au microscope, on voit que la masse fondamentale consiste en serpentine, provenant d'olivine qui n'existe plus nulle part à l'état frais. La serpentine est en partie vert clair, en partie incolore et elle polarise vivement; les bâtonnets et les fibres sont entremêlés dans toutes les directions; la masse est traversée de veines fines, formées aussi de serpentine claire (chrysotile). On y voit encore des grains transparents, brun sombre, de picotite, lesquels sont restés inaltérés lors de la décomposition de l'olivine. Les gros cristaux consistent exclusivement en pyroxènes finement fibreux et en d'autres ayant l'apparence de grains poussiéreux bruns, à extinction droite, qui appartiennent ou ont appartenu à la bronzite, et qui probablement ont déjà été décomposés en bastite. Les inclusions pulvérulentes sont en partie des bâtonnets bruns ou noirs, excessivement petits; mais pour une autre

partie on dirait, à un fort grossissement, des bulles d'air. Un minerai
noir et spongieux est répandu partout. *Péridotite.*

Nᵒˢ. 34 et **36.** Labouhan Ihouresi (baie de Houkourila), tandjoung
Haour.

Nᵒ. 35. Idem idem. Petites veines dans le nᵒ. **34.**

Nᵒ. 38. Idem idem. Bloc roulé au côté sud de la baie, un peu au
nord de tandjoung Haour.

Nᵒˢ. 34, 36 et **38.** Sont en échantillons tout-à-fait identiques, vert
sombre, ternes, avec pyroxènes brillants vert-jaunâtre. La roche est
traversée par des veines de calcédoine très fines, et le nᵒ. 34 renferme
aussi des veines plus grosses, de 1 à 2 cm. d'épaisseur (nᵒ. 35),
d'un blanc jaunâtre, et qui consistent en calcédoine, spath calcaire
et un minéral tendre du groupe des serpentines, de teinte vert-clair. Au
microscope, ils donnent aussi tout-à-fait la même image; on y trouve
encore beaucoup d'olivine fraîche, avec inclusions de grains bruns
de picotite, qui polarisent vivement dans le réseau de serpentine. Le
pyroxène y est aussi partiellement rhombique et partiellement trouble,
décomposé en fines fibres de bastite. Mais à côté de lui se présente
du pyroxène monoclinique, d'un vert très clair, une diallage qui est
souvent aussi finement fibreuse et qui a de grands angles d'extinction,
allant jusqu'à 43°. Cette diallage est parfois décomposée en un agrégat
de fibres et de bâtonnets d'un vert excessivement clair, qui appartiennent à l'actinolite (hornblende). Quelques pyroxènes à stries fines
consistent en un entrelacement de bronzite et de diallage. La bronzite
présente une extinction droite; entre nicols croisés on voit alors,
dans la bronzite rendue obscure, de minces lamelles claires de
diallage, qui ont pour la plupart un grand angle d'extinction.
Ensuite, il y a de la calcédoine en cordons limpides et en masses
troubles d'un blanc jaunâtre. *Péridotite.*

Nᵒ. 80. Recueilli au sud-est du G. Horiel, à proximité de la plage,
$\frac{1}{2}$ km. à l'est du cap Nouar. Cette péridotite vert-jaunâtre contient
des veines ou des sécrétions en forme de filons (nᵒ. 81), qui consistent uniquement en individus de diallage de dimensions extra-
ordinaires; ils atteignent jusqu'à 50 mm. de longueur. Le nᵒ. 80
montre, au microscope, beaucoup d'olivine fraîche, de la bronzite
et de la diallage, enchevêtrées parfois en lamelles fines, de la picotite,

du minerai noir et de la serpentine; il ressemble beaucoup aux nos. 34, 36 et 38. *Péridotite.*

No. 83. Côté est du G. Horiel, sur la route de Routoung à Ambon, entre les petites cimes gréseuses de 314 et 303 m. d'altitude. Une serpentine sombre, avec beaucoup de pyroxènes blancs et troubles par décomposition. Au microscope, une masse serpentineuse vert-jaunâtre, assez complète, polarisant en fibres, avec beaucoup de minerai spongieux noir et de la picotite brune. Les cristaux de bronzite ou de diallage sont encore reconnaissables par les contours, mais la substance est décomposée en prismes fins, d'un vert très clair, qui appartiennent à l'actinolite. *Serpentine.*

N°. 85. Roche tendre, gris-verdâtre, affleurant dans la petite rivière Jouwa, sur la route d'Ambon à Routoung, immédiatement en amont du gué. La roche s'est fendue en gros blocs polyédriques, ne s'est pas déposée en couches et confine à la serpentine. Au microscope, un agrégat excessivement ténu de fibres de chlorite passant du vert très clair à l'état incolore, qui polarisent en teintes bleu sombre. Avec cela, de petits grains transparents, bruns et jaunes, et des cristaux d'un minéral de titane fortement réfringent, principalement de l'anatase, car il se présente en sections et en formes quadratiques et octaédriques pointues, tandis que les mâcles géniculées bien connues du rutile font totalement défaut; puis, des grains d'un minerai noir, d'où partent des taches jaunes d'hydroxyde de fer, qui colorent en jaune les fibres voisines de chlorite. Ces grains noirs, opaques, appartiennent en grande partie à la magnétite; une petite partie probablement à la chromite. La roche doit être considérée comme une péridotite ou serpentine décomposée en chlorite, peut-être avec un état intermédiaire d'amphibolitisation, ainsi qu'on l'observe dans les roches qui seront décrites en détail ci-après, nos. 59a, 59b et 59c.

D'après l'analyse du Prof. VERMAES de Delft, la roche chloriteuse contient: $Si\,O^2 = 26.57$ pct., $Ti\,O^2 = 1.51$ pct, $H^2\,O = 10.34$ pct.; un autre échantillon renfermait, selon le Dr. BEIJERINCK, après dessiccation à 110° C.: $Si\,O^2 = 27.00$ pct. Le minéral chloriteux appartient donc à la variété appelée prochlorite par DANA, qui présente le plus souvent une teneur en acide silicique de 25 à 27 pct., et en eau de 10 à 12 pct.

N°. 85a. Roche verte, tendre, riche en muscovite, affleurant dans la petite rivière Jouwa, mais en aval du gué, donc un peu plus bas que le n°. 85. Cette roche est trop friable pour être polie. Les éléments fondamentaux en sont la muscovite, des fibres de serpentine et de l'hydroxyde de fer. *Roche à muscovite et à serpentine.* Confine aussi à la serpentine et paraît appartenir, comme le n°. 85, à la croûte fort altérée de la péridotite.

N°s. 206 et 207. Provenant de gros blocs du versant nord du G. Horiel, dans les rivières Alaär kĕtjil et Ihar. Le n°. 206 est vert-grisâtre et renferme un très grand nombre de pyroxènes de teinte bronzée, le n". 207 est presque noir, et contient aussi des bronzites. Au microscope, la roche n°. 206 présente une masse serpentineuse avec beaucoup de restants d'olivine inaltérés, de la diallage et de la bronzite, du minerai de fer et de la picotite. *Péridotite.* Le n°. 207 est de la serpentine, avec du minerai de fer et de la picotite. Seuls quelques restants de bronzite s'y montrent encore. *Serpentine.*

N°. 87. Pris au versant nord du G. Horiel, sur la route de Routoung à Ambon, à 200 m. d'altitude environ. En échantillons, il est presque noir. Au microscope, c'est une masse serpentineuse avec un peu de restants d'olivine et de bronzite; ce dernier minéral est décomposé à son tour en bâtonnets d'actinolite, très fins et d'un vert excessivement clair. *Serpentine.*

Au massif du *Gounoung Nona* appartiennent:

N°. 107. Gros blocs incohérents du rivage près du cap Kajou bĕsi, au pied occidental du G. Nona. Roche sombre, noir-verdâtre. Au microscope, des restants d'olivine, de bronzite et de diallage dans une masse abondante de serpentine, avec du minerai noir, spongieux. *Péridotite.*

N°s. 6 et 62. De la base nord-ouest du G. Nona. Affleurant dans la rivière Tihamĕtèn, sur la route d'Ambon à Amahousou; sont recouverts de calcaire corallien. Roches vert-sombre, avec beaucoup de cristaux de bronzite et des veines de calcédoine. Au microscope, des *serpentines*, avec relativement peu de restants de diallage et de bronzite inaltérés.

N°. 49. Du versant nord du G. Nona; gros blocs dans la rivière Eoung, sur la route d'Ambon au G. Nona, près du passage de la rivière,

un peu en amont du granite. Roche brune, caverneuse, avec beaucoup
de calcaire spathique. Au microscope elle paraît renfermer beaucoup
d'olivine et de bronzite, mais relativement peu de serpentine. Peu
de diallage. *Péridotite.*

Nos. 40, 41 et 41a. De la base nord-nord-est du massif du Nona;
le n°. 40 affleure dans la vallée de la rivière Batou gantoung, et le
n°. 41 également, un peu plus en amont, près de l'endroit appelé
Batou Sémbajang. Dans le mémoire n°. 36 (Im australischen Busch etc.),
Semon donne de cet endroit une représentation sous le nom de «Batou
gantoung». Il m'a été signalé sous le nom de «Batou Sémbajang»
(pierre où l'on prie, «oratoire»). En aval se trouve de la péridotite,
et là-dessus, du calcaire corallien avec des stalactites de la forme
d'un dais. Cet endroit est indiqué sur la feuille 5 de la carte II.
C'est dans cette direction le point le plus éloigné où se montre la
péridotite du Nona; de l'autre côté de la rivière Batou gantoung, le
tout est recouvert par des matériaux quaternaires, et dans la vallée
de la rivière Batou-gadjah la péridotite n'apparaît plus à la surface.

N°. 40. Une roche à olivine et à pyroxène, à grain fin et vert
sombre. Elle renferme au microscope beaucoup d'olivine fraîche, de
la bronzite pulvérulente brune, de l'enstatite de teinte très claire,
dont les fibres ou baguettes sont tout à fait recourbées, de la serpentine, du minerai de fer et de la picotite. *Péridotite.* N°. 41. Aussi
une roche à olivine et à pyroxène, d'un grain fin et d'une teinte
vert grisâtre sombre. Au microscope, elle est encore très fraîche,
avec beaucoup d'olivine et d'augite ou diallage de teinte claire, à
côté de bronzite. Puis, les éléments ordinaires, serpentine, minerai et
picotite. *Péridotite.* Le n°. 41a est un minéral de serpentine blanc-
verdâtre, assez tendre, qui se présente dans les fissures de la péridotite
n°. 41. Il est fibreux, a une structure ligneuse et rappelle l'asbeste;
cependant ce dernier minéral a des fibres plus soyeuses.

N°. 53. Recueilli près du hameau Siwang, au versant oriental du
G. ´Nona. C'est une roche serpentineuse gris-brun. Au microscope,
on voit l'olivine totalement transformée en serpentine, laquelle est
colorée en brun par l'hydroxyde de fer. Ensuite, des pyroxènes vert-
clair, nettement monocliniques, qui appartiennent à la diallage; de la
serpentine, une très grande quantité de spath calcaire, du minerai

de fer et de l'hydroxyde de fer. *Péridotite fortement serpentinisée.*
Dans cette roche, il se présente de petites veines de 1 cm. et de plus
fines encore (n°. 54), de teinte vert-blanchâtre, consistant en calcédoine,
spath calcaire et un minéral tendre, non encore complètement déterminé, du groupe de la serpentine. C'est la même roche que le n°. 35,
qui se présente également en filons.

N°. **186.** On peut suivre la serpentine à l'est de Siwang, le long
de la ligne de partage des eaux, jusque près du granite. Alors
apparaissent des matériaux quaternaires, dans lesquels se dressent
les monts calcaires Eri haou et Nanahou. Les matériaux quaternaires
au nord de l'Eri haou contiennent beaucoup de *blocs de serpentine*
vert-grisâtre, dont provient le n°. 186. Au microscope, on peut voir
encore des restants de bronzite. *Serpentine.*

N°s. **52 et 55.** Originaires des versants sud-est et sud du G. Nona,
sur le sentier de Siwang à Seri; le no. 52 a été recueilli en bas de
la petite cime «à panorama» (feuille 5 de la carte II), d'où l'on
jouit d'une vue magnifique sur la côte sud de Leitimor et sur la mer.
Ce point de vue est à 371 m. d'altitude, dans des matériaux quaternaires meubles, sous lesquels apparaît toutefois, déjà à 350 m., de la
serpentine sombre (n°. 52) avec cristaux de bronzite. Le n°. 55 a été
recueilli plus près de Seri, à 200 m. d'altitude environ. C'est une
serpentine tendre, gris clair, fortement désagrégée.

Enfin, le n°. **58** est une péridotite vert sombre du cap Seri, à
la côte du sud, donc du pied méridional du G. Nona. La roche
confine au granite, contient des filons de granite (n°s. 60 et 61) et
au contact de ceux-ci elle est changée en une roche dure, à grain
fin (n°. 59). La roche n°. 58 montre au microscope une masse de
serpentine avec beaucoup de minerai de fer spongieux, dans laquelle
il y a encore assez bien de restants inaltérés d'olivine et de diallage.
Péridotite.

N°s. **59a, b, c.** Péridotite du cap Seri, modifiée au contact du
granite. Là où les filons de granite ont pénétré dans la péridotite, la
roche est le plus dure (n°. 59a); en d'autres points, un peu plus
loin du granite, la roche de contact est moins dure, par suite d'une
transformation partielle (n°. 59b); si cette décomposition est allée
plus loin, la roche de contact est devenue tendre (n°. 59c).

N°. 59a. En échantillons, une roche passant du grain fin à la structure compacte, dure, gris-brunâtre clair, ressemblant à certaines cornéennes; les éléments ne sont pas visibles à l'œil nu. Au microscope, elle consiste à peu près exclusivement en plagioclase frais et en hornblende brun clair formant un mélange microcristallin Les *plagioclases* présentent de grands angles d'extinction, dépassant parfois 20°; même on a pu mesurer 36° de part et d'autre de la ligne de suture, ce qui indique pour certains individus de l'anorthite et pour la plupart au moins un feldspath très basique. En coupe, ces plagioclases se présentent le plus souvent comme de petits rectangles courts, parfois aussi sous des formes tabulaires larges d'une grande pureté; comme inclusions, on voit de nombreuses particules de hornblende en petits grains cristallins courts et aussi en bâtonnets longs et étroits, de petits grains sombres de minerai, quelques inclusions vitreuses avec bulle fixe adhérente, et de nombreuses inclusions liquides, très petites, la plupart de teinte brune et à libelle mobile, qui ne peuvent être observées distinctement qu'à un fort grossissement. La *hornblende* se présente en sections transversales bien délimitées, avec des angles de 124°; les sections longitudinales sont bacillaires et courtes, mais irrégulièrement limitées aux extrémités; assez souvent elles s'y terminent en un grand nombre de petits prismes vertclair ou bien en fibres. Les sections de la zone 0 P : ∞ P $\bar{\infty}$ ont naturellement une extinction droite, tandis que celles qui sont parallèles au plan de symétrie présentent des angles d'extinction de 17° à 20°, même jusqu'à 21°. La teinte est un *brun très clair*; le pléochroïsme est entre le brun très clair et le vert très clair. Comme inclusions, uniquement des grains de minerai. Outre de grandes lamelles cristallines, la hornblende se montre aussi sous forme de petits bâtonnets et de fibres disséminés partout, de sorte que les plaques ont l'apparence d'être couvertes de paille hachée. Çà et là cette hornblende brun clair est pénétrée de petites *plaques de biotite* brun sombre, un minéral qui ressemble fort à de la hornblende, mais qui a d'abord une teinte plus foncée, et qui en outre, dans la position horizontale des plaques, reste noire lorsqu'on le tourne entre nicols croisés, ce que ne fait pas la hornblende. L'absorption des sections transversales est d'ailleurs plus forte. Quelques plaques ne renferment absolument pas de mica. Enfin, il y a du minerai de fer titané, et, comme produit de décomposition, beaucoup de titanite rouge, qui traverse même la roche sous forme de cordons. Dans les fissures de la roche, la chlorite est aussi un produit secondaire, provenant de la hornblende. Nous avons donc affaire ici à un produit riche en feldspath, ayant pris naissance par l'action du granite sur une roche privée de feldspath. On sait déjà que d'autres roches augitifères peuvent, par l'action du granite, fournir des roches hornblendifères; tel est notamment le cas pour la diabase (K. A. Lossen, Erläuterungen zu Blatt Harzgerode, p. 80; R. Beck, Ueber Amphibolitisirung von Diabasgesteinen im Contactbereich von Graniten. Zeitschr. d. d. geol. Gesellschaft XLIII 1891, S. 257; O. H. Erdmansdörffer, Die devonischen Eruptivgesteine und Tuffe bei Harzburg und ihre Umwandlung im Kontakthof des Brockenmassifs. Jahrb. d. preuss. geol. Landesanstalt für 1904, Band XXV). Un tel produit de contact de *péridotite* n'a pas encore, je pense, été décrit jusqu'à ce jour. Il renferme environ 50% de SiO_2 (voir plus loin). *Roche de contact à plagioclase et à hornblende.*

No. 59b. Encore un produit de contact, mais un peu plus éloigné du granite, décomposé déjà en certains points, et par là moins dur que le n°. 59a; en échantillons, il est d'ailleurs identique à cette roche. Au microscope, on voit qu'il se compose aussi des mêmes éléments: plagioclase, hornblende brun clair, ilménite et titanite. Ce qui est fort remarquable, c'est un commencement de transformation en une roche chloriteuse, qui paraît commencer dans les fissures de la roche, de sorte que les parties décomposées traversent la roche sous forme de cordons. La matière de la hornblende y a notamment disparu et elle est transformée en une chlorite vert clair, parfois bleuâtre clair. Dans le voisinage de ces parties chloriteuses, la hornblende fraîche qui y existe encore a pris la forme de fibres ténues; et les particules de plagioclase et de titanite encore inaltérées, on les voit distribuées comme de petites îles au milieu de la masse de chlorite. *Roche de contact à plagioclase et hornblende, transformée partiellement en chlorite.*

N°. 59c. Appartient aussi aux roches de contact, mais la décomposition par les agents atmosphériques a été beaucoup plus profonde que pour le n°. 59b. En échantillons, roche vert sombre et si tendre qu'on peut la tailler au couteau. Au microscope, roche *chloriteuse* presque pure, avec un peu de titanite seulement et encore moins de feldspath. Les fibres de chlorite sont vert clair et forment souvent des sphérolithes; le plus souvent elles sont groupées irrégulièrement. La matière hornblendique n'y existe plus. Nous avons ici la même transformation qu'au n°. 59*b*, mais beaucoup plus avancée. En outre, la roche primitive n°. 59*c* aura renfermé probablement moins de feldspath que le n°. 59*b*. *Roche de contact, transformée en chlorite.*

Appendice au n°. 59 (**N°. 71**).

Je fais suivre ici la description d'une roche qui présente beaucoup d'analogie avec le n°. 59 et qui est probablement aussi une péridotite modifiée par un métamorphisme de contact. Toutefois, elle a été trouvée uniquement en blocs incohérents dans du terrain quaternaire, et non comme une roche massive.

N°. 71. Bloc séparé fort dur, dans un terrain quaternaire roulé de serpentine, au-dessus de la Labouhan (baie) Awahang, dans le sentier qui conduit de cette baie vers Malaman, à 190 m. d'altitude environ. En échantillons, cette roche est gris-brunâtre, très dure et très compacte, ressemblant à un quartzite fin ou à une cornéenne. Au microscope, c'est un mélange cristallin à grains fins de plagioclase et de la même hornblende brun clair que le n°. 59. Par suite de la position parallèle des longs axes des prismes de hornblende, la roche est plus ou moins schisteuse. Ensuite, de l'ilménite et de la titanite. Les plagioclases sont à stries fines et se montrent le plus souvent en grains cristallins ou en lamelles, très courts, disposés tout à fait sans ordre, et non en longs rectangles; ces cristaux présentent souvent de très grands angles d'extinction. C'est donc bien la même roche que le n°. 59*a*, bien que la texture soit un peu différente. *Roche à plagioclase et à hornblende. (Contact?)* La teneur en Si O² de cette roche s'élève, d'après la détermination du Prof. Vermaes, à 46.42 pct.; celle d'un autre échantillon est, d'après la détermination du Dr. F. Beijerinck, de 45.24 pct., après dessiccation à 110° C., donc un peu inférieure à celle du n°. 59*a*.

N°. 187. C'est la roche du mont Loring ouwang, qui se dresse entièrement isolé dans le granite, à l'est de Kousou kousou sëreh et de Malaman. Le plus haut point de la péridotite est à 384 m. d'altitude; plus à l'est se trouve le point le plus élevé de toute la montagne, déjà sur le granite, à 401 m. d'altitude. En échantillons, c'est une roche presque noire, avec diallage vert-jaunâtre et des taches brunes d'hydroxyde de fer. Au microscope, beaucoup de serpentine avec du minerai de fer noir et de l'hydroxyde de fer. Quelques restants d'olivine et encore assez bien de diallage inaltérée. *Péridotite.*

N°. 184. Roche de serpentine vert-grisâtre de l'Eri samau, la montagne qui se dresse au sud du Loring ouwang, et aussi totalement isolée dans le granite. Au versant méridional de cette montagne on trouve trois terrasses quaternaires, sur lesquelles se sont amoncelés des matériaux meubles. Au plus haut point de cette montagne (205 m.), on trouve un grand nombre de fragments incohérents de granite. Cette partie supérieure, plate, de la montagne est une quatrième terrasse quaternaire, dont ces blocs de granite forment le restant (voir fig. 15, annexe III). Au microscope, assez bien de restes d'olivine, de diallage et de bronzite dans une masse serpentineuse. *Péridotite.*

N°. 180. Roche serpentineuse vert-grisâtre du Tandjoung Hati ari. à la côte du sud, recueillie près du point où la mer a creusé deux grottes dans la péridotite (voir fig. 14, annexe III). Au microscope, une assez grande quantité d'olivine, de bronzite et de diallage inaltérées, les deux dernières de nouveau enchevêtrées, dans de la serpentine. *Péridotite.*

N°. 7. Roche à grain fin, vert-grisâtre, avec des séparations porphyriques de diallages de la même couleur. Enlevée au Tandjoung Batou kapal, à la côte nord de Leitimor, à proximité de la pointe occidentale. Là-dessus se trouvent des matériaux roulés et du calcaire tendre arénacé. Au microscope, une péridotite commune, avec des restes d'olivine et de grandes diallages et bronzites. *Péridotite.*

Cette roche devant être considérée comme la péridotite normale, qui se présente le plus fréquemment, il en a été fait une analyse chimique; la densité relativement faible indique cependant ici aussi une serpentinisation assez avancée. Cette analyse a été faite, sous la direction bienveillante du Prof. Cl. Winkler, au laboratoire de l'Académie des mines à Freiberg, en Saxe, par M. Iwan Balbareff de Tatar-Baurtschi en Bessarabie.

Densité = 2.765.

Acide silicique	=	40.35
Acide phosphorique	=	0.04
Oxyde d'aluminium	=	4.21
Fer oxydulé	=	7.93
Oxyde de calcium	=	3.08
Oxyde de magnésium	=	35.98
Fer chromé	=	0.13
Eau	=	7.71
Potasse ⎱ Soude ⎰	=	Traces
Total	=	99.43

Il résulte de la description qui précède, que les péridotites de Leitimor appartiennent toutes aux roches à olivine et à pyroxène, en partie à de la diallage monoclinique, en partie à du pyroxène rhombique, mais le plus souvent aux deux pyroxènes à la fois, en quantités variables. Comme nous avons affaire ici évidemment à un seul corps géologique, il est naturellement à recommander de réunir toutes ces roches sous un seul nom collectif, *péridotite*, et de ne pas en détacher quelques-unes sous les noms de lherzolithe, harzbourgite, etc.

Les Proff. S. J. VERMAES de Delft et Dr. O. BRUNCK de Freiberg en Saxe ont eu l'obligeance d'analyser deux échantillons de la roche de contact n°. 59a, qui a pris naissance par l'action du granite sur la péridotite de Tandjoung Seri.

		N°. 59a (Delft).	N°. 59a (Freiberg).
$Si\,O^2$	=	50.85	49.78
$Ti\,O^2$	=	0.24	—
$Al^2\,O^3$	=	18.00	17.96
$Fe^2\,O^3$	=	0.60	0.00
$Fe\,O$	=	6.95	7.21
$Ca\,O$	=	9.90	9.03
$Mg\,O$	=	8.81	10.00
$K^2\,O$	=	0.90	1.05
$Na^2\,O$	=	4.31	2.66
Perte par calcination	=	1.32	1.62
$Mn\,O$	=	traces	—
Total	=	101.88	99.31

Si l'on compare cette composition avec celle de la péridotite normale n°. 7, on voit que par l'action du granite la péridotite a éprouvé
une modification complète, tant au point de vue chimique que sous
le rapport minéralogique. Le produit de contact contient *plus* de
silice, d'alumine, de chaux et d'alcalis, et *moins* de magnésie que la
péridotite. La composition se rapproche de très près de celle de
quelques diabases, mélaphyres et basaltes.

II. Diabase.

Alors qu'à Hitou la diabase vient au jour en plusieurs points,
l'affleurement de cette roche est bien moins fréquent à Leitimor, ce
qui doit être attribué aux roches plus récentes qui la recouvrent;
de sorte que la diabase apparaît seulement en ces points-là où les
roches sus-jacentes ont été enlevées par érosion. On n'en connaît
l'affleurement qu'en deux points de Leitimor.

Nos. 204 et 204a. De Halong et Kělapa douwa, à la baie Intérieure,
des sentiers mènent vers l'Api angous, une montagne de grès de
309 m. d'altitude; et d'ici on descend en pente rapide dans une
direction est-nord-est vers un affluent supérieur de la rivière Jori,
la Waï Warsia. En cet endroit, appelé Amakirouang, nous avons
construit un refuge de nuit pendant nos opérations de relèvement.
Dans la vallée de cette rivière, en aval (à l'est) du gué, on peut
voir affleurer de la diabase; à côté on voit des fragments roulés de
grès et de péridotite. Aux versants de la vallée, la diabase est bientôt
recouverte par du grès, et c'est évidemment par l'érosion de ce grès
qu'elle est devenue visible, de sorte que la diabase est la roche la
plus ancienne. En échantillons, cette diabase (nos. 204 et 204a) est
gris-verdâtre terne et d'un grain très fin, de sorte qu'à la loupe on
ne peut voir que des feldspaths blancs. Au microscope, le n°. 204
est un mélange microcristallin de plagioclase trouble, en cristaux
longs et étroits, entre lesquels sont enclavés les autres éléments
(texture ophitique); du quartz à inclusions liquides, en partie en
cristaux avec des contours hexagonaux nets, donc primaires sans
aucun doute, mais aussi en grains provenant en grande partie
d'augite; de l'augite brun clair, presque sans pléochroïsme, et

en majeure partie transformée en chlorite, en quartz et en calcaire spathique; du minerai de fer titané et de la titanite. *Diabase* ou *diabase quartzifère*.

N°. 202. On s'aperçoit que la même roche doit encore être cachée sous le grès plus au nord, aux nombreux fragments roulés dans le cours supérieur de la rivière Rikan, qui prend sa source à l'Api angous et a son embouchure près de Lateri. Toutefois on n'a pas trouvé d'affleurements de la roche en cet endroit. La diabase (n°. 202) est en échantillons tout à fait identique à la roche précédente, seulement elle est d'un vert grisâtre un peu plus clair. Au microscope, elle donne assez bien la même image; seulement on y aperçoit moins de restants d'augite inaltérée; la majeure partie est décomposée en chlorite et calcaire spathique. Ensuite, des plagioclases longs, étroits et ternes, du quartz, de l'ilménite avec leucoxène, et de la titanite. *Diabase* ou *diabase quartzifères*.

N°. 195. Le deuxième endroit, où la diabase existe à l'état de roche ferme à Leitimor, est situé au nord de Houtoumouri, sur le sentier qui mène à Halérou, dans la vallée de la rivière Sĕrmeti, qui se jette dans la mer, sous le nom d'Ajer bésar, à l'est de Houtoumouri. Ici la diabase n'est pas immédiatement recouverte par le grès, bien que celui-ci affleure dans le voisinage, mais par des matériaux quaternaires meubles. La roche (n°. 195) est en échantillons vert-grisâtre terne et finement grenue; à la loupe, on peut voir des feldspaths blancs et des particules vert sombre. Au microscope, on voit que la roche est profondément décomposée. Du quartz en grains irrégulièrement délimités, à inclusions liquides; du plagioclase trouble; de l'augite, totalement transformée en chlorite et calcaire spathique; de l'ilménite lessivée et devenue spongieuse, en majeure partie transformée en leucoxène blanc-jaunâtre. *Diabase* ou *diabase quartzifère*.

N°. 100. Bloc roulé terne, vert-grisâtre, d'un grain fin et très dur, d'un terrain quaternaire meuble, sur le sentier de Latou halat à Silali, dans la partie occidentale de Leitimor. En échantillons, la roche ressemble parfaitement au n°. 204 de la Waï Warsia, mais elle n'a pas été trouvée comme roche massive. Au microscope, un mélange cristallin de plagioclase et de hornblende vert clair. Les plagioclases, en rectangles courts, sont encore très frais, et présentent de grands angles d'extinction, qui indiquent une espèce de feldspath très basique. La hornblende n'est primaire nulle part, mais elle doit être interprêtée, vu sa structure en tiges et fibres, comme de l'ouralite issue d'augite. Il n'existe plus de matière augitique inaltérée. Quelques cristaux très volumineux, qui ont été probablement d'abord de l'augite, consistent maintenant sur les bords en ouralite, qui présente un commencement de transformation en chlorite; le centre est changé en calcaire spathique trouble, dans lequel sont enfermés des grains cristallins d'un vert très clair qui appartiennent à l'épidote, sauf ceux à extinction droite, qui sont probablement de la zoïsite. Les bâtonnets d'ouralite, qui descendent à des dimensions très faibles, sont d'un vert jaunâtre clair qui passe au brun clair; aux extrémités et sur les bords, ils sont parfois d'un vert plus sombre qu'au centre, probablement par un commencement de chloritisation. Puis, du minerai spongieux, çà et là avec du leucoxène. Comme produits secondaires, du calcaire spathique et un peu de chlorite. C'est une diabase, dans laquelle l'augite est transformée en ouralite; donc, une *épidiabase*.

N°. 63. Bloc détaché sur de la serpentine, entre Ambon et Amahousou, près de la petite rivière Tihamétèn. Il provient probablement de matériaux quaternaires qui recouvrent çà et là la serpentine. Nulle part on n'a trouvé de diabase massive dans les alentours. En échantillons, c'est de nouveau une roche à grain fin, vert-grisâtre, ressemblant aux diabases décrites ci-dessus. Au microscope, un mélange finement cristallin de plagioclase et d'ouralite, issue d'augite. Ici encore, la matière augitique inaltérée n'existe plus nulle part, pas plus que dans le n°. 100. Puis, de l'ilménite, avec du leucoxène et de petites titanites. Peu de chorite et de calcaire spathique. La roche appartient, comme la précédente, aux *épidiabases*.

III. Roches granitiques.

Les roches de ce groupe consistent principalement en granitites, en partie aussi en porphyres quartzifères; ces derniers semblent n'apparaître qu'aux limites des massifs de granite. Les granites à hornblende n'existent pas, dans toute l'île d'Ambon, comme roche de quelque étendue. Ce sont essentiellement des granites micacés, souvent avec une certaine teneur en cordiérite. Certains granites, entre autres ceux de la Wai Ila, sur la route d'Ambon à Routoung, sont plus ou moins schisteux, et ressemblent alors à du gneiss.

En deux endroits seulement le granite forme nettement des filons dans la péridotite, et, comme il a été dit plus haut, il a décomposé cette roche près de Tandjoung Seri en une roche très dure, semblable à une cornéenne. Nulle part ailleurs, sur la limite du granite et de la péridotite, on n'a trouvé ce produit de contact, mais bien çà et là en blocs isolés, dans du terrain quaternaire. D'autre part, on ne connaît pas davantage des filons de péridotite dans le granite, ce qui indiquerait des éruptions alternatives des deux roches dans une même période. Il est donc vraisemblable que partout le granite est plus récent que la péridotite.

Par contre, le granite est plus ancien que le grès, dont les couches ont été formées pour de beaucoup la plus grande partie par du gravier quartzeux originaire du granite. D'ailleurs, on n'a aperçu nulle part, à la limite du granite et des schistes ou des grès, quelque trace d'action de contact que l'on pourrait attribuer au granite. L'âge du granite *ne peut donc être plus jeune que permien.*

a. Le plus vaste terrain granitique est situé au sud-est du chef-lieu Ambon, et il forme la chaîne qui s'étend du nord de Soja di atas jusqu'à la côte du sud. Dans ce domaine se trouvent les villages Soja di atas, Hatalaï, Ema, Houkourila, Nakou, Kilang et Mahija. L'un des sommets les plus élevés est le Sirimau (463 m. d'altitude, d'après notre nouvelle carte); mais à l'est de celui-ci le granite est adossé au mont Horiel jusqu'à l'altitude de 520 m. C'est le plus haut point atteint par le granite dans toute l'île d'Ambon.

Ce grand terrain de granite est borné comme suit: à l'est et au nord-est par la péridotite, au nord-ouest et à l'ouest par des matériaux meubles quaternaires, au sud par la mer. A l'extrémité septentrionale le granite est schisteux et la roche semble passer au porphyre quartzifère (n°. 88). Des blocs incohérents sont répandus ici partout, mais on n'y a pas trouvé de fragments de contact avec le granite. Dans le terrain même, il se présente de la péridotite en trois endroits différents, et puis on observe çà et là une couverture de matériaux quaternaires meubles et de calcaire corallien; cette couverture était sans doute plus importante jadis qu'actuellement, mais elle a disparu dans le cours des années par la profonde altération du granite et par l'action des eaux. Quelques parties plates, telles que celles ou sont situées Kilang (131 m.), Nakou (157 m.), Houkourila (140 m.) et Mahija (254 m.), sont peut-être le restant de terrasses autrefois plus étendues; mais il se peut aussi qu'elles aient été formées en partie par la main de l'homme, car à la surface le granite se désagrège en un sable meuble que l'on peut remuer très facilement. S'il ne repose donc pas sur le granite des matériaux dont la provenance étrangère est évidente (débris de péridotite, calcaire corallien etc.), il est parfois difficile de décider si ces petites portions en forme de plateau sont d'origine naturelle et ont été la cause de l'établissement des villages en cet endroit, ou bien si leur formation en a été l'effet.

Le long de la côte méridionale, le granite s'étend depuis la baie de Houkourila, nommée Labouhan Ihouresi, jusqu'à la baie de Mahija ou Labouhan Ila; la petite anse orientale de cette dernière baie, à l'embouchure de la petite rivière Ijang, se nomme Labouhan Ijang. La côte du sud présente entre ces deux points 4 anses, les Labouhan Hahila, L. Nanseri (baie de Kilang), L. Nakou et L. Roupang. D'ici jusque passé le cap Simanoukoung le calcaire corallien vient immédiatement au rivage; puis vient encore du granite, du cap Noukinarou, le long de la Labouhan Ila, jusqu'à la Waï Ila; plus à l'ouest, une bande étroite de granite est visible jusqu'au cap Noukinahoun, où le calcaire corallien arrive un moment à la côte. Ensuite, le granite reste visible au bord oriental de la Labouhan Awahang jusqu'à proximité de l'embouchure de la Waï Jari (appelée Waï Séma dans son cours supérieur); mais à une faible hauteur il se recouvre déjà de calcaire corallien. Il est donc bien clair, que notre premier terrain granitique se rattache, sous les jeunes couches qui le recouvrent, avec le second terrain que nous allons décrire maintenant.

b. Le bord occidental de la Labouhan Awahang, entre la Waï Jari et le cap Seri, présente çà et là un peu d'alluvium côtier, derrière lequel s'élève bientôt la montagne, qui consiste de nouveau en granite, dont de gros blocs gisent sur la plage. Cette roche est à suivre au nord jusqu'à proximité de la ligne de partage des eaux, à l'est de Siwang, mais elle ne forme pourtant que la portion inférieure du versant; plus à l'ouest se trouve la péridotite, qui continue vers les monts Siwang et Nona; et à l'est, le granite disparaît sous des matériaux incohérents, sur lesquels passe le sentier qui mène de la Labouhan Awahang vers Malaman et Kousou kousou sĕreh.

c. Tout près de ce sentier existe un troisième terrain de granite de faible étendue, au nord du mont calcaire Eri haou; ce monticule est appelé «Hatou iroung», atteint 232 m. d'altitude et ne s'élève que de 30 m. au-dessus des matériaux quaternaires environnants. Cette petite montagne prouve de nouveau que les terrains de granite a et b se rejoignent sous les couches quaternaires qui les couvrent.

d. A l'ouest de la Labouhan Awahang se trouve, près de Seri, la grande anse Labouhan Seri. Au nord-ouest de cette baie est l'embouchure de la Waï Wémi, et dans le cours inférieur de cette rivière gisent de très gros blocs de granite, qui bientôt se recouvrent de matériaux quaternaires, de blocs de péridotite et de fragments d'autres roches éruptives. C'est là vers l'ouest le point extrême de la côte du sud où l'on voit apparaître le granite.

e. Sur la route d'Ambon à Soja di atas, le granite affleure en un seul point; cette route s'étend sur le granite sur une longueur de 50 m., depuis 80 jusqu'à 83 m. d'altitude. Au nord, cette roche peut se suivre jusque dans le lit de la rivière Tomo kĕtjil; au sud, elle cesse promptement, de sorte qu'en bas des grès elle ne peut plus être aperçue dans le lit de la rivière Batou gadjah; ce qu'il faut probablement attribuer à une faille sur laquelle nous nous étendrons davantage plus loin. Si de ce point on se dirige vers Ambon, on arrive dans la plaine, après une dernière descente rapide de 30 m. sur des matériaux quaternaires; et, avant d'atteindre la grand' route, on rencontre quelques maisonnettes du kampong Batou medja, entre lesquelles sont dispersés de très grands blocs de granite; de sorte qu'on reçoit l'impression que du granite doit affleurer ici, ou du moins qu'il doit exister comme roche massive très près de la surface, car ces blocs ne ressemblent en rien à des galets roulés. Au sud et au sud-ouest de ce point, du côté de la maison de la résidence, ces blocs n'apparaissent plus, ce qui, à mon avis, est de nouveau une conséquence de la faille dont nous venons de parler, par laquelle le granite se trouve, à l'est de cette ligne, plus haut qu'à l'ouest de celle-ci.

f. Dans la vallée de la rivière Batou gantoung, en bas de la petite cime Batou gadjah, apparaissent sur une petite étendue de gros blocs de granite; il est douteux que la roche y affleure.

g. Dans la petite rivière Eoung, affluent de la Batou gantoung, un peu de granite est à découvert dans le lit de la rivière, à une altitude de 140 à 160 m.; la roche est colorée en vert par une faible teneur en cuivre et elle présente des veines de quartz. Ici la roche affleure incontestablement, mais aux bords de la rivière elle est recouverte par des matériaux meubles.

h. Au sud du village Amahousou on trouve le cap Kajou běsi, et un peu plus au sud les petites rivières Néropáng, Wartowéo et Nènèr se jettent dans la mer. On trouve ici le long de la plage un très grand nombre de blocs de granite assez volumineux, de sorte qu'il est hors de doute que cette roche existe dans le voisinage comme roche massive; plus au nord on trouve encore des blocs de granite; mais, plus on s'avance vers le nord, plus ils sont entremêlés de blocs de péridotite. Plus au sud, on ne trouve plus de granite; le cap Batou anjout consiste en un conglomérat quaternaire, avec beaucoup de fragments de granite.

Néropang est probablement le même endroit que le «Roubang» où Macklot a déjà recueilli du granite; toutefois il n'existe pas de kampong de ce nom, et à cet endroit le granite ne forme nulle part une colline d'environ 100 pieds de hauteur, ainsi que le mentionne Müller (mémoire n°. **9** p. 25 et n°. **37** p. 23, note 2); les blocs de granite ne se trouvent nulle part à plus de 11 m. d'altitude, et les collines plus élevées consistent toutes en matériaux quaternaires incohérents.

k. Le cap Batou merah, au nord-est d'Ambon, consiste en porphyre quartzifère (n°. 1) absolument identique au n°. 88 de la Waï Ila. Sur la roche ferme repose un sol meuble quaternaire avec des éboulements rouge sombre, qui ont donné son nom à ce cap (Batou merah = pierre rouge). La ligne, qui joint les deux points où apparaissent les porphyres quartzifères nos. 1 et 88, représente probablement la limite septentrionale du domaine du granite, car au nord de cette ligne le granite n'affleure plus. Le magma granitique s'est donc solidifié au centre comme granite, et sur les bords à l'état de porphyre quartzifère. A cette modification dans la solidification correspond d'ordinaire une composition tant soit peu plus acide.

Nous avons ainsi énuméré tous les points où des roches granitiques se présentent à Leitimor; il est vrai que dans le cours inférieur des rivières Tomo et Batou merah gisent encore de gros blocs de granite, mais ils semblent avoir été enlevés par les eaux à des matériaux quaternaires, qui renferment naturellement aussi des blocs de granite. Il est probable qu'en ces endroits la roche ferme ne se trouve pas à une grande profondeur au-dessous du fond des vallées.

Un coup d'œil sur la carte synoptique n°. I fait voir, que presque toute la partie centrale de Leitimor consiste en granite, qui vient au jour dans la partie méridionale et est recouvert, dans la portion septentrionale, par des grès et des produits quaternaires. La pointe occidentale et toute la partie orientale de Leitimor sont au contraire totalement privées de cette roche.

Description de quelques granites.

N°. 37. Affleurement au bord occidental de la Labouhan Ihouresi (baie de Houkourila). *Granitite* de teinte claire, à grain fin; le feldspath est blanc, le quartz est en partie coloré en jaune et en brun par de l'hydroxyde de fer. Beaucoup de mica noir, pas de hornblende. Au microscope, le feldspath consiste à la fois en orthoclase et en plagioclase, ce dernier toutefois en quantité plus faible. La biotite est partiellement transformée en chlorite, avec des inclusions de minerai et des grains de zircone. Peu de minerai, peu d'apatite. Quelques agrégats bruns, troubles, consistent en fibres ténues de muscovite, incolores ou d'un vert très léger, colorées en jaune et en brun par de l'hydroxyde de fer; ils proviennent probablement de cordiérite, mais ce minéral on ne le trouve plus inaltéré dans les plaques examinées. *Granitite.*

N°. 37a. D'un instituteur indigène j'ai reçu un petit morceau de granite «des environs de Houkourila» (le gisement précis n'était pas connu) avec de très beaux cristaux de quartz, apparemment cristallisés dans une cavité du granite. Les cristaux limpides de quartz ont une longueur de $^1/_2$ à 1 cm., et une épaisseur de 1 à 3 mm.; ce sont des prismes avec un rhomboèdre à l'extrémité libre.

N°. 42. De la rivière Eoung, affluent de la rivière Batou gantoung; affleurant dans le lit de la petite rivière. Granitite blanche fort altérée, avec mica chloritisé. Au microscope, de l'orthoclase terne, moins de plagioclase, de la chlorite issue de biotite, du quartz, du leucoxène et des grains de titanite, provenant de minerai. *Granitite, altérée.*

N°. 43. Rivière Eoung; filon de quartz dans la roche précédente, de 5 cm. environ d'épaisseur; contient beaucoup d'hydroxyde de fer brun et un peu de minerai de cuivre, principalement de la malachite, reconnaissable à sa couleur verte. Au microscope, on voit un agrégat de grains de quartz, avec beaucoup de lamelles et de fibres de chlorite vert clair, ainsi que quelques cristaux de pyrite cuivreuse; dans les fissures des quartz, il s'est déposé de l'hydroxyde de fer et une belle malachite verte. *Filon de quartz avec minerai de cuivre.*

N°. 57. Cap (tandjoung) Seri près de Seri. Granitite blanche, dont la biotite brune est transformée en grande partie en chlorite. Au microscope, la roche paraît assez altérée; l'orthoclase et le plagioclase sont troubles tous deux, mais ils polarisent néanmoins encore distinctement; du quartz; le mica a pâli et est transformé en chlorite. Ilménite et titanite pléochroïque, rouge clair. *Granitite.*

N°s. 60 et 61. Ce sont deux petits filons de granitite dans la péridotite du cap Seri, épais de 3 et 5 à 6 cm.; dans le voisinage de ces filons, la péridotite est totalement modifiée, transformée tant au point de vue chimique que minéralogique, à l'épaisseur de $^1/_2$ m, en une roche dure (n°. 59). Le granite des filons est tout à fait identique à la roche fondamentale, la granitite n°. 57 de Tandjoung Seri. La biotite, primitivement brun sombre, est aussi transformée, dans la roche de filon, en grande partie en chlorite. *Granitite en filons.*

N°. 79. Encore un filon dans la péridotite; une roche blanche, très quartzifère, qui fut regardée tout d'abord comme un filon de quartz. Il contient de très petites cavités où se sont formés des cristaux de quartz. Epaisseur 8 à 10 cm., direction 30°, inclinaison 90°. Le filon se trouve à 300 m. environ de la limite du granite, à l'est de la baie de Houkourila, à proximité du cap Nouar, et il est dénudé dans le sentier qui mène vers Lea hari en suivant la côte du sud. Au microscope, on voit que la roche se compose essentiellement de particules de quartz, qui présentent la polarisation en mosaïque. Mais on y trouve aussi du feldspath, non seulement de l'orthoclase, mais encore du feldspath triclinique finement strié, parfois avec des stries croisées; ce dernier est en grande partie de la microcline. Peu de chlorite (biotite transformée) et un minerai fin, spongieux; des grains cristallins brun sombre, parfois en mâcles géniculées, appartiennent au rutile; titanite jaune-verdâtre clair. Quelques rares grains de zircone. *Roche aplitique en filon*, qui doit être en communication avec la granitite de Houkourila, bien qu'on n'aperçoive aucun raccordement à la surface.

N⁰. **70.** Au sentier allant de la Waï Tomo à Soja di atas. Grands blocs, à 140 m. d'altitude, dans du terrain quaternaire. Roche à grain fin, de teinte claire, avec quartz limpide, feldspaths colorés en brun jaunâtre et lamelles de biotite. Au microscope, du quartz, de l'orthoclase terne, très peu de plagioclase, de la biotite partiellement décolorée et transformée en un minéral vert. Ilménite, beaucoup de titanite. *Granitite*.

N⁰. **77.** Affleurement au kampong Hatalaï. Granitite gris clair, à grain fin. Au microscope, beaucoup de quartz, de l'orthoclase, moins de plagioclase, beaucoup de petites lamelles brunes de biotite, devenues vertes pour une petite partie. Minerai de fer, titanite, apatite. *Granitite*.

N⁰. **76.** Un peu au nord du kampong Hatalaï un filon de quartz (n⁰. 76), coloré en jaune par de l'hydroxyde de fer, passe à travers la granitite; direction 90° environ, inclinaison 90°, épaisseur 10 à 11 cm.

N⁰. **78.** Roche d'un grain moyen, affleurant à la baie de Nakou (Labouhan Nakou). Elle renferme des parties riches en mica, finement grenues, sombres. Au microscope, du quartz, plus d'orthoclase que de plagioclase, de la biotite, du minerai, de l'apatite, de la chlorite et quelques gros cristaux de cordiérite, en partie encore frais et devenus brun-jaunâtre dans les fissures seulement, partiellement transformés en un fin tissu de fibres de muscovite, qui paraissent ici aussi d'un vert excessivement clair. *Granitite*.

N°. **106.** Blocs isolés sur le rivage, entre le cap Batou anjout et le cap Kajou běsi. Roche brunâtre, d'un grain fin. Au microscope, du quartz, de l'orthoclase trouble, beaucoup de plagioclase, de la biotite, du zircone en petits prismes à extrémités aiguës, longs de 0.14 mm., et épais de 0.05 mm.; peu de minerai. Quelques agrégats troubles, vert-jaunâtre de mica, ayant parfois la forme d'un rectangle peu net, sont probablement des cordiérites totalement décomposées. *Granitite.*

N°. **178.** Roche d'un grain moyen, gris-brunâtre, avec quelques feldspaths de 8 mm. et des sécrétions sombres riches en mica. Affleurant au kampong Mahija. Au microscope, du quartz, de l'orthoclase terne, du plagioclase demi-trouble, de la biotite, partiellement trans- formée en chlorite et criblée d'apatite; du minerai. Assez bien de cristaux de cordiérite, en partie encore frais et remplis de fines baguettes de sillimanite, qui, à un faible grossissement, donnent aux cristaux un aspect laineux; transformés parfois aussi dans les fissures en une substance brun-jaunâtre. *Granitite.*

N°. **179.** Affleurant à l'embouchure de la Waï Wémi, à la côte du sud. Roche blanche, d'un grain moyen, avec beaucoup de biotite. Au microscope, du quartz, de l'orthoclase, du plagioclase, de la biotite profondément transformée en chlorite. De l'ilménite, beaucoup de titanite, peu d'apatite et quelques sections de cordiérite totalement décomposées. *Granitite.*

N°. **181.** Affleurant à proximité de la ligne de faîte, au-dessus de la Labouhan Awahang. Granitite blanche, d'un grain fin. Au micros- cope, les éléments ordinaires; beaucoup de plagioclase. Aussi diverses grandes cordiérites, à inclusions de sillimanite; quelques sections sont encore presque entièrement fraîches, devenues fibreuses sur les bords seulement ou dans les fissures. Ce granite a quelque chose du por- phyre, parce que la masse fondamentale est un agrégat de petits grains de quartz, qui polarise en teintes de mosaïque et dans lequel les gros cristaux de feldspath, de mica et de cordiérite sont dissé- minés porphyriquement. *Granitite.*

N°. **182.** Roche blanche, à grain fin, venant à la surface au monti- cule Hatou iroung, au nord du mont calcaire Eri haou. Au micros- cope, du quartz, de l'orthoclase trouble, pas de plagioclase, de la bio- tite transformée en chlorite, du minerai. *Granitite*, quelque peu altérée.

Nos. 71a et **71b.** Affleurement sur la route d'Ambon à Soja di atas, à l'altitude de 80 à 83 m. Granitite gris clair, à grain fin, avec quelques parties plus grossières ; çà et là des taches brunes, dues à la présence d'hydroxyde de fer Au microscope, du quartz, de l'orthoclase, une très grande quantité de plagioclase et aussi de biotite, quelques petits prismes rouges de zircone, du minerai sans bords de leucoxène et quelques agrégats de muscovite, probablement des cordiérites décomposées. Aucune des plaques minces ne présente la moindre trace de hornblende. *Granitite.*

N°. 1. Affleurant au cap Batou merah, au nord-est du chef-lieu Ambon. En échantillons inaltérés, c'est une roche gris-bleuâtre ; mais par altération elle devient d'abord jaune clair et même presque blanche et après rouge-brun, ainsi qu'on peut le voir à la croûte. Elle présente une pâte serrée, dans laquelle il y a de nombreux grains cristallins de quartz limpide (1 à $1^1/_2$ mm.) et de feldspath (3 mm.) ; ce dernier minéral est le plus souvent transformé en une matière blanche kaolinique. La roche est traversée de fissures, dont les parois sont tapissées de cristaux de quartz, tandis que l'on peut voir dans quelques cavités outre du quartz, encore de petits cristaux limpides, tabulaires, de feldspath ; dans les fentes, il s'est déposé avec le quartz une très grande quantité de pyrite, çà et là aussi de l'hydroxyde de fer rouge-brun. Au microscope on voit de gros quartz limpides, le plus souvent en grains arrondis, avec inclusions vitreuses mais non liquides. Des feldspaths on ne peut voir qu'en certains endroits des restes inaltérés ; ceux-ci présentent l'extinction droite et ils ne montrent pas de stries, de sorte qu'ils appartiennent bien à l'orthoclase. D'autres cristaux porphyriques manquent. La masse fondamentale consiste en une pâte de particules de quartz limpides et d'autres de feldspath troubles, jaune-grisâtre, irrégulièrement délimitées, parfois plus ou moins arrondies ; celles-ci sont assez fortement biréfringentes et s'éteignent à la fois sur toute la surface. Si on installe entre nicols croisés sur le maximum de clarté, une pareille boulette de feldspath paraît granuleuse, ce qui a pour cause un mélange du feldspath avec de petites particules de quartz. Quelques parties de la pâte montrent nettement un entrelacement de quartz et de feldspath, comme dans le granite graphique (Schriftgranit) ou la pegmatite ; pour les sphérules

les plus petites cette texture ne peut s'observer d'une manière aussi nette, bien qu'elle y existe probablement aussi. Ensuite, la pâte renferme encore de la pyrite, de petites fibres de muscovite et des granulations brunes transparentes; quelques petits prismes de zircone, parfois à extrémités aiguës, et de petits cristaux bleuâtres et limpides d'anatase en octaèdres pointus et en petites tables quadratiques. On ne peut observer aucune base vitreuse entre les particules cristallines, et elle n'existe probablement pas.

- La composition chimique, qui sera donnée ci-après, montre que la roche du cap Batou merah est un porphyre quartzifère, avec beaucoup plus de potassium que de sodium et extrêmement peu de calcium. C'est donc une roche d'orthoclase, sans plagioclase, mais peut être avec une faible teneur en orthoclase sodique. *Porphyre quartzifère granophyrique.*

N°. 88. Provient d'un très grand bloc dans la Waï Ila, au gué de la route d'Ambon à Routoung. Dans la rivière il se trouve ici une île de blocs roulés; et dans les deux bras de la rivière, aussi bien que sur l'île, on trouve de gros blocs d'un granite schisteux, de serpentine et quelques-uns de porphyre quartzifère. En amont de l'île, le granite existe comme roche massive; le plus souvent il est tant soit peu schisteux et par là-même gneissique. On *n'a pas* trouvé de fragments de contact entre le granite et le porphyre quartzifère, ni des roches de transition entre ces deux, ce qui est bien étonnant, si le porphyre quartzifère est un facies limite du granite. L'échantillon n°. 88 a été enlevé à un des plus grands blocs, dont le volume est peut être de 1 m³. ou même plus. Il ressemble parfaitement à la roche n°. 1 du cap Batou merah; seulement il y existe plus de cristaux de quartz ayant une délimitation cristalline nette. La teinte est gris-bleuâtre, celle de la croûte d'altération est brun clair. Au microscope, on voit que les gros feldspaths altérés, décomposés en kaolin, ont été en majeure partie enlevés aux plaques par le polissage; les parties qui existent encore sont sans stries; quelques sections sont à extinction droite et appartiennent à l'orthoclase; seul le quartz se présente en gros cristaux, bien délimités, toutefois aussi en grains arrondis et en éclats à délimitation irrégulière, avec des inclusions de particules vitreuses, brunes, en formes rhombiques.

La masse fondamentale est la même que celle du n°. 1, mais les éléments constituants y sont beaucoup plus petits. Ici encore il n'existe aucune base vitreuse entre les éléments cristallins. Dans quelques particules arrondies, les fibres de quartz et de feldspath présentent un groupement radial irrégulier. La roche est traversée de petits cordons de quartz avec cristaux de pyrite. *Porphyre quartzifère granophyrique.*

Le résultat de cet examen est, que les *granites* de Leitimor appartiennent exclusivement aux granitites pures, avec biotite, mais sans hornblende. La roche ramassée par MARTIN au sentier d'Ambon à Soja di atas et décrite par SCHROEDER VAN DER KOLK, laquelle renferme de la hornblende brune, constitue donc une grande exception et appartient probablement à une sécrétion basique de la granitite. Elle n'existe pas à l'état de roche de quelque étendue, car j'ai recueilli au même endroit des granitites communes (n°s. 71a et 71b).

Du zircone en prismes et en grains s'y rencontre souvent, mais toujours en petite quantité. Le rapport entre l'orthoclase et le plagioclase est très variable; dans quelques granites il n'y a pas du tout de feldspath triclinique; dans d'autres, il en existe un peu, mais la plupart en contiennent beaucoup. Dans les granitites fraîches, il existe assez souvent de la cordiérite; dans les roches altérées, ce mineral s'est transformé et il est souvent devenu tout à fait méconnaissable par sa décomposition en fibres de muscovite; dans ces conditions il arrive aisément que l'on n'y fait pas attention. La cordiérite des granites d'Ambon se présente en grains cristallins irrégulièrement délimités; en plaques minces, elle est incolore et non pléochroïque, ce qui distingue fort ce minéral de la cordiérite des roches éruptives récentes d'Ambon, laquelle est nettement colorée en bleu et fortement pléochroïque, et se montre d'ailleurs assez souvent en cristaux franchement limités.

Les *porphyres quartzifères* n'apparaissent qu'au bord septentrional du grand massif granitique et ils se sont apparemment formés suivant un mode de solidification du magma granitique tout autre sur les bords que dans l'intérieur. Il n'existe pas de cordiérite dans ces porphyres; par contre, ils renferment souvent de la pyrite, un minéral fort peu fréquent dans les granites ou qui y manque totalement. La pâte de ces porphyres est microcristalline, avec entrelacement micro- pegmatitique (granite graphique) de quartz et de feldspath; ce sont donc des porphyres quartzifères granophyriques.

Le porphyre quartzifère n°. 1 de Tg. Batou merah a été analysé par le Dr. O. BRUNCK, professeur à l'académie royale des mines à Freiberg en Saxe:

N°. 1.

SiO_2	$=$	77.46
TiO_2	$=$	traces
Al_2O_3	$=$	9.36
Fe_2O_3	$=$	1.50
FeO	$=$	0.85
CaO	$=$	0.17
MgO	$=$	0.12
K_2O . . . . . :	$=$	5.15
Na_2O	$=$	1.36
H_2O	$=$	3.40
Total	$=$	99.37

La prédominance des alcalis, surtout de la potasse, par rapport à la chaux, prouve que la roche fait partie des porphyres quartzifères et non des porphyrites quartzifères; d'autre part, la teneur en soude est trop faible pour la ranger dans les kératophyres quartzifères, avec lesquels les roches n°s. 1 et 88 ont beaucoup d'analogie en échantillons.

L'ingénieur P. KLEIJ, professeur extraordinaire pour la michrochimie à Delft, avait déjà analysé, dans le temps, la roche n°. 1, spéciale- ment au point de vue de sa teneur en alcalis; il en trouva environ 7 pct., et il constata, par voie microchimique, qu'au moins 4 à 5 pct. appartiennent à K_2O. Ce résultat a été pleinement confirmé plus tard par l'analyse de tantôt.

IV. Le terrain gréseux.

Des couches de grès sont à nu en différents points de Leitimor. Le plus grand terrain gréseux existe au nord et au nord-ouest de Routoung; au mont Api angous, il s'élève jusqu'à 309 m. d'altitude, alors que les cimes Ehout, Tjolobaï et Hounitou atteignent respectivement les altitudes de 273, 239 et 268 m. Ce terrain a été fortement affouillé par les affluents Warsia et Tané de la rivière Jori, de sorte que la roche sous-jacente, une diabase, apparaît même dans le lit de la Warsia. Au nord de l'Api angous, le grès disparaît sous les dépôts quaternaires, mais s'y laisse voir dans nombre de rivières, entre autres dans le lit de la Waï Hoka (affluent supérieur de la Waï Batou merah), de la Tomo, de la Tomo kětjil, de la Batou gadjah et de la Batou gantoung. Puis, il y a du grès au nord du kampong Batou merah, à la montée vers le tombeau de Diepo Něgoro, où il se recouvre de matériaux quaternaires à cailloux roulés; puis encore à la première montée au sud d'Ambon, sur la route de Kousou kousou sěrch; ensuite, un peu au sud de ce kampong, dans le sentier vers Mahija (n°. 188), en contact avec le granite à 170 m. d'altitude; enfin, sur la route d'Ambon à Soja di atas, depuis 83 jusqu'au delà de 100 m. d'altitude, confinant encore au granite. Il n'est donc pas douteux que le granite, qui s'étend sous la couverture quaternaire de Soja di atas jusque près d'Ambon, est presque partout recouvert de grès et que les assises de grès de Kousou kousou sěreh, dont il vient d'être question, continuent jusqu'à l'Api angous.

Constitution. La roche principale de ce terrain est un grès quartzeux, pas fort dur, de teintes jaunes et brunes, parfois avec de petits filonnets de quartz. Les couches inférieures de ce terrain et aussi quelques couches interposées sont vert-grisâtre et très dures. Entre les grès gisent des couches *d'argilolites* tendres, schisteuses, de teintes grisâtres, et quelques *bancs calcaires*, la plupart d'épaisseur considérable; les derniers sont assez souvent devenus cristallins, et ne présentent alors aucune trace de pétrifications; néanmoins, on a rencontré en certains points quelques fossiles dans le calcaire gris sombre, principalement dans la rivière Batou gantoung. On peut voir distinctement que les schistes alternent avec les grès, entre autres sur la route d'Ambon à Soja di atas. Après avoir passé le granite, la route s'étend d'abord pendant 70 m. sur du grès, puis pendant 50 m. sur des schistes argileux et des argilolites tendres, très fissiles; ensuite de nouveau sur du grès pendant 85 m.; et puis le tout se recouvre de matériaux quaternaires incohérents. Le plus haut point de la route où l'on puisse encore apercevoir les couches est à plus de 100 m. d'altitude; ces couches se rattachent aux couches de grès de la Tomo kĕtjil.

On trouve des argilolites tendres, très fines, jaunes et rouges (n°. 84) sur la route de Routoung à Ambon, après avoir passé la péridotite, près la petite cime de 303 m. d'altitude; plus loin à l'ouest, dans le même sentier, dans la vallée de la Waï Jouwa, le grès a été creusé jusque dans la roche sous-jacente et l'on voit apparaître des péridotites et des serpentines très modifiées, notamment une roche chloriteuse tendre, verte (n°. 85), et une roche de serpentine et de muscovite (n°. 85a), qui ont déjà été décrites plus haut. Plus à l'ouest encore, jusqu'à la péridotite de la Waï Ila, viennent des grès communs (n°. 86). Enfin, les gros blocs de brèche de serpentine (n°. 205) de la Waï Warsia, au sentier de Halong à Routoung, font probablement aussi partie des couches inférieures du terrain gréseux.

Position. La direction et l'inclinaison des couches fait voir que ce terrain a été fortement troublé et qu'il a été contourné suivant un grand nombre de plis synclinaux et anticlinaux.

A partir de l'extrémité occidentale, on trouve en premier lieu, à la première montée sur le terrain quaternaire, derrière la maison de la résidence, sur le sentier d'Ambon à Kousou kousou sĕreh, un peu de schistes grisâtres, dont la direction est de 30°, l'inclinaison de 50° au nord-ouest. Aux couches dans la Batou gantoung, la direction ne peut d'abord être nettement établie; et il en est de même pour la couche de calcaire (n°. 219) de 8 m. au moins d'épaisseur, interposée dans les grès en amont du Batou Sĕmbajang, à la grande sinuosité de la rivière; mais plus en amont il y a entre les grès une couche de calcaire (n°. 220) de 8 m. d'épaisseur, dont $D = 30°$, $I = 70°$ au sud-est. On a donc affaire ici à un pli anticlinal, dont le flanc septentrional, près de la maison de la résidence, incline au nord-ouest, le flanc méridional, au sud-est. La distance horizontale entre les deux points où apparaît cette couche épaisse, mesurée perpendiculairement à la direction de la couche, est de 900 m. Si ces deux couches calcaires appartiennent à une seule et même couche d'un simple pli, l'épaisseur de la partie inférieure de ce terrain, jusqu'à la couche de calcaire, est, pour une inclinaison moyenne des couches de 60°, égale à $\frac{1}{2} \times 900 \times \sin. 60°$ ou 390 m. Cependant l'épaisseur totale du terrain est considérablement plus grande, parce que très probablement les couches inférieures du pli, au niveau de la rivière Batou gantoung, ne sont pas les couches les plus basses de tout le terrain, et qu'au dessus du calcaire il y a encore des couches de grès et d'argilolite.

Si l'on prolonge la ligne de direction vers le nord, depuis le point où le calcaire supérieur (n°. 220), nommé plus haut, apparaît dans la rivière Batou gantoung, cette ligne coupe la rivière Batou gadjah précisément au seul point où l'on voit du calcaire (n°. 222) dans cette rivière, de sorte qu'on a indubitablement affaire ici à la même couche de calcaire. En amont de ce point, on ne trouve bientôt plus de grès dans la Batou gadjah, mais uniquement de gros blocs de granite, ce qu'il faut attribuer à une faille qui existe en cet endroit. En effet, les couches qui sont à nu dans la petite rivière Tomo kĕtjil ont une tout autre direction que celles de ci-dessus; cette direction varie de 140° à 170°, et l'inclinaison est de 20° au nord-est. La dénudation sur le sentier voisin d'Ambon à Soja di atas ne permet aucune mesure précise, car les couches y sont fortement contournées; aux grès, j'ai mesuré D = 140°, I = 25° au nord-est; mais aux argilolites et aux schistes j'ai trouvé pour inclinaison 15°, 20°, 30°, surtout 40° et même 70°. La faille qui existe apparemment entre les rivières Batou gadjah et Tomo kĕtjil, côtoie probablement de très près ces couches comprimées du sentier de Soja di atas. Au nord-est de cette faille, le granite semble se trouver plus haut qu'au sud-ouest de la faille, ainsi qu'elle est dessinée sur la feuille 5 de la carte n°. II; ce qui explique d'une manière satisfaisante aussi bien la cessation brusque des grès dans la rivière Batou gadjah, près du calcaire, et l'absence de granite dans le cours inférieur de la même rivière, que la présence des très grands blocs de granite au kampong Batou medja, à 300 m. au nord de la maison de la résidence, ainsi qu'il a déjà été dit lors de la description du granite.

Dans la rivière principale, la Tomo, ne gisent que de gros blocs de grès; et on ne peut pas davantage mesurer la direction aux couches du kampong Batou merah. Par contre, dans la Waï Hoka, cours supérieur de la rivière Batou merah, les couches apparaissent distinctement et y forment un pli anticlinal aigu dont D = 50° et I = 80° au nord-ouest, au flanc nord et 50° au sud-est au flanc sud. A

l'est de ce point, la route de Routoung s'étend sur un plateau quaternaire jusqu'à la Waï Ila, le principal affluent supérieur de la Waï
Rouhou, qui se jette dans la baie Intérieure près de Gĕlala; ensuite
on monte en pente raide sur de la péridotite et à 250 m. d'altitude
viennent de nouveau des grès (n°. 86) dont $D = 150°$ environ, mais
dont l'inclinaison n'est pas distincte, parce que la dénudation est
fort limitée. Aux argilolites tendres (n°. 84) à la cime de 303 m.
d'altitude, on ne peut mesurer la direction. Viennent ensuite des grès
avec une couche calcaire interposée, déjà trouvée par MARTIN (37, p. 69).
Je n'ai pu en déterminer la direction. A la descente abrupte vers
Routoung, j'ai mesuré aux grès (n°. 82), $D = 140°$, $I = 30°$ au
sud-ouest; on arrive alors, à l'extrémité supérieure d'une terrasse,
à une couche de calcaire gris clair, un peu schisteuse (n°. 82a), de
124 m. d'altitude, épaisse de $^1/_3$ m., qui repose *sur* les grès et fait
partie d'un terrain beaucoup plus jeune; puis, à des schistes argileux,
bleus et gris, dont $D = 168°$, $I = 74°$ à l'est et $D = 170°$, $I = 80°$ à
l'est; enfin, encore à des grès jusqu'à Routoung. On voit qu'ici
encore les couches forment un ou plusieurs plis aigus, synclinaux et
anticlinaux.

Bien qu'on ait levé la ligne de faîte depuis le mont Hounitou
jusqu'à l'Ehout, en passant par le Tjolobaï, ainsi que le sentier qui de
Routoung se dirige au nord vers le mont Api angous, en traversant
les rivières Tané, Djĕrĕmehou et Warsia, on n'a pu, presque nulle
part, déterminer exactement la position des couches. Dans la
Djĕrĕmehou on pouvait voir des couches d'un grès dur, vert, en
bancs épais sensiblement horizontaux, avec une légère inclinaison vers
l'est ou le nord-est. Dans la Warsia on trouve, en aval du gué du
sentier de Routoung à l'Api angous, les blocs de brèche de serpentine (n°. 205) déjà cités ci-dessus, et la diabase (n°. 204a) y existe
à l'état de roche massive. Mais en amont de ce passage on trouve
des grès pyritifères très durs, gris-bleuâtre, en couches nettes, formant
des bancs épais, dont $D = 120°$, $I = \pm 50°$ au nord-est. Ces couches
appartiennent sans aucun doute à la partie inférieure du terrain,
et il en est probablement de même des brèches de serpentine de
la Warsia.

Comme le sentier qui conduit de ce point jusqu'au sommet de

l'Api angous s'étend dans une direction sud-ouest, donc sensiblement perpendiculaire à celle des couches dont nous venons de parler, nous avons non seulement levé ce sentier, mais nous l'avons même exploré avec le plus grand soin, dans l'espoir d'y trouver un profil complet du terrain, depuis les couches les plus basses jusqu'aux plus élevées, et d'en déduire l'épaisseur de ce terrain. Toutefois, je n'ai pu y réussir, car à la montée on ne voit nulle part des couches convenables, mais çà et là seulement des fragments d'un grès jaune, pas très compacte, dont la direction et l'inclinaison ne sont pas à mesurer et dont on n'est même pas certain s'il se trouve en concordance ou en discordance sur les couches de la Warsia. Il y a une différence sous le rapport pétrographique : les couches inférieures sont très compactes et la plupart de teinte verte; celles situées plus haut sont moins cohérentes et jaunes, ce que je crois toutefois pouvoir attribuer uniquement à l'altération, puisqu'on observe la même chose dans les rivières Batou gantoung et Batou gadjah. Ailleurs encore, je ne suis pas arrivé à découvrir des étages différents dans le terrain gréseux; le tout me semble former un ensemble continu, qui, avec les couches calcaires interposées, a été comprimé de manière à former plusieurs plis.

La différence de hauteur entre le point de la Warsia, où l'on peut voir les couches inférieures, et le sommet de l'Api angous s'élève à 220 m.; la distance horizontale de ces points, mesurée perpendiculairement à la direction des couches (120°) et de 860 m. Si l'on admet que les couches se succèdent partout régulièrement, et conservent l'inclinaison de 50°, leur épaisseur devrait être exprimée par

$$860 \sin. 50° - 220 \cos. 50° = 517 \text{ m.}$$

Et si les couches au sud-ouest de l'Api angous conservent aussi la même direction et la même inclinaison, l'épaisseur de tout le terrain peut même s'élever au double de 517, donc à 1000 m. environ. Mais, je le répète, nous n'avons pu constater ni la succession régulière des couches ni leur inclinaison, et par suite leur épaisseur demeure incertaine. Si p. ex. l'inclinaison moyenne des couches était, non de 50°, mais de 40° seulement, le chiffre 517 se changerait déjà en 384 m.; et l'on arrive à de tout autres valeurs encore, lorsqu'on a affaire à des plis anticlinaux et synclinaux. Il est donc clair, qu'à défaut d'un profil complet, on ne saurait indiquer l'épaisseur des couches d'une manière exacte. Comme nous avons trouvé plus haut pour l'épaisseur d'une partie du terrain de la rivière Batou gantoung le chiffre de 390 m., on ne peut tenir pour absolument inadmissible celui de 500 m. et même de 1000 m., pour l'épaisseur totale du terrain de l'Api angous.

Au dessus de Routoung, sur la route d'Ambon, gisaient en 1898 quelques morceaux d'un calcaire sombre; je ne les ai plus retrouvés en 1904, et il m'a été communiqué que dans le temps on les avait transportés en cet endroit pour combler les creux de la route, fortement entamée par les eaux. Ils étaient probablement originaires de la couche calcaire qui apparaît plus haut dans la montagne et dont il a déjà été question ci-dessus. Du moins, je ne connais pas d'autre point où il existe du calcaire dans la chaîne de Routoung.

Age du terrain. L'âge exact de ce terrain de grès et de schiste argileux n'a pas encore pu être déterminé, par suite du manque de pétrifications nettes. Celles-ci ne se montrent que dans les bancs de calcaire interposés, lesquels sont assez souvent complètement cristallins et ne présentent plus dès lors aucune trace de fossiles, comme cela a lieu, entre autres, dans la rivière Batou gadjah.

Le calcaire sombre (n°. 219) de la couche dans la rivière Batou gantoung, dénudé un peu en amont du Batou Sëmbajang, et dont quelques gros blocs gisent aussi plus bas dans le lit de la rivière, est jusqu'ici le seul qui ait fourni des coquilles assez bien conservées, dont quelques-unes ont été examinées, pour la première fois, par le Baron A. von Reinach à Francfort sur le Main. D'après ce savant, les pétrifications ressemblent à celles du calcaire de Hallstädt (trias des Alpes), quelques-unes même à des fossiles du Rothliegendes (grès rouge du dyas); mais à cause de la rareté et de la mauvaise conservation des matériaux, il n'a pu émettre aucun jugement sur leur âge exact. Plus tard, on a trouvé encore d'autres pétrifications qui ont été envoyées au Prof. Martin à Leyde. Dans un compte rendu de mon mémoire n°. **42** (Over de geologie van Ambon (1)), publié dans le Tijdschrift van het K. N. Aardrijkskundig Genootschap, XVI, 1899, bdz. 656, Martin dit de ces pétrifications, que pour une détermination précise elles étaient dans un état de conservation tout à fait insuffisant; mais qu'au point de vue pétrographique, la roche ressemble fort à du calcaire carbonifère, entre autres à celui de Visé et de Ratingen, ainsi qu'il l'avait déjà dit dans son mémoire n°. **37** (p. 69).

Depuis cette époque, conformément au désir exprimé par le Prof. G. BOEHM à Fribourg en Brisgau et par moi-même, on a recueilli, par pétardement, une grande quantité d'échantillons de ces deux couches de calcaire dans la rivière Batou gantoung, avec le concours et l'aide si appréciés du capitaine du génie F. W. P. CLIGNETT à Ambon. Néanmoins la récolte utile en fossiles a été fort maigre. Le Prof. BOEHM, qui a examiné ces fossiles, a eu l'obligeance de me faire à ce sujet la communication suivante.

Ueber Brachiopoden aus einem älteren Kalkstein der Insel Ambon.

Von Professor Dr. G. BOEHM.

Im Jahre 1904 veröffentlichte ich — Palaeontographica, Supplement IV — den ersten Abschnitt der ersten Abtheilung meiner «Beiträge zur Geologie von Niederländisch Indien». In der «Allgemeinen Einleitung» ist dort erwähnt, dass Herr Dr. R. D. M. VERBEEK mir in seinem gastfreien Hause in Buitenzorg verschiedene Fossilien aus den Molukken vorlegte; darunter befanden sich auch einige aus dem Batu gantung Tale auf Ambon. Sie waren 1898 von VERBEEK aus einem losen Block gesammelt, steckten in einem dunklen, unreinen Kalkstein, der in der Sammlung VERBEEK die Gesteinsnummer 219 trug, waren aber so mangelhaft erhalten, dass jede nähere Bestimmung unmöglich erschien. Jetzt kann ich sagen, dass das eine Fossil sicher zu *Rhynchopora malayana* gehört, einer neuen Art, die später behandelt werden wird. Ferner legte mir Herr VERBEEK Kalkstücke vor, die ziemlich weit flussaufwärts im Batu gantung Tale einer zwischen Sandsteinen anstehenden Kalkbank entnommen waren. Sie trugen die Nummer 220 und enthielten Fossilreste, die zur Zeit ebenfalls für mich unbestimmbar waren. Jetzt kann ich sagen, dass *Rhynchopora ambonensis* vorliegt, auch eine neue Art, die später behandelt werden soll.

Bei meinem wiederholten Aufenthalte in Ambon habe ich mich

vergeblich bemüht, im Batu gantung Tale anstehende Kalkbänke zu finden. Dagegen stiess ich daselbst auf einen grossen Block schwarzgrauen Kalkes, der zahlreiche Durchschnitte von Fossilien enthielt. Es war unmöglich, mit Hammer und Meissel Stücke abzuschlagen und Sprengmittel waren zur Zeit nicht verfügbar (1). Dagegen teilte mir der Herr Genie-Kapitän F. W. P. CLIGNETT, der damals in Ambon garnisonierte, mit, dass er in naher Zeit solche Mittel zur Zerstörung des alten Forts erwarte, alsdann wolle er auch jenen Block für mich sprengen lassen. Ich verliess bald darauf Ambon, der dortige Naturalienhändler REY jedoch, der mich auf der einen Exkursion im Batu gantung Tale begleitet und sich auf meinen Wunsch die Lage des Blockes genau gemerkt hatte, konnte die Führung übernehmen. Einige Zeit nach meiner Ankunft in Freiburg i. Br. trafen denn auch von REY Gesteinstrümmer von Ambon ein. Sie stellten einen richtigen Brachiopodenkalk (2) mit zahlreichen Brachiopoden dar, andere Fossilien waren in dem Gestein nicht vorhanden. Herr CLIGNETT hat dann später Herrn VERBEEK und mir je eine Sendung Kalke von Ambon geschickt. In der Sendung an Herrn VERBEEK fand sich, wenn auch selten, *Rhynchopora ambonensis* und ferner ein kohliger Stengelabdruck. Der Kalk ist wiederum sehr unrein, unter anderem mit vielen Glimmerblättchen.

Im Jahre 1904 kam Herr VERBEEK erneut nach Ambon. Er besuchte, und zwar in Gesellschaft des Herrn CLIGNETT, noch einmal das Batu gantung Tal und stellte hierbei fest: 1. Dass seine eingangs erwähnten Handstücke N°. 219 des Jahres 1898 von dem Blocke stammten, den Herr CLIGNETT später für mich sprengen liess und dessen Bruchstücke mir REY zugeschickt hat. 2. Dass die erwähnten Sendungen CLIGNETTS an ihn und mich aus einem Kalk stammten, der etwas oberhalb jenes losen Kalkblocks ansteht.

Herr VERBEEK besuchte damals auch, mit Herrn CLIGNETT, die weiter flussaufwärts anstehende Kalkschicht, von der er mir Proben mit *Rhynchopora ambonensis* schon 1900 in Buitenzorg vorgelegt hatte. Auch von dieser liess Herr CLIGNETT, der Bitte VERBEEKS fol-

(1) Vergl. Zeitschrift d.d. geol. Gesellschaft, Band 54, 1902, S. 74.
(2) Vergl. Comptes rendus du IX Congrès géol. internat., Vienne, 1903, p. 4.

gend, sammeln; das Material enthielt nur unbestimmbare Spuren von Fossilien.

Es ist nach den obigen Mittheilungen nicht zu zweifeln, dass alle in Rede stehenden Kalke zusammen gehören. Dies um so weniger, als nach Angabe des Herrn VERBEEK die petrographische Beschaffenheit der betreffenden Kalke ziemlich die gleiche ist; nur enthält N°. 220 ein wenig Granitgruss, hauptsächlich Quarzscherben.

Eine eingehende Darstellung der Brachiopoden von Ambon werde ich demnächst an anderer Stelle geben. Hier beschränke ich mich, dem Wunsche des Herrn VERBEEK folgend, auf eine kurze Beschreibung. Bevor ich jedoch dazu übergehe, ist es auch mir eine angenehme Pflicht, Herrn Genie-Kapitän F. W. P. CLIGNETT für seine unermüdliche Liebenswürdigkeit herzlich zu danken.

SPIRIFERINA, D'ORBIGNY.

Zur Gattung Spiriferina stelle ich im Nachfolgenden 3 Arten, die sich nach ihrer Skulptur leicht unterscheiden lassen. Da das Material es mir nicht ermöglichte, Beobachtungen über den inneren Bau anzustellen, so bleibt die Gattungsbestimmung, besonders bei Spiriferina malayana, zweifelhaft.

1. Spiriferina ambonensis, n. sp.

Die kleine, mit wenigen, entfernt stehenden Falten bedeckte Art erinnert in der Form an Spiriferina pyramidata, Tschernyschew, unterscheidet sich jedoch von ihr sowohl durch die Skulptur, als auch vor Allem wesentlich dadurch, dass bei unserer Form die Maximalbreite der Schale die Länge des Schlossrandes ziemlich übertrifft.

Untersuchte Stücke: 9.

2. Spiriferina moluccana, n. sp.

Die kleine Species gehört mit der vorigen Art wohl in dieselbe Gruppe, sie unterscheidet sich jedoch augenfällig durch ihre Skulptur. So enthält vor Allem der Mediansinus der Ventralklappe einen schwachen Wulst und die Medianfalte der Dorsalklappe spaltet sich im oberen Drittel in zwei gleich starke Aeste. Die Punktierung der Schale scheint gröber zu sein als bei der vorigen Art.

Untersuchte Stücke: 5.

3. Spiriferina malayana, n. sp.

Von dieser kleinen Art liegen mir nur die Wirbelpartien der Ventralklappen vor, sodass hier die Gattungsbestimmung besonders unsicher ist. Die Stücke unterscheiden sich von den Ventralklappen der beiden vorher erwähnten Spezies dadurch, dass die Skulptur nicht aus wenigen Falten, sondern aus dichtstehenden Rippen besteht, die vom Wirbel radial zum Stirnrande ausstrahlen. Die Punktierung der Schale erscheint bei der vorliegenden Erhaltung fein, aber doch durchaus deutlich.

Untersuchte Stücke: 10.

ATHYRIS, M'COY.

Zur Gattung Athyris rechne ich mehrere Stücke, die sich nach ihrer äusseren Form vielleicht in zwei Abarten unterscheiden lassen. Da die Oberfläche glatt erscheint, so würden beide nach ZITTEL-EASTMAN, Text-Book of Palaeontology, S. 339, zur Gruppe Seminula gehören.

4. Athyris ambonensis, n. sp.

Die Art erinnert an gewisse Formen der sehr variablen Seminula subtilita, Hall, sie ist dreiseitig, länger als breit, an mehreren Exemplaren habe ich durch Anschleifen die Durchschnitte der Spiralen blosslegen können. Ein einzelnes Exemplar ist breiter als lang, man könnte es vielleicht als Var. moluccana unterscheiden.

Untersuchte Stücke: 6.

RHYNCHONELLIDAE, D'ORBIGNY.

5. Rhynchopora ambonensis, n. sp.

Die kleine, mit ca. 24 Rippchen bedeckte Art erinnert in der äusseren Form an Rhynchonella multirugata, de Koninck, oder an Rhynchonella Carapezzae, Gemmellaro, doch wird bei diesen beiden Arten keine Punktierung der Schale angegeben.

Untersuchte Stücke: 35.

6. Rhynchopora malayana, n. sp.

Die kleine Art unterscheidet sich von Rhynchopora ambonensis durch grössere Dicke, auch ist der Sinus der Ventralklappe stets deutlich entwickelt. Bei einem einzelnen Exemplare ist letzteres ganz besonders der Fall, man könnte dieses Exemplar vielleicht als Var. moluccana abtrennen. Unsere Formen erinnern an Rhynchopora Nikitini, Tschernyschew, sie sind aber dreiseitiger, mehr geflügelt und mehr deprimiert.

Untersuchte Stücke: 30.

TEREBRATULIDAE, KING.

7. Dielasma ambonense, n. sp.

Die Species erinnert an Dielasma biplex, Waagen, unterscheidet sich aber durch ihre äussere Form. Die kräftigen Zahnstützen der Ventralklappe habe ich durch Absprengen des betreffenden Wirbels freigelegt. Die Punktierung der Schale ist sehr deutlich.

Untersuchte Stücke: 4.

8. Waldheimia ambonensis, n. sp.

Drei mir vorliegende Stücke dürften zu Waldheimia gehören. Mit schon beschriebenen Arten vermag ich das Vorkommen nicht zu vergleichen.

Es liegen ausserdem noch Reste anderer Brachiopoden vor, die aber zu mangelhaft erhalten sind, um eine nähere Bestimmung zu ermöglichen. Ferner befindet sich in der Sendung des Herrn Kapitän CLIGNETT an Herrn VERBEEK, wie schon eingangs erwähnt, ein anscheinender Pflanzenrest.

Wenn man versucht, auf Grund der obengenannten Brachiopoden einen Schluss auf das genaue Alter der sie umschliessenden Kalke zu ziehen, so stösst man auf unüberwindliche Schwierigkeiten. Die Arten scheinen mir alle neu zu sein, sind also zur engen Horizontierung nicht ohne weiteres verwendbar. Aber auch die Gattungen führen zu keinem befriedigenden Ergebnis. Spiriferina reicht nach ZITTELS Grundzügen der Paläontologie (1903) vom Karbon bis zum Lias, Athyris vom Silur bis zur Trias, Waldheimia vom Silur bis in die Jetztzeit. Die Gruppe Dielasma giebt ZITTEL l. c. S. 269 von

Devon bis Perm an, doch reicht sie bis in die obere Trias. Es bleibt deshalb nur Rhynchopora. Diese Gattung ist nun allerdings meines Wissens bisher nur im obern Karbon und in der Dyas bekannt, und sie ist um so wichtiger, als hier die Gattungsbestimmung nicht zweifelhaft ist. Aber es muss nachdrücklich erwähnt werden, dass das entscheidende Merkmal von Rhynchopora, nämlich die punktierte Schale, leicht übersehen werden kann. Es ist deshalb sehr wohl möglich, dass die in Frage stehende Gattung auch noch ins Mesozoikum hinaufreicht. Immerhin bin ich, wenn auch mit aller Reserve, geneigt, den Brachiopodenkalken der Insel Ambon ein jung-paläozoisches Alter zuzuschreiben, man darf es vielleicht um so eher, als jüngeres Paläozoikum sowohl von Timor als auch von Sumatra bekannt geworden ist. Für jünger als Trias wird man unsere Brachiopodenkalke kaum halten können.

Freiburg i/Br., 10 August 1905.

(*Gez.*) G. Boehm.

Conformément à la détermination du prof. Boehm, le terrain a été indiqué, sur les cartes nos. I et II, comme *paléozoïque supérieur*; toutefois avec un point d'interrogation, car cet âge n'est pas encore tout à fait fixé, et il se pourrait que, par la découverte de nouveaux fossiles, ce terrain fût reconnu comme *triasique*.

Composition pétrographique des roches.

La plupart des grès jaune clair sont trop friables pour se laisser tailler en plaques minces; tels sont, entre autres, le n°. 84 au-dessus de Routoung, le n°. 86 à l'ouest de la Waï Jouwa, à 250 m. d'altitude, l'un et l'autre sur la route de Routoung à Ambon, et le n°. 188 au sud de Kousou kousou sereh, sur la route de Mahija. Ils consistent en grains de quartz dans une pâte d'argile ferrugineuse, et de nombreuses petites paillettes de mica. Certains grès contiennent des veines minces de quartz. Il n'est pas douteux que ces grès n'aient été constitués par des débris de granite.

N°. 72. Grès gris verdâtre clair, dans la vallée de la Batou gadjah, en dessous du calcaire. Au microscope, des éclats de quartz avec inclusions de bulles liquides, des feldspaths ternes, de petits morceaux

7

limpides de plagioclase, quelques sections allongées de muscovite, de petits grains de rutile, du minerai noir spongieux, ainsi que des grains de pyrite dans une pâte argileuse trouble, gris clair, contenant un très grand nombre de petites fibres de mica extrêmement fines. Donc, un gravier de granite. La croûte d'altération est brune. *Grès.*

N°. **73.** Encore un grès de la vallée de la Batou gadjah, en dessous du calcaire, mais plus en amont. En échantillons, il est brun-grisâtre, à petits points blancs (particules de kaolin). Au microscope, le grain est un peu plus grossier que celui du n°. 72; la roche contient cependent les mêmes éléments, sauf la pyrite. La couleur brune est produite par l'hydroxyde de fer. *Grès.*

N°. **74** (= n°. 222). Calcaire de la vallée de la Batou gadjah, au-dessus des n°s. 72 et 73. En échantillons, compacte, de teinte gris clair, sans fossiles. Au microscope, la pâte trouble consiste entièrement en très petits grains de calcaire spathique. Elle contient quelques baguettes limpides, aiguilles de spongiaires peut-être, et un très grand nombre de particules irrégulièrement limitées qui se font remarquer par une teinte un peu plus sombre que la pâte. Elles paraissent appartenir à des foraminifères, mais on n'a pu en déterminer aucune, leur structure n'étant visible nulle part. *Calcaire.*

N°. **82.** Montagne en arrière de Routoung. Ce grès jaune clair ou jaune-verdâtre est très friable. Au microscope, du quartz, du minerai et des grains de pyrite dans une masse argileuse trouble, colorée en brun par de l'hydroxyde de fer. Cette pâte argileuse polarise en fibres, par le présence d'un grand nombre de paillettes de mica excessivement fines. Encore un débris de granite. *Grès.*

N°. **201.** Roche gris-verdâtre, assez compacte, à grain fin, en blocs incohérents et aussi à l'état massif dans le cours supérieur de la Waï Rikan, au nord du mont Api angous. La roche est traversée par de minces veines de quartz. Au microscope, des fragments anguleux ou arrondis de quartz, du feldspath trouble (orthoclase), de petits morceaux de plagioclase et de la muscovite incolore; le tout dans une pâte trouble de particules de quartz, de fibres vert clair de mica, de particules troubles d'argile, de grains de titanite, de minerai de fer avec leucoxène et de pyrite. *Grès dur.*

N°s. **203a** et **203.** Grès en bancs épais dans la Waï Warsia, en

amont du passage du sentier de Halong à Routoung,. par le mont
Api angous. Couleur gris-bleuâtre; roche dure, à grain fin. Le n°. 203
sont des fragments roulés des couches 203a; ils sont gris-verdâtre
et durs. En échantillons, et aussi au microscope, ils ressemblent fort
au n°. 201. On observe au microscope quelques gros éclats de quartz
avec de nombreuses inclusions de bulles liquides, dans une pâte plus
fine, consistant en particules de quartz et de mica; ces dernières
incolores ou vert clair, avec ilménite, titanite, leucoxène, pyrite,
apatite, quelques zircones, très peu de calcite, ainsi que des taches
d'hydroxyde de fer. Des particules troubles avec fibres de mica ont
été probablement de l'orthoclase. Aussi des plagioclases qui polarisent encore distinctement, toujours à petits angles d'extinction
(8° à 10°). Le mica tordu en corde est peut-être de la biotite
décolorée; dans un seul éclat de quartz on trouva encore une pail-
lette inaltérée de biotite; mais la plus grande quantité de mica est
de la muscovite incolore ou vert clair. *Grès*, évidemment un gravier de
granite, de porphyre quartzifère et peut-être aussi de diabase quartzifère.

N°. 219. Couche inférieure de calcaire dans la rivière Batou gantoung,
au-dessus du rocher Batou Sěmbajang, entre des grès; épaisseur 8 m.
Ce calcaire grisâtre sombre, compacte, contient quelques coquilles,
des brachyopodes (décrits ci-dessus par le Prof. Военм), dont on
peut voir les sections au microscope. Pas de foraminifères reconnaissables. Du minerai et de l'hydroxyde de fer. La roche est en grande
partie microcristalline. *Calcaire.*

N°. 220. Couche supérieure de calcaire dans la rivière Batou gantoung,
plus en amont, entre des grès; épaisseur 8 m. En échantillons, grisâtre
sombre jusqu'au grisâtre clair, compacte; çà et là avec veines de calcaire
spathique; parfois brécheuse, par des morceaux de calcaire de teinte
claire dans un calcaire plus sombre. Pas de grands fossiles, ni coquilles
ni foraminifères. Au microscope, le calcaire brécheux laisse voir des
morceaux de calcaire troubles, de teinte claire, microcristallins, gisant
dans une pâte sombre. Dans ces morceaux clairs, on peut voir des
sections de foraminifères, qu'on ne peut cependant pas déterminer.
La pâte sombre consiste aussi essentiellement en calcaire spathique,
avec beaucoup de minerai, en grains et en particules spongieuses et
en forme de taches, et coloré par un pigment brun sombre, en granules

très petits. Ensuite, un très grand nombre de petits fragments de quartz avec inclusions de bulles liquides et un bord de particules limpides de calcite; peu de feldspath limpide avec de fines stries croisées, probablement de la microcline; des particules troubles sont sans doute en partie de l'orthoclase transformée, en partie des morceaux d'un schiste compacte. Pas de foraminifères. C'est donc un *calcaire, avec inclusions de débris de granite.*

N°. 221. Grès dur, gris-verdâtre, en amont du calcaire n°. 220, interposé dans des grès tendres et des schistes argileux dans la rivière Batou gantoung. Au microscope, il ressemble beaucoup aux n°s. 201 et 203*a*; il est seulement d'un grain un peu plus fin, et il contient beaucoup de pyrite. *Grès dur.*

N°. 222 (= n°. 74). Calcaire compacte, grisâtre clair; affleurant dans le lit de la rivière Batou gadjah. Recueilli plus tard que le n°. 74, mais du même gisement. Des particules rondes de calcaire spathique sont probablement des sections de minces pédicules de crinoïdes. A l'oeil nu, d'ailleurs, on ne peut voir aucun fossile. Au microscope, la roche microcristalline, de teinte claire, est totalement remplie de sections un peu plus sombres de foraminifères et autres fossiles, que l'on ne peut absolument pas déterminer. *Calcaire.*

V. Roches éruptives récentes.

Nous arrivons maintenant au grand groupe de roches éruptives, que j'ai déjà réunies en 1899, dans mon mémoire n°. **42** (Over de geologie van Ambon I) sous le nom d'«Ambonites», parce que, bien que fort différentes par le caractère pétrographique, elles se font connaître comme des membres d'une même famille, tant par la façon dont elles se présentent, toujours ensemble, que par certains éléments caractéristiques; il est donc désirable de se servir pour elles d'un seul nom collectif, afin de ne pas devoir à chaque instant retomber dans des descriptions détaillées lorsqu'on parle de ces roches d'une manière générale. Ceci n'empêche pas cependant que les divers membres de ce groupe peuvent être désignés chacun par une dénomination spéciale, et le seront aussi d'ailleurs; de sorte que le choix d'un nom collectif n'a nullement pour but ici d'y comprendre des grandeurs inconnues, ainsi que cela se pratique quelquefois.

Age. Dans la détermination de l'âge de ces roches, on rencontre quelques difficultés, parce que les sédiments qui y succèdent immédiatement sont d'âge tertiaire très récent sinon quaternaire.

Dans la montagne au sud d'Amahousou il existe de la péridotite au flanc de la montagne jusqu'à l'altitude de 317 m.; elle est recouverte jusqu'à la ligne de faîte par une roche porphyrique micacée qui appartient à nos Ambonites et qui est donc plus jeune que la péridotite.

Avant mon arrivée à Ambon, je ne doutais pas de l'âge tertiaire de ces roches, non seulement parce qu'elles avaient été décrites par SCHROEDER VAN DER KOLK comme une dacite commune, mais aussi par ce qu'un géologue Indien est fort porté à tenir pour tertiaires toutes les roches éruptives récentes, vu que tel est constamment le cas dans la partie occidentale de l'Archipel Indien.

Mais, aussitôt mon arrivée à Ambon, mon opinion s'est modifiée rapidement; j'ai constaté que le Touna ou Wawani n'était pas un volcan; et même qu'il n'y avait presque rien à voir d'anciennes ruines volcaniques; j'ai reconnu que les roches éruptives étaient tout autres que les tertiaires, même les plus anciennes de Java et de Sumatra; en échantillons déjà elles sont moins fraîches le plus souvent, et d'ordinaire elles ont des teintes remarquablement pâles, parfois presque blanches, à l'exception des membres basiques de la famille, les mélaphyres, qui sont gris-verdâtre ou vert-grisâtre, parfois presque noirs; mais ces derniers ne ressemblent en rien à nos basaltes tertiaires, qui renferment presque toujours de l'olivine encore inaltérée, tandis que ce minéral n'existe que très exceptionnellement sans altération dans les mélaphyres d'Ambon, où il est presque toujours totalement décomposé. C'est seulement dans les croûtes vitreuses de ces roches qu'il existe encore de l'olivine inaltérée et même très fraîche. Ensuite, les Ambonites renferment de gros cristaux de cordiérite bleue et de grenat rouge brun, qui donnent à ces roches un caractère tout particulier, différent de tout ce que nous avons pu trouver jusqu'ici dans l'Inde. Par contre, en Europe, ces deux minéraux — le plus souvent en inclusions, provenant de roches plus anciennes, principalement de gneiss à cordiérite, ou formées par la fusion de ces fragments — se présentent également dans les andésites et les dacites, qui sont rattachées à la periode tertiaire, quoique pas toujours avec une certitude absolue. C'est ainsi que parmi les roches du Cabo de Gata, en Espagne méridionale, une petite partie, la «vérite», est *plus récente que le pliocène*; les andésites à pyroxène sont *pliocènes*; mais la plus grande masse, notamment les andésites à hornblende et à mica, ainsi que les dacites, sont *plus anciennes que le pliocène*; et l'âge ne peut être déterminé plus exactement, à défaut de sédiments tertiaires plus anciens. Ce n'est que dans ce dernier groupe (andésites à hornblende et à mica et dacites) qu'il existe des filons de minerai, ce qui indique un âge notablement plus avancé relativement aux autres roches. (A. Osann. Ueber den geologischen Bau des Cabo de Gata. Zeitschr. d. d. geol. Gesellsch. XLIII, 1891, S. 342 und 344).

Les roches à cordiérite des Maremmes de la Toscane (Campiglia marittima, Roccastrada, etc.) appartiennent toutefois, d'après Lotti, Dalmer, Matteucci et d'autres encore, à la période tertiaire; il en est de même, selon Koch, de celles de la chaîne de montagnes à la rive droite du Danube, au nord de Buda-Pesth (B. Lotti: Correlazione di giaciatura fra il porfiro quarzifero e la trachite quarzifera nei dintorni di Campiglia. Atti della Società Toscana. Vol. VII. K. Dalmer: Die Quarztrachyte von Campiglia etc. Neues Jahrb f. Min. 1887 II, S. 206—221. R. V. Matteucci: La regione trachytica di Roccastrada (Maremma toscana). Boll. R. Com. geol. d'Italia 1890 I, p. 237. A. Koch: Geologische Beschaffenheit der am rechten Ufer gelegenen Hälfte der Donautrachytgruppe (St. Andrä-Visegrader Gebirgsstock) nahe Budapest. Zeitschr. d. d. geol. Gesellsch. XXVIII 1876, S. 293—349).

On a rencontré aussi de la cordiérite dans une andésite de Lipari (A. Bergeat. Cordierit- und granatführender Andesit von der Insel Lipari. Neues Jahrb. f. Min. 1895 II, S. 148).

L'âge d'une roche à cordiérite (vitrophyrite) de l'Afrique du Sud, décrite par Molengraaff, est inconnu. (N. Jahrb. f. Min. 1894 I, S. 79)

Dans les Indes néerlandaises on ne connaît des rognons de cordiérite qu'au Sapoutan, comme fragments d'âge inconnu inclus dans des produits d'éruptions récentes de ce volcan. (H. Bücking. Cordierit von Nord-Celebes etc. Berichte der Senckenb. naturf. Gesellsch. in Frankfurt am Main 1900, S. 3—20). On a aussi trouvé de la cordiérite à certains volcans du Japon (l'Asama, l'Iwaté et dans une colline près de Nagano); jamais il est vrai dans les coulées de lave mêmes, mais exclusivement dans des blocs blancs projetés par le volcan, à cassure conchoïdale, qui sont donc évidemment aussi des fragments *anciens*. (B. KOTÔ. On the geologic Structure of the Malayan Archipelago. Journal of the College of Science. Tōkyō, XI, 1899, p. 97, note 32).

Dans les roches d'éruption tertiaires et plus récentes de l'ouest de l'Archipel Indien, les *roches vitreuses* sont déjà peu fréquentes, et même les *verres hydrofères* sont particulièrement rares. Or ce sont précisément ces derniers qui, à Ambon, se rencontrent en très grande quantité parmi nos jeunes roches d'éruption.

Enfin la teneur en bronzite des espèces acides des Ambonites est bien plus grande que dans les andésites tertiaires de l'Inde, au point même qu'il n'est pas rare que l'augite y manque totalement. C'est seulement dans les mélaphyres d'Ambon que le pyroxène rhombique arrive à l'arrière-plan relativement au pyroxène monoclinique.

Les points que nous venons d'énumérer donnaient aux Ambonites une place tout à fait spéciale parmi les roches éruptives de l'Inde, et rendaient déjà invraisemblable qu'elles pussent appartenir à la période tertiaire, bien qu'on restât toujours dans l'attente de données plus précises relativement à leur âge. C'était donc une heureuse trouvaille, lorsque nous rencontrâmes dans l'ouest de Hitou et à la pointe occidentale de Leitimor des mélaphyres divisés en sphères irrégulières et à croûtes vitreuses; ces dernières se montraient, à l'examen microscopique, parfaitement identiques à une roche vitreuse de la baie de Tjilětou, dans l'ouest de Java, qui y fait également partie des roches très rares et qui, à la vérité, n'a été trouvée qu'en blocs incohérents roulés dans le lit de la petite rivière Bouwaja, mais provient incontestablement de conglomérats grossiers, affleurant plus haut dans la rivière comme base du terrain éocène (VERBEEK et FENNEMA, Description géologique de Java et Madoura 1896, p. 556). Dans tout le terrain de Tjilětou, ces conglomérats consistent exclusivement en blocs roulés et en fragments de roches pré-tertiaires, notamment de diabases et de mélaphyres, de calcaires cristallins, probablement crétacés, sans pétrifications, de tuf diabasique vert terne, de quartzites et de quartz blanc de filon. Il n'existe pas d'andésites dans ces conglomérats, et ne sauraient d'ailleurs y exister, car nulle part dans le voisinage on ne trouve de roches éruptives tertiaires; ce n'est qu'en dehors du terrain de Tjilĕtou proprement dit, au pied de la paroi du Lingkoung, dans la vallée de la Tji (rivière) Kanté, et plus au nord, près du village Tjiĕmas, qu'elles commencent à se montrer, et encore seulement en filons de faibles dimensions. En mai 1901, lors d'un voyage spécial au rocher «Batou nounggoul» (VERBEEK et FENNEMA, l. c. p. 559), je me suis assuré de nouveau de ce fait, que les andésites font défaut dans ces conglomérats. Comme ce voyage avait un autre but, et que mon temps était fort limité, je ne pus alors, à mon grand regret, visiter la Tji Bouwaja elle même; mais il résulte clairement de ce qui précède, que la roche vitreuse trouvée dans cette petite rivière appartient indubitablement aux diabases et mélaphyres crétacés; elle aura formé des croûtes autour des masses sphériques irrégulières, fendues radialement, suivant lesquelles se disjoignent les mélaphyres de Tjilĕtou, tout comme ceux d'Ambon. Auparavant il me semblait donc plus correct de remplacer, pour ce verre de Tjilĕtou, le nom de palagonite par celui de verre mélaphyrique, puisque nous avons affaire à une roche pré-tertiaire. Il a été décrit par ROSENBUSCH (Ueber einige vulkanische Gesteine von Java. Berichte der naturf. Geselsch. zu Freiburg in Br. 1872) et par BEHRENS (Beiträge zur Petrographie des Indischen Archipels. Verh. d. Kon. Akad. v. Wetenschappen. Amsterdam XX 1880, bdz. 17—19, Fig. 6), qui tous les deux, et à tort d'après moi, classent cette roche parmi les verres volcaniques jeunes (tertiaires).

L'analogie, au point de vue du caractère pétrographique, des mélaphyres de Java et d'Ambon, avec des croûtes vitreuses rend vraisemblable un seul et même âge pour ces roches excessivement rares; et c'est ainsi que j'en suis arrivé à admettre que les Ambonites basiques appartiennent au terrain *crétacé*.

Les Ambonites acides ne forment, pour autant que j'ai pu le constater, aucune transition aux mélaphyres; mais à Hitou, ces derniers renferment çà et là des cristaux de bronzite, du quartz et de la cordiérite, ce qui les met en rapport intime avec les autres Ambonites. A Hitou la partie supérieure du mont Kĕrbau, depuis l'altitude de ± 280 m. jusqu'au sommet (478 m.), consiste en mélaphyre, tandis que sur le flanc de la montagne, près d'une petite cime avancée de 300 m. d'altitude, se présentent de gros blocs d'une Ambonite acide; et au pied, à la baie d'Ambon, la même roche est à nu près du hameau Batou Koubour, séparée en plaques épaisses, qui ont une inclinaison vers le sud. Ici le centre de la montagne consiste donc en mélaphyre; le versant ou le flanc en une roche plus acide; et comme le mélaphyre renferme des cordiérites bleues et du quartz en formes profondément corrodées, qui peuvent très bien provenir des Ambonites acides, lesquelles sont d'ordinaire riches en ces cristaux, ce fait témoignerait en faveur d'un âge plus récent pour le mélaphyre. Une nouvelle visite à cette montagne, en 1904, m'a toutefois donné la conviction que l'âge relatif ne peut être déterminé ici avec certitude, et que le mélaphyre pourrait y être plus ancien, si les cordiérites en question provenaient de roches plus anciennes, gneiss ou granite. En d'autres lieux encore, le mélaphyre *paraît* parfois plus ancien que les Ambonites acides, mais il ne m'a pas été possible de reconnaître partout cette même différence d'âge entre ces produits d'éruption divers; je les range donc tous dans la *période crétacée*.

Martin tient cependant un âge tertiaire pour probable. Dans son mémoire **40**, p. 721, il dit: «Thatsache ist, dass das eigenthümliche, durch Cordierit und Granat ausgezeichnete Wawanigestein in Indien ausserhalb Ambon überhaupt noch nicht bekannt ist; ich habe es daselbst zuerst gesammelt; (en 1828 déjà S. Müller recueillit ces roches à Ambon, donc plus d'un demi siècle avant Martin, et Leonhard les détermina comme roches «trachytiques» à pâte gris-clair, où gisent des cristaux de tourmaline bleue (il faudrait cordiérite, V.) de feldspath et de mica; voir au chapitre «Bibliographie» la relation du mémoire nᵒ. **9**); in Europa rechnet man analoge Vorkommnisse aber zu den Quarzandesiten».

Là où il s'agit de déterminer l'âge de roches éruptives d'après leur analogie avec d'autres, il est incontestablement préférable de commencer par les îles voisines; c'est ainsi que j'ai procédé pour le mélaphyre à croûte vitreuse, par ce que dans le terrain de Tjilĕtou, dans l'ouest de Java, il appartient indubitablement au groupe des diabases crétacées; cela a du moins plus de valeur, que de les comparer uniquement à des roches d'Europe. C'est pourquoi Martin a cherché à démontrer, que l'âge de mes mélaphyres n'a rien de commun avec celui des Ambonites acides, c.-à-d. de ses dacites. Dans le mémoire nᵒ. **40**, p. 721, nous trouvons : « er (c.-à-d. VERBEEK) identificirt dasselbe (savoir le mélaphyre du cap Nousaniwi, V.) mit einem für cretaceïsch angesehenen Eruptivgesteine von Java. Aber wenn auch, wie ich vorläufig annehmen will, nicht der geringste Zweifel über das cretaceïsche Alter des Gesteins vom Kap Nusaniwi bestehen sollte, so ist das Wawanigestein damit noch nicht bestimmt(¹); denn ersteres stellt unter den Eruptivgesteinen von Ambon einen ganz besonderen Typus dar ».

Cependant, dans mon mémoire nᵒ. **42**, p. 18, j'ai déjà fait ressortir clairement, que les mélaphyres sont étroitement liés aux membres acides de ce groupe, par la présence de bronzite et de cordiérite, et aussi par l'habitus le plus souvent frais des feldspaths et d'autres éléments encore. La différence d'âge, qui existe aussi d'après moi, ne peut donc en aucun cas aller si loin que les premiers seraient crétacés et les autres tertiaires.

Quelques lignes plus loin (l. c. pp. 721 et 722), MARTIN veut encore démontrer, *par la situation* des roches, qu'elles ne sauraient être crétacées ; et cela, parce que les roches éruptives riches en verre, qui se sont formées en grande partie sous la mer, ne sont recouvertes nulle part par des sédiments crétacés et vieux-tertiaires, mais seulement par des calcaires coralliens quaternaires, ou tout au plus tertiaires très jeunes. Il en conclut « dass die Entstehung des Wawanigesteins nicht weiter als in die *ältere* Tertiairzeit zurückreichen kan ».

C'est bien là l'argument le plus faible que MARTIN pût invoquer ; car, s'il avait poursuivi son raisonnement d'une manière logique, il aurait dû arriver à la conclusion, que les Ambonites appartiennent à l'époque pliocène ou à la période quaternaire, parce que non seulement les sédiments crétacés et tertiaires anciens, mais encore les sédiments miocènes anciens, moyens et récents manquent comme base des calcaires coralliens ! Il faut donc refuser à cette preuve (soi-disant) toute importance, car la situation sous du calcaire corallien récent et l'absence de sédiments eocènes et crétacés ne nous apprend absolument rien sur l'âge des roches éruptives d'Ambon.

(¹) Il aura voulu dire : „so ist *das Alter* des Wawanigesteins damit noch nicht bestimmt."

Dans un mémoire postérieur (n°. **47**) «Reisen in den Molukken, Geologischer Theil. 2te Lief., Seran und Buano», il revient encore une fois sur les roches d'Ambon et leur ancienneté dans un «Nachtrag zu Ambon und den Uliassern»; et il nous sert encore une fois l'ancien argument des «Lagerungsverhältnisse» (rapports de situation) qui, comme je viens de le dire, n'a aucune valeur; il y ajoute, qu'un tuf à radiolaires de Nousalaut, tertiaire probablement, contient des micro-organismes qui sont les mêmes que ceux d'un calcaire tertiaire de Hitou; il appelle cela une preuve paléontologique de l'âge tertiaire des roches éruptives, ce qu'elle n'est pas plus évidemment que la couverture de calcaire corallien jeune dont j'ai parlé ci-dessus. De plus la détermination de l'âge d'un calcaire, principalement d'après les radiolaires ou les piquants de spongiaires, est très problématique. Enfin, il donne la description microscopique de deux roches et d'un tuf d'Ambon et de Saparoua, que F. von Wolff classe dans les andésites quartzifères et les dacites, et de nouveau Martin en tire un argument en faveur de l'âge tertiaire des Ambonites. Mais tout pétrographe sait que la détermination de l'âge de roches éruptives, et surtout la distinction entre les crétacées et les tertiaires anciennes, est totalement impossible en se basant uniquement sur le caractère pétrographique, et ne peut se faire exclusivement que par leur relation avec des couches sédimentaires d'une ancienneté connue. Aucun des pétrographes cités par Martin ne songera donc à fixer *l'âge* de ces roches de l'Inde, uniquement par l'analogie que présentent quelques-unes d'entre elles avec les dacites tertiaires de l'Europe. La ressemblance des mélaphyres d'Ambon avec des roches éruptives crétacées de Java, et les rapports de ces mélaphyres avec les Ambonites acides, ont pour moi plus de valeur que leur ressemblance avec les dacites d'Europe.

Bien que la preuve concluante de cet âge ne puisse être fournie pour le moment, je considère donc un âge *crétacé* comme le plus probable pour les Ambonites; et c'est pour ce motif qu'antérieurement, conformément à cette manière de voir, je les ai désignées sous le nom ancien de «porphyrites» et non sous la dénomination plus récente d'«andésites» et de «dacites». Dorénavant, je les appellerai «andésites» etc., parce que les Ambonites *acides*, relativement jeunes, se rapprochent pour l'âge et l'habitus des roches tertiaires, ce qui est naturel et ce que j'ai déjà fait remarquer moi-même dans mon mémoire n°. **42**, p. 19; et encore, parce que le nom de «porphyrite» pourrait éveiller, chez ceux qui tiennent encore beaucoup aux noms, l'idée d'une roche très ancienne. Mais cette dénomination à été choisie dans cette idée que, d'après moi, on a affaire à des «méso-andésites», des «méso-liparites» et des «méso-dacites» (voir p. 42). Quant aux membres basiques des Ambonites, je continue à les désigner sous leur ancien nom, tout d'abord parce qu'ils n'offrent pas beaucoup d'analogie avec nos basaltes tertiaires; d'autre part, à Java, je les ai déjà décrits comme mélaphyres, de sorte que je me servirais autrement de deux noms différents pour une seule et même roche. Moi-même, je n'attribue plus à ces noms aucune signification spéciale d'âge et, ainsi que je l'ai déjà fait observer plus haut (p. 41), ce serait une simplification heureuse, si on comprenait sous un seul nom les roches correspondantes anciennes et récentes. Il est en effet de plus en plus évident, que des roches à habitus ancien se présentent jusque dans le tertiaire et que des roches à caractère récent apparaissent déjà dans la période crétacée. C'est ainsi que les roches éruptives de la chaîne du Plessur, en Suisse, sont décrites tout bonnement comme des diabases par BODMER-BEDER, bien qu'il les rattache à la période éocène. (Il est néanmoins possible, d'après moi, que ces roches soient encore crétacées; voir ci-dessus p. 57). A Java, on connaît des roches d'éruption, en couches alternantes avec des sédiments éocènes à nummulites, qui ressemblent parfaitement à de la diabase et à de la diorite; pour faire ressortir leur âge tertiaire, je les ai désignées sous le nom «d'andésites» mais en y ajoutant «à habitus ancien» (VERBEEK et FENNEMA. Description géologique de Java et Madoura, pp. 948 à 952). Par contre, dans l'Inde Britannique, on trouve des roches à caractère de jeune basalte, dont la partie la plus ancienne appartient probablement au terrain crétacé (MEDLICOTT and BLANFORD, Manual of the Geology of India, 2nd edition, 1893, Chapter XI, p. 282). Et nos Ambonites, que nous classons aussi dans le crétacé, ont les unes un caractère ancien, les autres un caractère récent. Il est donc certes désirable de n'attribuer, pour l'ancienneté, aucune signification déterminée aux noms des roches éruptives, pas plus qu'à ceux des sédiments (grès, calcaire), et de comprendre sous la même dénomination les produits d'éruption correspondants, d'âges divers, ainsi que cela est déjà fait pour le granite, la péridotite et la serpentine.

Les Ambonites comprennent des roches de composition très diverse ; ce sont pour la plupart des roches porphyriques, à pâte fine, dans laquelle gisent de gros cristaux, ce qu'on nomme des cristaux porphyriques. Cette pâte est parfois lithoïde, microcristalline, mais souvent riche en verre.

On peut y distinguer les groupes suivants :

Andésite à bronzite et andésite à quartz et bronzite. Du plagioclase, de la bronzite et dans la dernière roche aussi du quartz, dans une masse fondamentale le plus souvent de teinte claire. Il y existe souvent de la cordiérite bleue et du grenat rouge-brunâtre ; parfois aussi un peu de biotite.

Andésite à mica et andésite à quartz et mica. Du plagioclase, de la biotite, de la bronzite, dans la dernière roche aussi du quartz, dans une pâte le plus souvent de teinte claire. Souvent de la cordiérite et du grenat.

Andésite à hornblende et andésite à quartz et hornblende. Du plagioclase, de la bronzite et de la hornblende dans une pâte ; parfois aussi de la biotite et du quartz.

Les deux derniers groupes sont, à proprement parler, des andésites à bronzite avec une notable teneur en mica ou en amphibole. Dans les roches du second groupe, la bronzite diminue parfois, mais pas toujours. La teneur en hornblende est rarement très forte. Les trois groupes forment des transitions nombreuses l'un dans l'autre et ils sont étroitement liés.

Liparite (dacite) à caractère de porphyre quartzifère. Du quartz, de la sanidine, du plagioclase, dans une pâte de teinte claire. La biotite et la bronzite sont d'ordinaire peu importantes. Cette roche se rencontre rarement.

Roches vitreuses. La masse fondamentale des roches quartzifères nommées plus haut est souvent fort riche en verre, et il se forme ainsi des *roches riches en verre* et même des *verres* parfaits, qui renferment bien de nombreux microlithes, mais peu de cristaux porphyriques. Ils forment souvent des brèches compactes.

Mélaphyre, partiellement avec *croûtes vitreuses*. Du plagioclase, de l'augite, de la bronzite, de l'olivine, dans une pâte; parfois aussi de la cordiérite et du quartz.

On peut les réunir dans le schéma suivant:

A M B O N I T E S.		
Basiques.	D'acidité moyenne.	Acides.

Sur nos cartes n^os. I et II, on peut voir comment sont distribuées les Ambonites à Leitimor.

1. Un grand terrain existe dans la partie orientale de la presqu'île, au sud du hameau Halérou; le G. Maout (334 m.) en fait partie. Il s'étend au nord jusqu'à la Waï Jori et au sud jusqu'à proximité du mont gréseux Ehout. 2. Sur le rivage de la baie Intérieure, vis-à-vis du cap Martafons, a 1½ km. à l'ouest de Halong, sur la route de Hatiwi

kĕtjil, sont à nu des brèches grossières, sous lesquelles la roche ferme est à découvert sur une faible étendue. **3.** Un vaste terrain se trouve sur de la péridotite au sud d'Amahousou et se prolonge jusqu'à la côte du sud, près de la baie de Seri. Sur la ligne de partage des eaux, la roche est fort altérée et friable. **4.** Le dernier domaine se rencontre à la pointe ouest de Leitimor, près du cap Nousaniwi, et un peu plus au nord-est, à la côte; ici apparaît la variété basique, le mélaphyre.

Nous allons décrire ces diverses roches, non d'après les terrains, mais suivant les variétés pétrographiques.

a. *Liparite, à caractère de porphyre quartzifère.*

Ce qu'il y a de caractéristique dans ce groupe, c'est que les éléments sombres y sont très faiblement représentés. Il n'y a que peu de roches qui y appartiennent.

N°. 191. Sur la feuille 3 de la carte n°. II, on peut voir qu'au nord de Routoung, sur la ligne de partage des eaux entre les côtes sud et est de Leitimor, la limite du grès et des Ambonites se trouve entre les cimes Ehout et Kamala houhoung. A 140 m. environ au nord de ce petit sommet, on arrive au cours supérieur de la Waï Polang, un affluent de la Waï Tané. Si de la ligne de partage on descend d'un peu moins de 20 m. (jusqu'à 180 m. d'altitude environ), on trouve dans le lit de la Waï Polang, sur une étendue considérable, un affleurement d'une roche éruptive ferme (n°. 191), qui en échantillons rappelle fort un porphyre quartzifère ancien. Elle est gris-clair, présente une pâte serrée, ressemblant à du quartzite, dans laquelle apparaissent porphyriquement des cristaux de quartz et quelques paillettes sombres de biotite; elle est fort dure. Cette roche est séparée en bancs épais, qui n'offrent qu'une faible inclinaison. Au microscope, on observe du quartz, en partie sous forme de beaux dihexaèdres, sans inclusions liquides, mais à inclusions de particules de verre avec bulle adhérente. On a trouvé aussi dans un grain de quartz un très petit cristal de pyroxène à extinction droite et faible pléochroïsme (bronzite); mais il n'était pas certain si c'était une inclusion dans le quartz, ou bien un cristal de la pâte, courbe, qui pénétrait le grain de quartz, et qui avait été atteint par la coupe.

Beaucoup de ces grains de quartz présentent un bord de particules de quartz et de feldspath, dont les premières sont orientées de la même manière que le cristal principal et s'éteignent donc (entre nicols croisés) toutes à la fois. Les dernières sont parfois fibreuses. C'est ce qu'on appelle du «quartz auréolé» (voir Rosenbusch, Physiographie der massigen Gesteine. 1896. S. 684). Du plagioclase, en assez gros cristaux très limpides, parfois à structure zonaire, presque dépourvus d'interpositions. La plupart présentent de petits angles d'extinction (10° environ); des angles supérieurs à 20° de part et d'autre de la ligne de suture n'ont pas été observés. On n'a pas pu y constater de la sanidine. Il s'y trouve de la biotite, en sections brunes, fortement absorbantes, mais en quantité très faible. Ce sont là les seuls cristaux porphyriques. La pâte renferme d'abord des masses sphéroïdales limpides très nombreuses, souvent avec noyau intérieur limpide radialement fibreux, entouré d'un bord jaune trouble, qui est enveloppé à son tour par des particules limpides de quartz. Entre ces particules gisent quelques petites fibres de mica. Le bord jaune trouble, que l'on serait tenté de prendre pour un enchevêtrement très fin de feldspath et de quartz, consiste cependant aussi en quartz ou calcédoine, car, après l'attaque par l'acide fluorhydrique et la coloration par le vert de malachite, tous les sphérolithes restaient complètement limpides. Il est probable qu'ils ont été secondairement transformés en calcédoine. Le groupement radial des fibres n'est presque jamais régulier, de sorte que la croix noire ne s'observe pas entre nicols croisés. Le plus souvent on observe, ou bien que les sphéroïdes s'éteignent simultanément dans des quadrants ou secteurs opposés, ou bien que l'extinction est tout à fait irrégulière, par suite d'un groupement des particules dans toutes les directions. Entre ces sphéroïdes se trouve la pâte proprement dite, consistant en particules de quartz et de feldspath, paillettes et fibres de mica, petits cristaux de magnétite, des granules bruns, transparents, d'un composé de fer, et des taches brunes d'hydroxyde de fer. Dans les fissures de la roche aussi il s'est déposé de l'hydroxyde de fer, avec de la calcédoine et de l'opale. Il y existe probablement aussi un peu de verre incolore, mais, par suite de l'énorme quantité de particules cristallines, on n'a pas pu l'observer séparément.

La présence de plagioclase parmi les cristaux porphyriques, jointe à l'absence totale ou presque totale de sanidine, donne à cette roche le caractère d'une dacite. Cependant il résulte de l'analyse chimique, qui sera communiquée plus loin, qu'on a affaire à une roche alcaline, avec un peu plus de potasse que de soude et peu de chaux. C'est donc une *liparite*.

b. *Andésite à bronzite et andésite à quartz et bronzite.*

Les vraies andésites à bronzite sans biotite ne se rencontrent que rarement à Leitimor. A ces roches appartient :

N°. **196.** Bloc roulé de la Waï Lastouni, au sud de Touwi sapo (feuille 3). Il provient du pied nord-est du Gounoung Maout, mais d'un terrain quaternaire. Dans le lit de cette petite rivière gisent plusieurs blocs de la même roche. Elle est de teinte gris clair et finement poreuse par la présence de nombreuses petites cavités. A l'œil nu, on ne peut voir dans la pâte fine que quelques gros cristaux d'un feldspath frais. Au microscope, on y aperçoit des plagioclases et des bronzites limpides. Les plagioclases sont parfois troubles à l'intérieur, ce qui est occasionné par un grand nombre d'inclusions d'un verre brun très clair avec bulle d'air enclavée, tandis que le bord est limpide et ne renferme presque pas d'inclusions. Ils ont la plupart de grands angles d'extinction, atteignant chez quelques-uns jusqu'à 30°, de part et d'autre de la ligne de suture ; et ils appartiennent en majeure partie à la bytownite et à l'anorthite. Les bronzites sont pléochroïques entre le brun clair et le vert clair. La pâte se compose d'un verre incolore, qui est totalement rempli de fines baguettes et de grains de bronzite avec granules de minerai adhérents ou interposés, et de petites particules de feldspath. Autour des cavités de la roche existe le plus souvent un bord de chlorite, sombre, vert terne, probablement des grains cristallins de bronzite décomposés. Le quartz, la biotite et l'augite font défaut. *Andésite à bronzite*, avec pâte riche en verre.

c. *Andésite à hornblende.*

Cette roche, je ne l'ai rencontrée nulle part à Leitimor ; elle apparaît au contraire à Hitou, bien que rarement.

d. *Andésite à mica et andésite à quartz et mica.*

Nᵒˢ. 104 et 177. Depuis la côte jusqu'à 100 m. d'altitude environ, le terrain au sud d'Amahousou consiste en matériaux quaternaires meubles; alors vient la péridotite (feuille 4), que l'on peut suivre, dans le sentier qui va d'Amahousou au sud, vers la ligne de partage des eaux, jusqu'à la maisonnette habitée par des Binoungkounais, à 320 m. d'altitude. On arrive ici dans un terrain fort accidenté, qui continue jusqu'à la côte du sud et qui consiste entièrement en tufs et en brèches d'une roche micacée, que l'on pourrait, à première vue, regarder comme du granite très altéré. Des roches massives, des coulées de lave ou quelque chose d'analogue n'y apparaissent pas; toute la montagne semble constituée exclusivement de déjections *incohérentes*. Le nᵒ. 104 a été recueilli parmi de gros blocs gisant dans un gravier fin, près d'une petite cime de 470 m. d'altitude, à l'ouest du sommet de 476.7 m. de la ligne de partage (feuille 4). Le nᵒ. 177 a été recueilli sur cette ligne elle-même, au sud du sommet de 476.7 m., à 280 m. environ de la limite de la serpentine et à 344 m. d'altitude, également dans des matériaux incohérents. Le point d'éruption, qui a fourni ces produits, n'est plus à reconnaître. Il se peut que dans l'espace en fer à cheval, qui s'ouvre vers le sud et qui est fermé au nord par l'arête à laquelle appartiennent les sommets de 476.7 et 467 m. d'altitude, nous devions voir le cratère fort érodé de cet ancien point d'éruption. Mais cette cuve peut tout aussi bien s'être formée par érosion seule, car les matériaux meubles sont emportés très facilement. A comparer ici notre esquisse fig. 16 de l'annexe III. La «Montagne rouge» (Roode berg) de cette figure, ainsi nommée à cause des effondrements de couleur rouge au flanc oriental, est la cime de 467 m. d'altitude de la feuille 4 de la carte.

Nᵒ. 104 est, en échantillons, une roche gris-clair, à pâte fine, dans laquelle se trouvent porphyriquement des quartz limpides, des feldspaths blancs troubles et de grandes lamelles de biotite. Au microscope, on voit à côté de grands plagioclases basiques, limpides, quelques petites sections simples, à stries très fines, avec angle d'extinction plus faible, qui appartiennent aussi à du plagioclase; de la sanidine n'a pu y être constatée, et sa présence dans ces roches est aussi peu probable. Ensuite de la bronzite, qui s'est transformée dans les fissures en fibres brunes ou brun-vert d'un minéral chloriteux. A cause de la grande friabilité de la roche, les quartz ont disparu en majeure partie par le polissage. Ils présentent de nouveau un bord de quartz auréolé, qui s'éteint ici totalement en même temps que le cristal de quartz. Beaucoup de mica brun, dont les fibres sont souvent recourbées. La pâte est microcristalline, et consiste en grande partie en petits cristaux de feldspath; puis de petites bronzites, devenues brunes par décomposition, du minerai de fer, toujours sans bords de leucoxène, et de petits grains bruns, transparents, peut-être aussi des bronzites décomposées. Çà et là on voit des particules incolores groupées radialement, en forme d'éventail, qui consistent en lamelles de tridymite empiétant les unes sur les autres, très faiblement biréfringentes. C'est un produit secondaire. *Andésite à quartz et mica.*

Le n". 177 est aussi en échantillons une roche terne, gris-clair, avec cristaux de feldspath, de bronzite, de quartz et de biotite. Au microscope, elle ressemble beaucoup au n°. précédent. Les cristaux de quartz contiennent des inclusions vitreuses à forme cristalline et bulle d'air adhérente; des inclusions liquides n'y ont pas été observées. Les cristaux de quartz, arrondis ou limités par des angles aigus, sont souvent bordés de petites particules de quartz polarisantes (comme dans le n°. 104), qui s'éteignent en même temps que le cristal de quartz. Ici encore il se montre dans la pâte un groupement radial de paillettes de tridymite, qui sont souvent voisines de cavités dans la roche et sont évidemment secondaires. *Andésite à quartz et mica.*

N". 208. Mamelon à l'ouest de Halong, au rivage; le plus haut point de la route est à 9.4 m. d'altitude. Les brèches, qui constituent ici les collines, n'arrivent à la mer qu'en ce seul point, et au-dessous on peut voir à la côte, sur une faible étendue, la roche éruptive ferme (n°. 208), qui contient de nombreux gros fragments d'une roche éruptive à cristaux fins, de teinte claire (n". 208*). Ce point est indiqué sur la carte (feuille 2). En échantillons, le n°. 208 est une roche gris-clair, à pâte fine, terne, dans laquelle gisent des cristaux d'un feldspath blanc et trouble, du quartz, en cristaux qui peuvent atteindre une grosseur de 30 mm.; de la biotite et une très grande quantité de cordiérite bleue, partie en cristaux bien délimités avec prisme et faces terminales, partie en masses sombres, irrégulièrement délimitées, qui atteignent jusqu'à 1 cm. de diamètre. La roche fondamentale grisâtre présente au microscope une pâte dans laquelle on voit des cristaux porphyriques de plagioclase, le plus souvent à grands angles d'extinction (34° et 35°), du quartz, de la biotite avec inclusions d'apatite, et de la bronzite. Çà et là seulement on aperçoit un cristal isolé de cordiérite, reconnaissable au pléochroïsme et aux inclusions de touffes de sillimanite et de petits octaèdres de pléonaste. En coupes très minces, le pléochroïsme n'est pas perceptible, et alors, si les inclusions font défaut, on peut aisément confondre la cordiérite avec du quartz; le minéral peut néanmoins se distinguer par la figure d'interférence, dans des sections favorablement disposées, et aussi par voie microchimique. Des inclusions apparentes de bronzite, de biotite et de plagioclase frais appartiennent à la pâte enveloppante, qui a été atteinte par la taille et qui se trouvait au dessus ou au-dessous du grain de cordiérite irrégulièrement délimité. Le grenat manque dans cette roche. La pâte renferme un verre limpide, bourré de cristaux et de microlithes d'un plagioclase, qui est plus acide que les feldspaths porphyriques; puis encore de la bronzite ainsi que des grains de minerai. La bronzite surtout se réduit jusqu'à des individus et des fibres très petits. Non dans toutes les préparations, mais dans quelques-unes seulement, on observe des masses sphéroïdales, limpides, incolores ou jaune-verdâtre clair; elles sont souvent plus ou moins régulièrement sphériques; mais il en existe aussi qui sont anguleuses ou qui ont la forme d'hexagones ou de rectangles irréguliers. Elles polarisent le plus souvent en fibres, à groupement radial, lequel est cependant rarement si régulier que l'on peut voit apparaître la croix d'interférence; parfois la polarisation est tachetée. Les fibres ont un caractère optique négatif et appartiennent à la calcédoine. Nous avons évidemment affaire ici à une pseudomorphose de l'un ou l'autre minéral, de la cordiérite probablement, en calcédoine, tout comme dans la liparite n°. 164 de Hitou (voir plus loin). Les plaques qui renferment ces pseudomorphoses sont riches en particules brunes de limonite, ce qui indique une infiltration de liquides. *Andésite à quartz et mica.*

On voit au microscope que *les parties bleu sombre, irrégulièrement délimitées,* de la roche ne consistent pas exclusivement en cordiérite ; mais ce sont des agrégats entièrement cristallins de cristaux de cordiérite, de plagioclase très frais, de bronzite, de biotite et de grenat ; le quartz paraît y faire défaut. La cordiérite forme divers individus avec polarisation d'agrégat ; outre des touffes de sillimanite et un très grand nombre de pléonastes, qui souvent sont disposés, les uns derrière les autres, en cordons et en séries, elle enserre aussi des cristaux de bronzite et de petits prismes et grains limpides de zircone. De plus, la cordiérite renferme des inclusions vitreuses. Certaines grandes cordiérites sont divisées en nombreux fragments irréguliers, comme si elles s'étaient fendues ; entre ces fragments se trouve un verre jaune-clair, qui s'y est évidemment formé par la fusion de la matière même de la cordiérite. Le grenat a une délimitation cristalline nette et ne présente pas de bord trouble de kélyphite.

Ces parties holocristallines, consistant en plagioclase, biotite, bronzite, cordiérite et grenat, sont probablement les premières sécrétions basiques du magma qui se sont formées dans la profondeur, et qui plus tard ont été incluses dans la portion plus acide du magma, lors de son éruption, et s'y sont fondues en partie. On peut s'expliquer la présence des éléments peu ordinaires, la cordiérite, la sillimanite, le pléonaste et le grenat, dans cette roche éruptive cristalline, par le percement de roches plus anciennes, riches en alumine (schiste argileux) ou en cordiérite et en grenat (gneiss, granite), dont des fragments ont été fondus, et la cristallisation ultérieure de ces minéraux à la suite d'une modification dans les conditions chimiques et physiques du magma sursaturé d'alumine, en présence de magnésie, d'oxydule de fer et de beaucoup d'acide silicique ; mais toujours dans la profondeur, ce qui a donné lieu à la formation de roches holocristallines. La délimitation cristalline régulière de certaines cordiérites dans les andésites porphyriques prouve qu'ultérieurement il s'est formé encore de la cordiérite dans ce magma acide lui-même. *Andésite cristalline à biotite,* comme inclusion dans l'andésite à quartz et biotite.

Nº. 208*. Outre les inclusions bleu sombre, riches en cordiérite, dont il a été question ci-dessus, la roche nº. 208 renferme encore d'autres fragments cristallins, d'un grain fin, jaune grisâtre clair, qui, considérés superficiellement, ressemblent à du grès et qui présentent des dimensions notables, atteignant même la grosseur d'une tête (n°. 208*). Il y a aussi un très grand nombre de petits morceaux de cette roche (n°. 208**). Ils renferment quelques gros quartz et très peu de petites cordiérites. Au microscope, on observe une pâte riche en verre, dans laquelle il y a des plagioclases étroits, mais très longs, qui ne consistent parfois qu'en une mâcle unique, et qui ont en partie de grands angles d'extinction (33° et 34°). En certains points, ils sont disposés radialement tout autour d'un petit tas de fins cristaux de bronzite. Puis, de nombreuses bronzites, la plupart de teinte très claire et alors faiblement pléochroïques; aux extrémités, les cristaux sont souvent délimités irrégulièrement. La pâte renferme ces deux mêmes minéraux ainsi que du minerai de fer; de plus, une très grande quantité de verre limpide, qui ne contient que quelques petits prismes vert clair de bronzite et des grains de minerai, mais qui est pour le reste fort pur. Dans ce verre gisent des particules arrondies, brun clair, disposées parfois autour d'un grain de minerai avec microlithe adhérent de bronzite, et enclavant parfois aussi plusieurs de ces fines baguettes. Ces particules agissent très faiblement sur la lumière polarisée; l'on n'observe que rarement un groupement radial des particules: le plus souvent elles sont groupées d'une manière irrégulière. On n'a pu en déterminer le caractère de la biréfringence. Elles consistent en microfelsite, dans l'acception que ROSENBUSCH attribue à ce mot; cette microfelsite est regardée par quelques auteurs comme un enchevêtrement excessivement fin de feldspath et de quartz, surtout depuis les belles analyses de grands sphérolithes d'Amérique par WHITMAN CROSS et IDDINGS (voir WHITMAN CROSS, Constitution and origin of spherulites in acid eruptive roks. Bulletin of the Philosophical Society of Washington. Vol. XI 1892, p. 411—440. J. P. IDDINGS. Spherulitic Crystallisation l. c., p. 445—462).

Dans la pâte se montrent encore des agrégats limpides de tridymite, en forme d'éventail, tout comme dans les roches n°. 104 et n°. 177. La roche ne renferme pas de biotite, et dans les plaques on n'observe ni quartz ni cordiérite. Dans certains plagioclases, du verre *brun* est inclus avec la forme du cristal, tandis que le verre de la pâte est limpide et incolore. *Andésite à bronzite, à grain fin et riche en verre*, comme inclusion dans de l'andésite à quartz et mica.

De ce qui précède, on pourrait conclure qu'à Ambon l'andésite à bronzite est plus ancienne que l'andésite à mica. Mais cette conclusion serait inexacte. D'abord, cette inclusion a un habitus tout à fait différent de celui des andésites à bronzite ordinaires, lesquelles ne sont pas d'un grain aussi fin et sont, pour la plupart, riches en cordiérite et en grenat; de sorte que nous ne pouvons déduire de l'âge avancé de *cette* inclusion que *toutes* les andésites à bronzite d'Ambon sont plus anciennes que les andésites à biotite. D'autre part, il existe de nombreuses andésites qui renferment de la bronzite aussi bien que de la biotite et qui forment donc des transitions des andésites à bronzite aux andésites à biotite; ces deux roches auront donc bien le *même âge*.

Nous arrivons à présent au grand domaine éruptif de la partie orientale de Leitimor, au sud du hameau Halérou. Quand on suit au nord de Routoung la ligne de partage des eaux entre les côtes sud et est de Leitimor, en passant par les sommets Hounitou, Tjolobaï et Ehout, on arrive à la limite du grès et de la roche éruptive à 300 m. environ au nord de la dernière cime (feuille 3). Déjà à 236 m. d'altitude, au versant sud de la cime Kamala houhoung (248.5 m.), on trouve de gros blocs d'une roche vitreuse (n°. 190), gisant dans un gravier fin. Cette roche consiste en un verre gris-verdâtre, dans lequel on peut voir des grains de quartz et des feldspaths blancs troubles. Plus au nord, à une distance de 140 m. environ, sur le sentier qui conduit à Halérou (la ligne de partage dévie vers l'est déjà au sud de la cime Kamala houhoung), on arrive au cours supérieur de la Waï Polang, où apparaît la liparite n°. 191, déjà décrite ci-dessus. A cinq cents mètres plus au nord, à 286 m. d'altitude, affleure une brèche gris-clair (n°. 192), dans laquelle gisent des fragments d'une roche vitreuse gris-clair ou gris sombre. La pâte consiste en petites particules de verre qui se sont transformées par altération en une masse blanche, tendre A une distance de cent soixante mètres, la route se bifurque: l'une des branches conduit au nord et au nord-ouest et passe par la petite cime de 321.1 m., l'autre va d'abord à l'ouest, puis au nord-nord-est vers Halérou (feuille 3). Ces deux chemins suivent des arêtes qui enferment un espace en cuve, où la Waï Halérou prend sa source. Nous suivons le sentier occidental et à la première descente, à 302 m. d'altitude, nous rencontrons de nouveau la même roche vitreuse et brécheuse que le n°. 192; et plus loin, au flanc nord de la petite cime de 290 m., à 284 m. d'altitude, nous avons recueilli un échantillon (n°. 193) de la roche devenant blanche par altération qui affleure ici de toutes parts. Dans cette masse blanche, fine, on ne peut voir que des cristaux de quartz et des lames sombres de biotite. Cette roche blanche et ce verre brécheux affleurent de toutes parts, aux alentours de Halérou. A la grande descente de Halérou vers la Waï Jori, sur le sentier qui longe la Waï Léléri, on a pris, à 182 m. d'altitude, entre autres une roche vitreuse, brécheuse, gris jaunâtre (n°. 199), avec de nombreux fragments d'un verre gris-clair. A l'autre bord de la Waï Jori, à une altitude de 35 m. environ, dans le sentier qui mène à la cime Télaga oular, on trouve de nouveau des blocs de la roche quartzifère micacée blanche (n°. 200a), avec de petits dihexaèdres de quartz cristallisés tout autour. Toutefois ces derniers blocs se trouvent déjà dans le terrain quaternaire.

Près du gué de la Waï Jori, à l'endroit où débouche l'affluent Léléri, une autre roche (n°. 200) est à nu dans le lit de rivière; elle est de teinte gris-terne et appartient aux mélaphyres; mais on ne peut certifier si elle pénètre en forme de filon dans la roche blanche quartzifère micacée, ou bien si elle est plus ancienne et n'a été mise à découvert que par l'érosion de la Waï Jori. La dernière hypothèse me paraît la plus vraisemblable.

Sur le sentier de Halérou à Houtoumouri prédomine du verre brécheux, qui est nettement dénudé entre autres dans le lit de la Waï Malako (cours supérieur de la rivière Touwi sapo), près du passage, à 168 m. d'altitude, où a été recueilli l'échantillon n°. 194. C'est une masse vitreuse altérée, fine, gris-clair, avec gros fragments d'un verre grisâtre.

Le point d'éruption qui a fourni ces andésites quartzifères, s'altérant en une masse blanche, avec les roches vitreuses qui s'y rattachent, ainsi que les brèches et les tufs, n'est pas non plus à reconnaître distinctement, vu que nous avons affaire non à une seule montagne, mais à différents sommets. Il se peut que l'espace en forme de cuve, près de Halérou, d'où sort la Waï Halérou, représente l'ancien cratère;

alors le Gounoung Maout (334 m.) et le G. Kamala houhoung doivent avoir été des points d'éruption indépendants sur le versant de cet ancien volcan crétacé. Le G. Maout est même plus élevé que le plus haut point du bord du cratère, qui n'a qu'une altitude de 321.1 mètres.

La limite du domaine qui s'est formé au-dessus des eaux et de celui qui s'est formé sous la mer ne peut être indiquée aisément ici. La majeure partie des produits situés sur la hauteur sont des brèches et des tufs, lesquels se montrent également dans les matériaux quaternaires qui forment le pied de la montagne et s'étendent jusqu'au rivage de la mer. Sur notre carte (feuille 3) ce terrain, qui alterne avec des calcaires coralliens, est indiqué comme quaternaire. Les calcaires les plus hauts sont situés, au sud-est de Halérou, à 306 m. d'altitude. Ce qui se trouve plus haut encore peut très bien s'être formé au-dessus du niveau de la mer; mais ce sont là seulement les deux cimes G. Maout (334 m.) et la cime de 321 m. au sud de Halérou; le terrain situé plus bas, où le calcaire n'apparaît plus, entre la Waï Jori, Halérou, le G. Maout et le G. Kamala houhoung, s'est naturellement trouvé aussi sous les eaux; les produits incohérents et le calcaire corallien qui y ont existé auparavant doivent avoir été enlevés par érosion.

Des roches mentionnées plus haut, quatre ont été analysées au microscope; l'une d'elles, le n°. 191, fait partie des liparites avec habitus de porphyre quartzifère (déjà décrit ci-dessus); une autre appartient aux andésites quartzifères ou aux liparites communes et les deux dernières aux roches vitreuses. Toutes les autres étaient trop friables pour être taillées en plaques.

Le n°. 193 est la roche blanche avec quartz et biotite, au sud-ouest de Halérou, à 284 m. d'altitude. Au microscope, elle ressemble à la liparite n°. 191 de la Waï Polang, mais elle est plus riche en biotite; cependant la pâte ne renferme pas de masses sphéroïdales, mais elle est tachetée de particules irrégulièrement délimitées de feldspath et de quartz, ainsi que de fibres vertes de mica. Cette pâte très finement cristalline est probablement issue secondairement du verre. Dans le voisinage on trouve encore des roches vitreuses inaltérées, qui seront décrites plus loin. Les particules blanches, troubles, floconneuses de la pâte qui, à un fort grossissement, paraissent consister en un amas de grains et de fibres transparents d'un minéral vert ou vert-brunâtre très clair, ressemblant à de la muscovite, appartiennent probablement à du kaolin, produit par une décomposition du feldspath. Parmi les cristaux porphyriques, on trouve seulement du quartz, avec bord quartzeux plus jeune, quelques plagioclases frais et de la biotite; la bronzite manque, ainsi que la sanidine. *Andésite à quartz et mica*; peut-être de la liparite, car elle apparaît non loin de la liparite n". 191.

c. *Roches vitreuses.*

N". **192.** Brèche gris-clair, à 286 m. d'altitude, entre la cime Kamala houhoung et la cuve de Halérou. Dans la masse gris-clair se trouvent de nombreux fragments de teinte claire ou sombre à éclat résineux. Au microscope, on voit que la roche est très altérée; elle est sillonnée de fissures, dans lesquelles il s'est déposé de l'opale, de la calcédoine et de la chlorite verte; et quelques formes, qui auparavant contenaient peut-être de la bronzite, consistent à présent entièrement en chlorite. Dans les plaques, il se présente cependant encore un peu de pyroxène inaltéré; celui-ci est à extinction droite et nettement pléochroïque, tout comme la bronzite des autres roches. Le feldspath fait complètement défaut dans les préparations A un faible grossissement, la pâte est trouble, gris-clair, et elle s'éteint totalement entre nicols croisés; seules quelques petites fibres et baguettes présentent des teintes de polarisation. A un grossissement plus fort, on voit que ce trouble est causé par un amas de microlithes de feldspath limpide et de pyroxène d'un vert très clair; les derniers appartiennent probablement tous à l'augite et non à la bronzite, car les plus grands sont à extinction oblique et on n'y observe pas de pléochroïsme; puis de nombreux grains de minerai. Ces grains sont cimentés par un verre limpide qui très probablement est hydrofère comme les autres verres d'Ambon *Rétinite andésitique à bronzite*; en grand, c'est une brèche.

N". **194.** Brèche d'une roche vitreuse de la Waï Malako, dans le sentier de Halérou à Houtoumouri, à 168 m. d'altitude. La pâte est du verre, dans lequel ne gisent que quelques gros cristaux de bronzite, avec très peu de plagioclase et de temps en temps aussi, mais très rarement, un cristal de hornblende, reconnaissable à la forme des sections transversales (prisme avec les *deux* faces terminales), la forte absorption et les directions des clivages qui se coupent sous un angle de 124°. Ce verre présente des fissures perlitiques, et dans les fissures il s'est formé un produit de décomposition du verre de teinte brun-clair. Le verre limpide est rempli de bâtonnets très minces, d'un vert excessivement clair, dont les grands seuls polarisent, sont en partie à extinction oblique et appartiennent donc bien a l'augite. Ils sont souvent disposés avec leurs grands axes les uns à la suite des autres, et donnent à cette roche, en certains endroits, une belle texture fluidale, malgré les fissures perlitiques. En d'autres points, la disposition des microlithes est moins régulière; l'alternance des zones troubles et claires doit être attribuée à un entassement plus ou moins serré des microlithes. A côté des bâtonnets on observe de petits grains noirs de minerai, des paillettes de feldspath limpides et des inclusions transparentes brunes, les unes des bulles d'air à bord sombre, les autres des inclusions liquides avec bord clair et libelle mobile. *Perlite andésitique à bronzite.*

f. *Mélaphyre et verre.*

Les membres basiques des Ambonites n'apparaissent à Leitimor qu'au cap Nousaniwi et à l'embouchure de la Waï Léléri dans la Waï Jori; c'est la roche n°. 200 déjà citée plus haut. Nous avons déjà fait remarquer aussi que l'âge de cette roche, qui n'est dénudée que sur une faible étendue, relativement à celui des andésites plus acides à quartz et mica, n'est pas absolument certain; le mélaphyre est ici probablement plus ancien que l'andésite quartzifère.

N°. 200. Mélaphyre de la Waï Lĕléri, à son embouchure dans la Waï Jori. En échantillons, c'est une roche gris-sombre, microgranuleuse, avec quelques gros pyroxènes verts. Dans les cavités, beaucoup de spath calcaire. Dans certains échantillons on observe un gros cristal de quartz fissuré, un minéral qui est d'ailleurs tout à fait étranger à cette roche basique et qui doit être considéré comme un fragment inclus. Au microscope, on voit une pâte sombre, avec cristaux porphyriques de plagioclase limpide, lequel est très basique et présente des angles d'extinction qui atteignent jusqu'à 36° des deux côtés de la ligne de suture; des cristaux d'augite d'un vert très clair à extinction oblique; on n'y a pas observé de bronzite; mais, comme un très grand nombre de pyroxènes ont été transformés en un minéral terne, vert clair (chlorite ou chlorite avec calcaire spathique), il est bien possible que dans le nombre il y ait eu des bronzites. De très grandes formes cristallines, à présent remplies de quartz et de calcaire spathique, sont, d'après leur figure, nettement originaires d'olivine, qui toutefois n'existe plus à l'état inaltéré. La pâte consiste en un verre sombre rempli de baguettes et de microlithes de feldspath: ce verre paraît être lui-même incolore, mais il est fortement chargé de granules sombres de minerai. Des hôtes singuliers dans cette roche, ce sont de gros grains de quartz, qui ne sont pas disséminés dans toute la masse mais qu'on n'y rencontre que sporadiquement. Ces quartz sont divisés par des cassures en de nombreux grains, entre lesquels a pénétré la pâte du mélaphyre. Au contact de cette pâte, la délimitation de ces quartz est irrégulière. Ces divers granules de quartz polarisent en teintes diverses; ils n'enferment pas de liquide, mais uniquement des globules de verre, des grains de minerai et çà et là des filaments de sillimanite. Je tiens ces quartz pour des inclusions étrangères, originaires de roches plus anciennes; mais je dois rappeler ici que certains quartz dans des roches basiques, notamment dans le basalte, sont considérés à présent comme des sécrétions primordiales (inclusions endogènes). (F. ZIRKEL. Ueber Urausscheidungen in Rheinischen Basalten. Leipzig 1903, S. 92).

De telles inclusions, nous apprendrons aussi à les connaître dans le mélaphyre du mont Kĕrbau, à Hitou. *Mélaphyre.*

Nous arrivons maintenant aux roches remarquables, qui nous ont principalement amenés à ranger les Ambonites dans le terrain crétacé, parce qu'elles correspondent à des roches éruptives crétacées de Java, ainsi que nous l'avons expliqué plus haut.

Ces roches, qui font partie des mélaphyres, sont à nu dans l'ouest de Leitimor, près du cap Nousaniwi, et un peu plus au nord, à la côte. En ce dernier point, entre le cap Nousaniwi et la Waï Mĕmikar, elles ne sont visibles que jusqu'à 2 à 3 m. au-dessus des basses eaux, et sont recouvertes de matériaux quaternaires incohérents. Par contre, près de Tandjoung Nousaniwi, la roche forme une paroi escarpée de 20 m. de hauteur, qui est baignée par la mer à marée haute. A marée basse, la plage est à sec sur une largeur de 50 m.; elle émerge alors tout au plus de 3 m. et laisse voir la roche de toutes parts. On y distingue deux bancs: la partie inférieure est séparée en sphéroïdes irréguliers et présente des croûtes vitreuses autour de ces boules; la partie supérieure n'est pas séparée en sphéroïdes mais en plaques épaisses et n'offre pas de croûtes vitreuses, ainsi qu'on l'a représenté dans la fig. 17 de l'annexe III.

Le n⁰. 99 est la roche inférieure du cap Nousaniwi. En échantillons, c'est une roche d'un grain fin, gris-verdâtre terne, sans grands cristaux, mais à cavités nombreuses dans lesquelles se sont déposés de la calcédoine et du calcaire spathique. Elle se divise, comme le représente la fig. 18 de l'annexe III, en grandes sphères et ellipsoïdes, qui présentent des fentes radiales, dans lesquelles s'est déposé du calcaire spathique, et qui sont entourées d'une croûte sombre, noirâtre, à éclat résineux. Les sphères sont en majeure partie séparées par des cassures conchoïdales; au noyau intérieur gris-terne de la roche succèdent d'abord une ou plusieurs écailles sombres, mais ternes, de l'épaisseur de 1 à 1¹/₂ cm., et puis vient la croûte vitreuse proprement dite, dont l'épaisseur n'est le plus souvent que de 3 à 5 mm. Çà et là on peut voir sur la croûte un reflet bleu, qui n'est autre chose qu'un phénomène d'altération. La croûte vitreuse sombre passe, par altération et par absorption d'humidité, à l'état de produit tendre, jaune clair. La verre ne contient que quelques pourcents (1 à 4) d'eau, tandis que le produit de transformation jaune en contient plus de 19 pct. Les dimensions des sphères sont très variables, depuis la grosseur d'une bille et d'une tête jusqu'à des masses très grosses de ¹/₄, ¹/₂ et même 1 m. de diamètre. Entre ces sphères se trouvent des matériaux vitreux, devenus jaunes par décomposition, dans lesquels existent encore de nombreux restes d'un verre noir inaltéré, qui donnent à cette masse interposée une apparence bréchcuse; ce n'est pourtant en aucune façon une véritable brèche.

Sur cette roche repose la roche compacte, gris-verdâtre terne n⁰. 103, qui, en échantillons, ressemble parfaitement au n⁰. 99, mais ne présente pas de croûtes vitreuses. L'épaisseur visible de cette roche, séparée en plaques épaisses, est de 20 m. environ; celle de la roche vitreuse sous-jacente (n⁰. 99) ne peut être donnée, parce que la roche sur laquelle elle repose est au-dessous de la surface du sol.

Ce qui est très remarquable, c'est une séparation de la roche vitreuse en couches successives assez régulières, laquelle, à ce qu'il me semble, ne doit pas être attribuée à des fentes parallèles, car elles correspondent plutôt aux surfaces de contact de coulées de lave superposées. Ces joints ont une direction de 235° à 245° et une inclinaison de 24° vers le sud-est. Toutefois, ce n'est là en aucun cas l'inclinaison primitive des coulées, qui est rarement aussi forte loin d'un point d'éruption, et qui en outre doit avoir été plus faible autrefois, parce que le côté nord de la presqu'île, entre Silali et Tandjoung Nousaniwi, est plus exhaussé que le côté sud; c'est ce que l'on reconnaît à l'apparition de la péridotite et du mélaphyre du côté nord, tandis que ces roches manquent vers le sud. Si cette langue de terre très étroite avait été partout également soulevée, nous pourrions incontestablement observer aussi ces roches eruptives du côté sud. On reconnaît aussi à la situation du calcaire jeune entre Silali et Latouhalat (profil fig. 5, annexe II), que la côte nord de Leitimor a été soulevée en cet endroit plus que la côte du sud.

Mais bien que la pente des coulées de mélaphyre ait été autrefois moins forte qu'à présent, la direction et l'inclinaison indiquent cependant un point d'éruption qui *se trouvait au nord du cap Nousaniwi*, quelque part entre ce point et Hatou ou Liliboï, dans l'île d'Hitou, donc *dans la baie d'Ambon actuelle*; la largeur de cette baie est si grande en cet endroit (8 km.), qu'une montagne à peu près de la hauteur du Salahoutou et avec une pente telle que la présente cette montagne au versant nord, pourrait y trouver place. Cette montagne aurait donc dû disparaître dans le gouffre lors de la formation de la baie d'Ambon, de sorte que le mélaphyre du cap Nousaniwi, au pied sud-est de ce point d'éruption, formerait seul le restant de cette montagne.

La roche n°. 101, qui est à nu au nord, ou plus exactement au nord-est du cap Nousaniwi, à la côte, est de nouveau tout à fait analogue au n°. 99; elle se sépare en formes sphériques et présente des croûtes vitreuses (n°. 102) qui se transforment dans le même minéral jaune hydrofère (n°. 102*). Ces sphères y atteignent jusqu'à $\frac{1}{2}$ m. en diamètre; et les ellipsoides même 1 m. Dans les figg. 19, 20 et 21 de l'annexe III, on a représenté quelques-unes de ces formes globulaires. Entre les sphères gris terne *a*, fendues radialement, avec croûte vitreuse *b*, se trouvent des matériaux vitreux *c* qui sont transformés en partie en une masse jaune.

La croûte vitreuse et le produit de décomposition de nos mélaphyres peuvent être comparés au verre basaltique récent, la «tachylyte», et à son produit de décomposition, «la palagonite». La roche principale, le mélaphyre, a décidement un caractère ancien et ne ressemble en rien aux basaltes tertiaires de Java et de Sumatra, mais plutôt au mélaphyre crétacé de l'ouest de Java. A ma connaissance, de pareilles roches n'ont pas encore été décrites pour le sud-est de Bornéo ; il est vrai que Hooze (Jaarb. Mijnwezen 1893 p. 127) fait mention de porphyrites diabasiques qui présentent à *l'extérieur un éclat résineux*, mais ceci semble se rapporter uniquement à la croûte d'altération et non à une vraie croûte vitreuse. Retgers (Jaarb. Mijnw. 1891, Wetensch. Ged. p. 48) décrit une de ces roches, celle du Soungei Lampassie, comme porphyrite diabasique «ayant l'apparence d'un produit éruptif récent (?), notamment boursouflé, les cavités remplies de calcaire spathique, avec pâte brune granuleuse, dans laquelle il y a du plagioclase, de l'augite et de la chlorite». Il n'est fait aucune mention d'une croûte vitreuse.

N°. 99. Couche inférieure, au cap Nousaniwi. Au microscope on voit, à un faible grossissement, une pâte trouble, brune ; porphyriquement de très longues aiguilles étroites de plagioclase, souvent en mâcles, à grands angles d'extinction. Des parties chloriteuses arrondies, parfois en formes cristallines qui rappellent le pyroxène et proviennent probablement d'augite. Cependant, il n'existe plus de pyroxène inaltéré ; de l'olivine fraîche pas davantage. A un fort grossissement la pâte se résout en un tissu extrêmement fin de cristallites, qui présentent une teinte verte très claire et qui consistent probablement en une matière augitique ; puis il y a de gros bâtonnets d'augite et de plagioclase et de petits grains de minerai. Les cristallites sont parfois entremêlés sans ordre, parfois ils sont disposés les uns à côté des autres comme les dents d'un peigne, suspendus à un microlithe de feldspath. La couleur brune de la pâte est produite par du verre brun, qui paraît exister partout, comme une membrane fine, entre les cristallites les plus fins ; çà et là ce verre est rempli de granules bruns excessivement fins, et dans ce cas, il est lui-même incolore, parce que la matière colorante s'est concentrée dans ces grains. D'après ce qui précède, la roche elle même serait donc une porphyrite diabasique, mais elle appartient cependant aux mélaphyres, car la croûte vitreuse renferme de l'olivine.

Au microscope, la *croûte* du n°. 99 présente une pâte qui est en partie d'un brun de chocolat et sans interpositions; mais elle est en grande partie dévitrifiée cristallitiquement, par des bâtonnets et des grains vert-clair excessivement ténus, de l'augite sans doute, souvent avec grain de minerai adhérent. Ici encore la couleur brune est due à un verre brun-clair, parfois aussi à un verre granuleux brun-clair, qui s'interpose entre les particules les plus fines. Mais l'élément le plus remarquable de cette croûte vitreuse c'est l'olivine, en cristaux d'un vert excessivement clair et *absolument inaltérés*, qui rangent cette roche parmi les mélaphyres. Le pyroxène fait absolument défaut; par contre, il s'y trouve du plagioclase, en nombreux bâtonnets longs, d'une grande fraîcheur. Les cristallites de la pâte sont parfois disposés comme les crins d'une brosse tout autour des microlithes de feldspath; parfois aussi ils forment des agrégats à texture rayonnée. *Mélaphyre avec croûte vitreuse.*

N°. 103. Couche supérieure au cap Nousaniwi. Au microscope, c'est une roche pareille au n°. 99; cependant la pâte n'y est pas dévitrifiée cristallitiquement, mais surtout microlithiquement, par de petites baguettes d'augite et des grains de minerai. Outre du plagioclase et des pyroxènes transformés en chlorite, on y observe aussi distinctement, parmi les gros cristaux, de l'augite brune inaltérée. Des particules troubles, vert sombre, serpentineuses, en partie en formes de cristaux, doivent sans doute être regardées comme de l'olivine décomposée. On n'a pu y trouver de la bronzite. Dans la pâte, il y a beaucoup de grains de minerai de fer et du verre brun. *Mélaphyre.*

N°. 101. Roche du nord-est du cap Nousaniwi, avec croûte vitreuse (n°. 102). Au microscope, roche pareille au n°. 99, avec plagioclases longs et étroits, et des particules vert-brunâtre, ternes, en partie peut-être de la chlorite issue de pyroxène, mais certainement en majeure partie de la serpentine provenant d'olivine. Il n'y existe plus ni pyroxène ni olivine à l'état inaltéré. La pâte brune est en majeure partie dévitrifiée cristallitiquement; seules les particules les plus grandes et encore polarisantes peuvent-être reconnues pour de l'augite. Ensuite, il y a beaucoup de grains de minerai de fer et un verre brun, qui en certains endroits est rempli de grains bruns excessivement fins, et est alors lui-même incolore.

Le n°. 102 se présente au microscope comme un beau verre brun foncé, où sont disséminés un très grand nombre d'olivines limpides, complètement fraîches, quelques plagioclases, aussi très frais, consistant parfois en individus simples, à grands angles d'extinction, et de nombreuses touffes de cristallites bruns, troubles, parfois en forme de croix. L'olivine inclut d'abord de nombreux petits octaèdres de picotite brune transparente, parfois en amas et en cordons de 25 individus et plus; ensuite, des globules brun-clair de verre avec bulle d'air adhérente, dans lesquels se montrent, bien que rarement, des cristallites. Les touffes brunes de la pâte se résolvent, à un fort grossissement, en cristallites excessivement petits, vert-clair, entremêlés ou superposés; la couleur brune paraît devoir être attribuée au verre qui se trouve entre les touffes ou au-dessous de celles-ci. Les feldspaths sont le plus souvent entourés d'un bord brun, trouble, de ces cristallites; les olivines n'ont pas de bordure pareille. *Mélaphyre avec croûte vitreuse.*

N.B. Pour la composition chimique voir la description de Hitou.

VI. Sédiments tertiaires jeunes et quaternaires.

Dans une distinction entre les sédiments tertiaires jeunes et les quaternaires, qui était relativement aisée à Java et à Sumatra, on se heurte à de grandes difficultés pour Ambon et l'archipel des Moluques en général.

A Java les premiers consistent, abstraction faite d'un peu de pliocène d'eau douce avec restes de mammifères fossiles, en marnes et calcaires; les sédiments quaternaires, en débris volcaniques. Les premiers ont été soulevés, de sorte que les couches présentent une inclinaison; les derniers sont horizontaux, ce qui rend la distinction facile. Par contre, aux Moluques toutes les couches, depuis le tertiaire supérieur jusqu'aux sédiments modernes, sont tout à fait ou sensiblement horizontales, et les matériaux sont aussi les mêmes, savoir des débris de toutes sortes de roches éruptives et sédimentaires, alternant avec des calcaires coralliens et à foraminifères. Parfois le calcaire diminue, d'autres fois c'est le gravier, ce qui modifie il est vrai tant soit peu le caractère des deux dépôts; mais une distinction entre sédiments tertiaires et quaternaires est presque impraticable dans ces produits uniformes. Ce qui prouve que toutes les roches sont très jeunes, ce sont les coquilles fossiles, parmi lesquels une grande espèce de tridacne, que l'on rencontre non seulement dans les calcaires coralliens inférieurs, mais encore dans ceux qui sont situés à une très grande altitude. D'ailleurs les calcaires renferment essentiellement divers foraminifères, des lépidocyclines, des amphistégines, des rotalinidées, des textularidées, tandis que les discocyclines, les alvéolines et les nummulites manquent complètement; de sorte que, même pour les plus anciens de ces sédiments, un âge éocène est exclu. Or, comme le mode de formation de ces dépôts est resté le même depuis l'époque tertiaire récente et que la faune marine des tropiques, depuis le tertiaire supérieur jusqu'à nos jours, n'a subi que de faibles modifications — ce qu'on a vu à Java entre autres, où une division des couches tertiaires récentes d'après les foraminifères fossiles était impossible — il s'ensuit qu'aux Moluques les données, tant paléontologiques que stratigraphiques et pétrographiques, qui pourraient mener à une division en sédiments tertiaires récents et quaternaires, font presque totalement défaut. Ces sédiments devaient donc être réunis sur nos cartes nos. I et II et ils seront décrits ici ensemble.

On peut voir sur les cartes la *distribution* de ces jeunes sédiments. On les trouve tout le long des côtes nord et est; et même la pointe occidentale, le mont Kapal et ses alentours, consiste en matériaux meubles parmi lesquels apparaît, à la côte seulement, un peu de roche éruptive.

La *hauteur* à laquelle arrivent ces dépôts est très variable. Dans la partie occidentale, le G. Kapal est le plus haut point (230 m.), Plus à l'est, entre Eri et Seri, le calcaire corallien atteint déjà une altitude de 346 m., et même la plus haute cime du G. Nona, qui est à l'altitude de 539 m., consiste également en calcaire corallien. C'est là aussi le plus haut point où le calcaire se montre à Leitimor. Sur le G. Siwang, un peu plus à l'est, il y a bien des matériaux

meubles, mais pas de calcaire; et le G. Horiel, la seule montagne
de Leitimor qui soit plus haute que le G. Nona, n'a du calcaire ni
sur la crête ni sur les versants. On peut aller d'Ambon à la côte
du sud près de la Labouhan Awahang, par Kousou kousou sĕreh
et Malaman, en restant toujours sur des matériaux incohérents et
sur du calcaire corallien; les plus hauts points sont ici les monts
calcaires Eri haou (361 m.) et Nanahou (377 m.) Plus à l'est, le
jeune terrain devient plus bas; au nord du mont Loring ouwang les
plus hauts plateaux sont à 281 et 257 m. et un peu de calcaire
corallien se trouve à 228 m. d'altitude.

Au sud-est d'Ambon, le terrain s'élève en forme de terrasses et
atteint, p. ex. sur la route d'Ambon à Soja di atas, contre le granite,
une altitude de 170 m. Les contreforts du mont gréseux Api angous
ont la même hauteur; le G. Mouwal, au sud-est de Gĕlala, est à
172 m.; le plus haut point du sentier de Halong à l'Api angous, à
173 m., et la limite du jeune terrain contre le grès atteint aussi
l'altitude de ± 170 m. Au sentier de Kĕlapa douwa à l'Api angous, le
plus haut point est à 167 m.; mais un peu plus au nord se trouve
une cime plate, à l'altitude de 211 m. Encore plus au nord, la hauteur des contreforts augmente de nouveau; au nord du Wringin pintou
est située une cime de 240 m.; sur le sentier de Touwi sapo à Halerou,
il y a des cimes calcaires de 289 et 296 m. d'altitude; et au sud-est
de Halerou, près du sentier de Halerou à Houtoumouri, on rencontre
les plus hautes cimes calcaires de toute la partie orientale de Leitimor,
à 306 m. d'altitude. Tout autour du G. Maout il y a du calcaire et
des matériaux meubles jusqu'à 230 m.; plus au sud, jusqu'à 278 m.;
au-dessus de Houtoumouri, jusqu'à 156 et 170 m.; près de Routoung,
au G. Amaherou, à 108 et plus au sud jusqu'à 70 m. seulement,
tandis que les terres incohérentes entre Lea hari et le cap Hihar ne
dépassent pas 90 m. Plus à l'ouest, on ne trouve plus de calcaire
corallien adossé à la péridotite du G. Horiel, sauf une couple de gros
blocs au rivage, qui ne s'élèvent pas à plus de 5 m. d'altitude. Le
terrain granitique entre Houkourila et Kilang est aussi privé de calcaire; celui-ci ne recommence qu'au côté occidental de la Labouhan
Nakou, près du G. Post dont la cime a 178 m. d'altitude, et dans
le terrain au sud de Mahija le calcaire atteint celle de 183 m. Enfin,

le G. Eri samau porte sur son dos 4 terrasses faiblement inclinées, dont la plus élevée est à 183 m. La plus haute cime de cette montagne, à l'altitude de 205 m., était aussi recouverte autrefois de matériaux incohérents, dont les blocs de granite qui y existent encore (voir plus haut) sont les derniers restes. Un peu plus à l'ouest, entre la Labouhan Ila et la Labouhan Awahang, on arrive de nouveau dans un terrain de calcaire et de gravier qui se prolonge au nord vers les monts calcaires Eri haou et Nanahou, déjà cités plus haut.

Mode de formation et constitution de ces divers terrains.

La position de ces jeunes dépôts est en général horizontale ou fort peu inclinée; et comme ils ont été rencontrés à toute hauteur, entre 0 et 539 m. d'altitude, il s'ensuit déjà que ces sédiments ne se sont pas formés simultanément, mais successivement, ce que prouve aussi leur allure en forme de terrasses; de sorte que les dépôts des contreforts de la chaîne ancienne (péridotite, granite, grès) s'abaissent par degrés vers la mer.

Ces contreforts consistent en brèches et conglomérats durs, en gravier meuble de toutes les roches plus anciennes et en bancs de calcaire corallien, qui alternent les uns avec les autres. Les conglomérats, dont les fragments roulés sont souvent unis par du calcaire, forment la minorité; le gravier fin, incohérent, renfermant plus ou moins de fragments, mais non encore durci à l'état de grès compacte, constitue l'élément prédominant de ce terrain, même vis-à-vis des bancs de calcaire corallien qui ne prédominent qu'à certains endroits.

Ces *conglomérats* peuvent s'observer entre autres à la baie d'Ambon, au nord du cap Batou merah, au pied occidental du G. Koupang. Ils y ont une faible inclinaison vers le sud-est et ils sont recouverts de couches de sable et de calcaire corallien du G. Koupang. Le mamelon situé plus au nord, à la côte, entre Hatiwi këtjil et Halong, où l'on trouve la belle roche à cordiérite et à grenat n°. 208, consiste aussi à la surface en brèches très grossières.

Du *gravier incohérent*, du sable avec des cailloux roulés de quartz, grands et petits, de grès et de roches éruptives, se trouve partout où se présentent les matériaux jeunes. Sur la route d'Ambon à Routoung, au pied oriental du mont Karang pandjang, à proximité de la maisonnette indiquée sur la feuille 2, cabaret indigène où l'on vend du «sěgerou» (vin de sagou, suc fermenté du palmier de ce nom), on peut voir une alternance de diverses couches qui se distinguent par une différence dans la composition. On y trouve trois couches de sable, séparées par du sable avec petits cailloux roulés de quartz; tout comme les conglomérats cités plus haut, ces couches ont une inclinaison de 3 à 5° vers le sud-est (voir fig. 22, annexe III).

Les *calcaires* se présentent le plus souvent en bancs assez durs, parfois compactes et cristallins (nos. 56, 96, 98); d'autres cependant sont friables et renferment beaucoup de coraux en branches (nº. 189 du G. Karang pandjang), des fragments et du gravier de coraux ou même de roches éruptives. Les mollusques fossiles ne sont pas très nombreux et ils sont peu distincts, sauf les grandes coquilles de tridacnes, qui ont été rencontrées aussi bien dans les calcaires d'en bas que dans ceux situés à une grande altitude, p. ex. au G. Kramat (nº. 49a) à 248 m. et au G. Nona (nº. 51) à 460 m. d'altitude. La dernière était tellement désagrégée qu'on pouvait à peine y reconnaître encore une coquille. D'autres couches de calcaire sont tendres et farineuses au toucher, entre autres la couche située entre Silali et la Labouhan Radja, dans laquelle on a taillé grossièrement un escalier de 145 marches, et le calcaire qui, au cap Batou kapal, repose sur la péridotite (nº. 8) et qui est fin et arénacé. D'autres encore sont tout à fait remplis de foraminifères (nº. 94, calcaire à globigérines du Batou pintou), tandis que la partie inférieure des couches calcaires gisant sur la péridotite englobe souvent de nombreux fragments de cette roche éruptive et forme une ophicalce moderne. Tel est entre autres le cas au sommet du G. Nona (nº. 95, calcaire avec petits fragments de serpentine, à proximité du refuge sur le G. Nona).

On peut observer distinctement en divers points que les couches calcaires alternent avec les couches incohérentes de gravier, et n'y sont pas adossées comme dépôt plus récent. C'est ainsi que la rivière Batou merah, près d'Ambon, s'est creusé un chenal étroit, à parois très escarpées et de 100 m. de profondeur environ dans des couches alternantes de calcaire corallien et de débris de calcaire et de roches éruptives; et l'on peut suivre cette même couche calcaire sur les deux bords de la rivière, un peu au-dessus de son niveau, sur une

étendue de plus de 1 km. Les rives abruptes de la Waï Tomo consistent également en pareilles couches alternantes. La rivière Batou
gantoung coule sur de la péridotite, du granite et du grès, recouverts
sur les deux bords de couches de matériaux meubles, entre lesquelles,
à 100 m. d'altitude environ, se trouve une couche de calcaire corallien
qui s'étend autour des monts Batou gouling et Batou gadjah, et qui
est coupée par la rivière Batou gantoung, entre 90 et 100 m. d'altitude, près de l'endroit nommé «Batou pintou»; de sorte que les
calcaires des deux rives se réunissent à cet endroit. L'enfoncement
en forme de sac, à proximité de la route d'Ambon à Kousou kousou
sëreh, où se trouve le petit lac marécageux «Tëlaga radja», doit
probablement son origine à ce que l'eau a pénétré par les couches
sus-jacentes de gravier dans la couche calcaire en question et a
trouvé un débouché souterrain; de cette manière, il s'est formé une
légère dépression à la surface. Cette couche calcaire se recouvre à
l'est sur une épaisseur de 50 m., à l'ouest, contre le G. Halinoung,
sur plus de 100 m. d'épaisseur, de couches de matériaux incohérents,
entre lesquelles s'interpose, à une altitude de 200 m. environ, une
deuxième couche pareille. Elle est bientôt suivie, contre le G. Halinoung, par de la péridotite massive, sur laquelle il y a des matériaux
meubles, tandis que les deux sommets de cette montagne, de 290 à
300 et de 310 à 325 m., consistent de nouveau en calcaire corallien.
Un peu plus au sud, le calcaire monte à 340 m.; puis vient la cime
plate du mont Apinau, qui consiste en gravier incohérent; plus au
sud, encore du calcaire jusqu'à 370 m.; et à l'ouest de ce point, de
l'autre côté de la route d'Ambon à Siwang, le calcaire atteint même
l'altitude de 400 m.; ici nous sommes déjà dans le domaine du G.
Nona. Entre la rivière Batou gantoung et le G. Apinau, il se trouve
donc, sur et contre la péridotite du domaine oriental du Nona, depuis
0 jusqu'à 400 m. d'altitude, des matériaux meubles, entre lesquels
apparaissent des couches calcaires au moins à 4 hauteurs différentes.
Ce chiffre doit encore être augmenté de 3, car on observe aussi des
affleurements de calcaire dans le cours inférieur de la Batou gantoung,
à peu près à 10, 25 et 36 m. d'altitude. Le fameux «Batou Sëmbajang»
(«pierre où l'on prie», «oratoire»), masse calcaire, creusée par les eaux en
forme de dais, reposant sur de la péridotite et que SEMON a représentée

dans son mémoire n°. **36** sous le nom de «Batou gantoung», appartient à ces couches de calcaire. (¹)

Dans la partie orientale de Leitimor, la petite rivière Halérou coule entre deux parois de calcaire, depuis le hameau Halérou jusqu'au point où elle se divise en deux branches, et disparaît en deux points dans des grottes calcaires pour prendre un cours souterrain; ces murs calcaires, de 10 m. de hauteur (220 à 230 m. d'altitude) appartiennent, ainsi qu'on peut le voir clairement dans la partie orientale de notre profil géologique (fig. 1, annexe I), à une couche que la Waï Halérou a rongée jusque dans les couches de gravier sous-jacentes. A un niveau plus élevé gisent encore une ou deux couches calcaires, divisées en 3 séries, dont font partie les cimes calcaires de 268, 289 et 296 m. d'altitude. La série du milieu porte au nord et au sud des sommets qui ont plus de 300 m. d'altitude. Si nous suivons notre profil fig. 1 jusqu'à la côte, nous voyons que, jusqu'à Touwi sapo, il apparaît encore à 5 niveaux différents des couches de calcaire corallien, entre les couches incohérentes de gravier et de brèches d'une andésite blanchâtre à pyroxène et biotite; on trouve notamment du calcaire à des altitudes de 20 à 30, de 96 à 115, de 144 à 147, de 181 et de 251 à 253 m. La dernière couche paraît être la plus basse de Halérou, et elle aurait une inclinaison de 2° vers l'ouest. Les fragments de calcaire à 90.2 m. semblent être des blocs descendus de la hauteur, de même que le grand bloc, d'une grosseur de 10 m environ, gisant un peu au nord du sentier de Halérou à Touwi sapo, à peu près à 182 m. d'altitude (feuille 3 de la carte), évidemment un fragment qui s'est détaché plus haut, ainsi qu'on peut le voir sur la fig. 24 (annexe IV).

Considérons à présent la partie occidentale de notre profil fig. 1, où l'on voit une coupe des collines avancées derrière Kĕlapa douwa, un terrain qui communique avec celui de Halérou, décrit plus haut, derrière Lata, Lateri, Nontetou et le long du cours inférieur de la Waï Jori. Cette rivière coule ici aussi dans des sables et des brèches incohérentes de matériaux d'andésite, entre lesquels apparaissent,

(1) SALOMON MULLER aussi a publié un dessin du „Batou Gantoung" dans les Verhandelingen der natuurkundige Commissie. Deel Land- en Volkenkunde, Leijden, 1839—1844. Planche 20.

près des cimes Tělaga oular et Wringin pintou, deux couches de calcaire corallien, à l'altitude de 100 à 117 m. pour l'une, et de 175 à 210 m. pour l'autre.

Les matériaux au-dessus de Kělapa douwa consistent en sable, cailloux roulés et brèches incohérentes d'andésite, entre lesquels il y a des couches calcaires en 8 endroits. Les terrasses de sable entre ces calcaires sont horizontales ou peu inclinées; là où se trouve le calcaire, le versant de la montagne monte en pente escarpée de 5 à 10 m. La couche calcaire supérieure s'y trouve à l'altitude de 140 à 145 m. et les collines avancées se terminent en une terrasse à peu près complètement horizontale, dont l'altitude est de 170 m. environ, que les rivières ont profondément affouillée et qui finit contre le mont gréseux Api angous.

Les collines en arrière de Halong consistent également en débris de nos roches éruptives récentes. En suivant le sentier qui mène vers l'Api angous on coupe, sur le versant nord de la première montagne, plate, de 153 m. de hauteur, 4 couches de calcaire corallien; et dans le même sentier on rencontre encore une fois les deux couches supérieures au versant sud, ainsi que le montre le profil fig. 6 (annexe II); la plus élevée de ces deux couches est de nouveau visible un peu plus au sud, dans la seconde colline. A cet endroit, la seconde couche ne se laisse pas voir, soit à cause d'une forte altération, soit à cause des débris d'éboulement qui la recouvrent. Une partie du profil fig. 6 a été représentée à une échelle plus grande (les deux échelles horizontale et verticale sont de 1 : 5000) dans la fig. 7; comme la couche calcaire supérieure s'élève au nord à l'altitude de 102 à 103 et au sud à celle de 99 à 100 m. seulement, il en résulte que cette couche présente vers le sud, ou plus exactement vers le sud-est, une inclinaison *très faible* qui a été calculée à 0° 32'. La couche inférieure s'étend au versant nord depuis 90 à 97 m., au versant sud depuis 83 jusqu'à 92 m. d'altitude. Comme cette couche ne se montre pas partout d'égale épaisseur, la face inférieure présente une inclinaison un peu plus forte que la supérieure, savoir, la première 0° 47' et l'autre 0° 40' d'inclinaison, également au sud-est.

Ainsi donc, de même que les couches brécheuses du G. Koupang et les couches arénacées à l'est du G. Karang pandjang, les couches calcaires près Halong ont une faible inclinaison *vers le sud-est,* donc *de la côte vers l'intérieur,* de sorte que les têtes des couches sont tournées vers la baie.

Au profil 6 on peut voir encore que la couche supérieure, de 99 à 100 m., est un peu plus élevée vers le sud, où l'altitude est de 100 à 106 m.; la portion sud a donc une inclinaison vers le nord-ouest, et cette couche doit, à l'endroit où elle a été creusée par la rivière, présenter une dépression en forme de pli synclinal ou bien un pli aigu, ainsi que le représente notre profil.

La colline Batou medja en arrière d'Ambon et le terrain sur la route d'Ambon à Soja di atas ont été coupés dans notre profil fig. 2 (annexe I). Au versant nord du Batou medja, 6 couches de calcaire s'interposent dans les débris incohérents, qui contiennent des matériaux de granite aussi bien que de serpentine. Entre ces couches existent de nouveau des plateaux de sable légèrement inclinés. Après le Batou medja (140 m.), on a coupé la Waï Tomo kĕtjil, dans le lit de laquelle apparaissent, à l'altitude de 80 m. environ, les couches de grès inclinant au nord-est; de sorte que l'épaisseur des couches sus-jacentes y est de 60 m. A l'autre rive de la Waï Tomo kĕtjil, la ligne du profil suit la route d'Ambon à Soja di atas, et elle s'y étend, sur une longueur de 900 m., sur un plateau parfaitement horizontal qui forme avec le Batou medja une terrasse unique, dont l'altitude est de 140 m. et qui n'a été entaillée profondément que par la Tomo kĕtjil. Déjà tout près du granite le terrain commence à monter, et l'on peut encore y voir le restant d'une terrasse plus haute, de 170 m. d'altitude, qui contient non seulement des morceaux de granite, mais aussi des fragments de péridotite.

Sur la route d'Ambon à Kousou kousou sĕreh, le terrain monte d'abord en pente raide jusqu'à 98 m., où l'on rencontre la première couche calcaire, qui continue jusqu'à l'altitude de 112 m. Ensuite le chemin s'élève, également en pente assez raide, sur du sable meuble jusqu'à 126 m.; ici l'on atteint une première terrasse, qui s'élève en pente faible jusqu'à 133.5 m. Vient ensuite du calcaire jusqu'à 135 m.; puis une 2e terrasse, faiblement inclinée, jusqu'à 140 m.; à celle-ci succède la 3e, long plateau de 1000 m. environ d'étendue, à l'altitude de 140 m., qui correspond à celui de la route d'Ambon à Soja, mais qui présente ici un 4e petit plateau encore, atteignant une altitude de 150 à 157 m. Enfin, près du granite, les collines de matériaux incohérents s'élèvent de nouveau jusqu'à 170 m., de même que plus loin à l'est.

Mais *sur* le granite, au nord du mont Loring ouwang, repose d'abord un peu de calcaire à 228 m. et puis deux petits plateaux à 257 et 281 m. d'altitude, restants d'une couverture jadis plus étendue, mais qui a disparu maintenant en grande partie par érosion. Nous avons ici un premier exemple de calcaire corallien reposant sur du granite. Cependant, ici comme ailleurs, ce calcaire n'est pas en contact immédiat avec le granite, mais il repose sur un peu de matériaux roulés, consistant essentiellement en débris de serpentine.

Le point de la rivière Batou gantoung que l'on appelle «Batou pintou» a déjà été cité plus haut. Au nord de ce lieu, le calcaire n°. 94, riche en foraminifères, présente une faible inclinaison vers l'est; près du point Batou pintou même, on peut même observer des plaques qui ont une inclinaison de 10 à 15°. Mais ce n'est pas là l'inclinaison normale; elle est la conséquence d'un éboulement, car la rivière a fouillé en cet endroit la base des plaques calcaires.

Tout près de Kousou kousou sĕreh s'étend, dans le terrain de débris, une longue arête calcaire dans laquelle il y a la grotte bien connue, déjà décrite par REINWARDT (mémoire n°. 6) sous le nom de «Batou lobang», ce qui signifie littéralement «pierre avec un trou». Le nom véritable est toutefois «Liang ékang». Actuellement cette grotte n'est accessible, à partir de l'entrée, que sur une longueur de 65 m. et à partir de l'ouverture étroite elle n'a pas plus de 4 m. de profondeur [1]. Il y existe des stalactites, mais les formes n'en sont pas fort belles, de sorte que, même pour le touriste, cette grotte est peu remarquable. Il y coule de l'eau qui se dirige vers l'ouest et se décharge dans la Batou gantoung par une ouverture dans la paroi calcaire. Ce point est indiqué sur la feuille 5 de notre carte. On n'a pu observer aucune inclinaison dans les couches calcaires de la grotte.

Plus au sud, le terrain monte considérablement et atteint les plus

[1] STUDER (mémoire n°. 25, p. 218) parle d'une profondeur de 18 m., ce qui ne pouvait être exact même en 1875. La longueur qu'il donne à la grotte (300 pas) peut bien avoir été aussi grande, car depuis ce temps elle a diminué par des effondrements.

grandes hauteurs dans les cimes calcaires Eri haou (361 m.) et Nanahou (377 m.). A l'exception du petit sommet de granite Hatou iroung et des couches calcaires susnommées, ce terrain consiste entièrement en matériaux argileux, roulés, incohérents, pour une grande partie des débris de serpentine. Ce qui montre clairement que nous n'avons pas affaire ici à de la serpentine altérée, c'est la constitution, car outre de la serpentine (n°. 186) on trouve dans l'argile brune de nombreux petits fragments d'un grès dur (n°. 185) et de quartzite, ainsi que de petits cailloux roulés de granite, en un mot des morceaux de toutes les roches des alentours. Ce sont donc évidemment des matériaux polygènes, rassemblés par les eaux, que j'ai rencontrés tant du côté nord du G. Nanahou jusque immédiatement sous le calcaire, que du côté sud de l'Eri haou près d'une «pantjouran» (une source, origine d'un des affluents de la Waï Séma ou Waï Jari). Près de cette source on trouve surtout beaucoup de morceaux de grès. De très gros blocs de calcaire se trouvent non seulement aux deux montagnes citées tantôt, mais encore le long du sentier allant de la Labouhan Awahang à Malaman, notamment un à l'ouest de l'Eri haou et 4 au nord de la cime granitique Hatou iroung. Ces blocs paraissent tous s'être détachés et avoir roulé en bas.

Entre le Nanahou et le rivage de la mer, il y a 8 couches calcaires, alternant avec des couches de gravier, qui forment divers plateaux légèrement inclinés ou sensiblement horizontaux; ils renferment aussi des morceaux de serpentine, de grès et de quartzite, entre autres à proximité du sentier de Mahija à la Labouhan Awahang, à peu près à 200 m. d'altitude. Tout près de la plage, il vient s'y ajouter des morceaux de granite.

A l'est de la Labouhan Awahang, jusqu'à la Labouhan Roupang, il apparaît du calcaire en trois endroits différents du terrain granitique. Ici encore on trouve, sur le granite, d'abord une couche de débris de serpentine, et là-dessus le calcaire; le massif calcaire oriental qui se termine au cap Simanoukoung, et dans lequel se trouve une petite maison de Binoungkounais, forme trois terrasses nettes, que l'on peut observer de l'est, p. ex. du G. Post, et qui sont représentées sur la fig. 23 (annexe IV). A proximité de la Labouhan Roupang, le calcaire contient un très grand nombre de fragments de serpentine.

Nous avons déjà parlé plus haut des terrasses de la montagne de péridotite Eri samau, représentées sur la fig. 15 (annexe III).

Le G. Post (ainsi nommé d'après un poste à signaux qui y existait jadis) situé un peu plus à l'est, laisse voir en 4 points du calcaire, sous lequel il y a de nouveau un peu de débris de serpentine. C'est là le dernier point où apparaît le calcaire; plus à l'est encore, à Kilang, où nous avons levé un grand nombre de routes, on n'a trouvé de calcaire nulle part, et pas davantage dans tout le terrain granitique jusqu'à Houkourila. On pourrait expliquer cette circonstance par la nature de la roche, car il est de notoriété que du sable quartzifère aigu, résultant de la désagrégation du granite, n'est pas favorable à l'édification du corail, et la mettre en rapport avec le fait, que dans le domaine du granite nous n'avons trouvé du calcaire qu'en ces points là seulement, où reposent sur le granite des débris de serpentine, originaires des montagnes de péridotite situées à proximité (Apinau, Loring ouwang et Eri samau). Toutefois, cela n'explique pas le fait qu'au G. Horiel le calcaire fait aussi défaut partout; tout à fait au pied nord de cette montagne, sur la route d'Ambon à Routoung, non loin de la Waï Ila, il y a une terrasse peu inclinée d'argile brune; au pied méridional, à Lea hari, un peu de matériaux meubles sont adossés à la péridotite à l'altitude de 90 m., et aux caps Riki et Hihar il y a aussi du calcaire jusqu'à 30 m., tandis qu'à l'est de la montagne, sur la route de Routoung à Ambon, il y a un peu de calcaire à 124 m. d'altitude; mais dans le massif proprement dit du Horiel on ne connaît aucun dépôt de débris incohérents ou de calcaire corallien, ni sur la crête ni sur le versant. L'absence de calcaire ne peut donc être attribuée ici ni à la nature de la roche, car le calcaire corallien semble de préférence se déposer sur de la serpentine, ni à des pentes trop fortes, puisqu'au sud de la plus haute cime il y a des parties peu inclinées ou même horizontales. Il me semble donc que l'absence de dépôts de calcaire et de débris incohérents au G. Horiel ne peut s'expliquer qu'en admettant que cette montagne se trouvait déjà en grande partie au-dessus du niveau de la mer, avec le granite et le grès avoisinants, lorsque ces dépôts se sont formés ailleurs. Nous reviendrons plus loin sur cette question.

Nous nous transportons maintenant plus à l'ouest et nous considérons en premier lieu les couches calcaires qui, à Tandjoung Hati ari, se trouvent aux altitudes de 10 à 20 et de 30 à 40 m., et qui se réunissent plus à l'ouest pour n'en former qu'une. La surface de cette couche atteint, à l'extrémité occidentale, 70 m. d'altitude, et au-dessus du cap Hati ari, 40 m. seulement, de sorte que cette couche doit présenter une faible inclinaison vers l'est ou le nord-est, ce que l'on peut déjà constater lorsqu'on longe la côte du sud en bateau à vapeur.

Entre Silali et Latou halat, la route passe par un collet, qui n'est qu'à 58 m. d'altitude. On y trouve exclusivement des matériaux incohérents, alternant avec du calcaire corallien, plus élevés au nord que du côté sud. La couche calcaire supérieure (voir profil fig. 5 de l'annexe II) ne se prête pas à un calcul de l'inclinaison, car elle a été trop entamée par les eaux. Il vaut donc mieux se servir de la couche qui apparaît aux altitudes de 47.2 et 38.3 m., et dont on peut déduire une inclinaison de 0° 35′ environ au sud ou au sud-est.

La montagne Batou Kapal tout entière se compose aussi de matériaux incohérents avec bancs de calcaire. Tout près du sommet, à 220 m. d'altitude, il se trouve un petit restant d'un banc calcaire qui existait auparavant à cette hauteur; entre 100 et 113 m. d'altitude, on voit encore différentes parties d'une deuxième couche, dont la face supérieure est à 113 m. d'altitude au cap Nousaniwi, mais à Silali à 104.7 m. d'altitude seulement, ce qui indique une faible inclinaison à l'est ou au sud-est, ainsi qu'on peut le voir au profil fig. 4 (annexe II). A l'est de la route de Silali à Latou halat, les matériaux meubles et le calcaire montent, par les cimes Atana, Rousi et les petits sommets A et B, jusqu'à 346 m. d'altitude; une grande partie a de nouveau été enlevée par érosion, de sorte qu'on ne voit pas distinctement quelle est la correspondance des couches. On trouve une première couche à 75 m., une deuxième, depuis 86 jusqu'à 90 m., une troisième, de 98 à 112 m. (fortement affouillée), puis, entre 170 et 230 m., 5 couches qui ont une faible inclinaison à l'ouest ou au sud-ouest; puis encore 3 couches, entre 255 et 290 m.; enfin, le calcaire situé le plus haut entre les cimes A et B, qui descend de 343 à 317 m. et qui a été affouillé jusqu'à 296 m. par un affluent de gauche de la Waï Jowang, pour s'élever finalement, au sommet B, jusqu'à 346 m.

d'altitude. Un peu au-delà de ce point, les matériaux meubles aussi bien que le calcaire corallien, qui reposent sur la péridotite, finissent et l'andésite à quartz et mica commence.

Il est tant soit peu incertain si les couches calcaires entre 107 et 230 m. correspondent à celles de la petite cime A, ou bien à celles de la cime B (voir profil fig. 4). Dans le premier cas, elles auraient une inclinaison moyenne de $7^{3}/_{4}°$ environ, ce qui me semble trop, eu égard à celle que présentent les couches du G. Rousi; dans le dernier cas, l'inclinaison est de $4^{3}/_{4}°$ environ au sud ou au sud-ouest, ce qui est bien plus vraisemblable, et c'est ainsi que c'est indiqué dans notre profil. Si nous comparons cette position avec celle des couches du G. Kapal, citées plus haut, on remarque qu'entre le cap Nousaniwi et la cime B les couches forment un pli synclinal, et que le point le plus bas de ce pli coïncide avec le collet entre Silali et Latou halat. Nous ne devons donc admettre ici l'existence ni d'une cassure ni d'une faille.

Si de Silali on suit la côte vers le nord, on ne trouve nulle part du calcaire corallien, depuis Eri jusqu'à Amahousou. Les matériaux y consistent en sable et brèches incohérentes d'andésite à quartz et mica qui, par leur teneur en quartz, paraissent avoir été défavorables pour l'édification des coraux. En arrière d'Amahousou, on peut voir plusieurs formes plates, plateaux ou terrasses, qui paraissent avoir une légère pente au nord-ouest(?), ainsi qu'on peut l'observer le mieux du nord, de la baie d'Ambon (voir fig. 25, annexe IV).

Entre Amahousou et Ambon, la route suit le pied du G. Nona, et l'on y trouve du calcaire corallien entre des débris de serpentine; près de la rivière Tihamètèn, ce calcaire repose même directement sur la serpentine massive.

Aucune domaine de Leitimor n'est aussi riche en bancs de calcaire corallien que celui du G. Nona. Si l'on suit la grand' route d'Ambon à Siwang, ou les sentiers de Waï Nitou ou de Kouda mati vers cette montagne, on rencontre partout des bancs de coraux, alternant avec des débris de péridotite et de serpentine; en quelques points le calcaire repose aussi immédiatement sur la péridotite. On peut voir toutes ces couches sur notre profil fig. 3 (annexe I). La couche calcaire qui, dans le profil, a été coupée entre 380 et 400 m. et qui s'étend le long des bords nord et est de la montagne (voir carte n°. III) peut s'observer très bien d'en bas, près de Kouda mati; et alors il saute déjà aux yeux que cette couche n'est pas parfaitement horizontale, mais qu'elle a une inclinaison légère vers l'est, et que de plus elle présente une dépression en forme de bassin (voir fig. 59). L'extrémité occidentale est la cime 466 de la carte III. Au profil fig. 3 une seconde couche calcaire, encore plus haute, a été coupée entre 420 et 440 m. Sur notre carte n°. III, qui représente le sommet du G. Nona à une échelle double de celle de la carte principale, donc à 1 : 10000, avec des courbes de niveau de 5 en 5 m., on peut voir que la couche supérieure s'étend en cercle autour de la cime de 475.6 m., laquelle se compose de débris de serpentine. Comme les portions sud-ouest de cette couche sont plus élevées que les autres parties, il est clair que cette couche aussi a une inclinaison vers le nord-est, et en même temps que les cimes calcaires de 481 et 539 m. doivent faire partie de cette couche. La grande épaisseur qui a été donnée sur la carte au calcaire de la cime de 539 m. s'explique d'abord par cette circonstance, que les deux couches calcaires de plus haut paraissent avoir gagné en épaisseur; ces couches sont probablement séparées par des couches de débris de serpentine; mais les versants abrupts, recouverts d'une végétation dense, sont tellement couverts de blocs de calcaire, que l'on n'y peut voir ces débris et que le tout a dû être indiqué comme calcaire sur nos cartes.

Comme les deux couches de calcaire ne sont pas divisées en bancs parallèles qui pourraient servir à déterminer leur direction et leur inclinaison, nous avons dû recourir au calcul. Et d'abord, pour déterminer aussi exactement que possible la direction et l'inclinaison de la couche inférieure, nous avons choisi avec soin dans cette couche trois points de 470, 430 et 380 m. d'altitude (indiqués sur la carte n°. III), non situés en ligne droite et pris tous les trois à la base de la couche. On aurait pu les prendre aussi à la surface de celle-ci, mais il n'y aurait eu là aucun avantage pour le calcul; car, le plus souvent, la surface des couches calcaires est affouillée très irrégulièrement, de sorte que les 3 points ne sauraient être pris avec certitude sur la surface *primitive*. Toutefois, le choix de ces points à la base de la couche a aussi un inconvénient, savoir que la couche inférieure n'a peut-être pas été déposée sur une surface parfaitement horizontale, bien que cette surface consiste ici en débris de serpentine qui ont été déposés sous les eaux.

Par une construction connue et bien simple on peut, connaissant la situation et la hauteur de ces 3 points, calculer la direction et l'inclinaison de la couche, et nous avons trouvé ainsi: $D = 148°$, $I = 3° 35'$ au nord-est.

Pour la couche *supérieure* on peut, d'après notre carte, calculer la direction moyenne, qui varie entre $132°$ et $136°$; et pour l'inclinaison, on trouve des chiffres qui varient de $4\,^1/_2$ à $5\,^1/_4$°.

Bien que ces chiffres puissent subir quelque modification par le choix d'autres points, ils montrent suffisamment que les deux couches ont une direction qui se rapproche du sud-est; que toutes deux ont une inclinaison vers le nord-est; et que la *couche supérieure, la plus ancienne, incline un peu plus fortement que l'autre.*

Dans notre profil fig. 3 (annexe I), l'inclinaison des couches au sommet du G. Nona n'a été indiquée que d'une manière schématique; mais ce n'est pas là l'inclinaison véritable, parce que la ligne de profil n'est pas perpendiculaire à la direction des couches. De plus, les altitudes ont été prises à une échelle 4 fois plus grande que celle des longueurs, de sorte que dans ce profil l'inclinaison est représentée d'une façon fort exagérée.

En ce qui concerne maintenant les couches calcaires situées plus bas, que l'on rencontre au versant nord de la montagne jusqu'au kampong Waï Nitou, et aux versants nord-est et est jusque dans la vallée de la rivière Batou gantoung, celles-ci à leur tour ne sont généralement pas parfaitement horizontales. Je rappelle ici, ainsi que je l'ai déjà fait remarquer plus haut, que les couches du Batou pintou ont une inclinaison *faible* vers l'est (ou le nord-est). Ces couches sont à 100 m. d'altitude environ; et pour les bancs calcaires situés en arrière de Halong, à une altitude d'environ 100 m., on a pu constater aussi, par le calcul, une inclinaison qui toutefois est déjà inférieure à 1°. Les couches calcaires dont l'altitude est encore plus petite peuvent être regardées comme horizontales; car il est le plus souvent absolument impossible d'évaluer sur le terrain une inclinaison de couches calcaires inférieure à 0° 40', tant par l'inégalité de la surface que par la variation de l'épaisseur d'un point à un autre. Il arrive d'ailleurs assez souvent que ces couches se terminent en forme de coin (auskeilen) dans les dépôts de gravier.

Il résulte de ce qui précède que les couches de calcaire et de gravier des hauteurs de Leitimor n'ont pas une position parfaitement horizontale, mais qu'elles ont une faible inclinaison; que cette inclinaison est la plus forte pour les couches supérieures, les plus anciennes, sans dépasser toutefois $5^{1}/_{4}°$; que les couches situées plus bas, jusqu'à 100 m. d'altitude, ont des inclinaisons de $3^{1}/_{2}°$ à 1° environ; et que les calcaires encore plus jeunes ont une position sensiblement horizontale, ou, dans tous les cas, ont des inclinaisons de moins de 1°, que l'on ne peut en aucune façon observer sur le terrain et que l'on ne peut calculer que dans des cas très favorables et par des levés effectués avec soin. D'autre part, on s'aperçoit que l'inclinaison de ces couches est souvent au sud-est, c'est-à-dire opposée à la baie d'Ambon, de sorte que la côte nord de Leitimor est le bord d'une faille. Enfin, qu'en différentes parties de Leitimor, la direction des couches est très variable: au Batou kapal elle est à peu près nord-est; aux cimes A et B, au-dessus du G. Rousi, à peu près sud-est avec inclinaison vers le sud-ouest; au G. Nona, aussi à peu près sud-est mais avec inclinaison au nord-est; au Batou pintou, elle est plus ou moins est; en arrière de Halong ± nord-est; tandis que les couches de la partie orientale de Leitimor, entre autres des alentours de Halérou, ont une faible inclinaison (2°) vers l'ouest ou le sud-ouest, de sorte que leur direction est ± nord-ouest, et que par conséquent elles tournent leurs têtes vers la côte, du côté de Touwi sapo, où il y a donc une faille.

On peut déjà conclure de là que Leitimor n'a pas été soulevée uniformément en son entier, mais que des portions de l'île ont été atteintes d'une manière très irrégulière par des soulèvements réitérés. Les divers bancs de calcaire, que nous trouvons adossés à la montagne de péridotite Nona, font voir que ces soulèvements n'avaient pas lieu continuellement, mais se faisaient par périodes séparées par des époques de repos, pendant lesquelles il se formait chaque fois au niveau de la mer un banc de calcaire corallien, qui, lors d'un soulèvement nouveau, venait ajouter une nouvelle assise de calcaire à

10

celles qui existaient déjà autour de la montagne. Ces couches calcaires
ne pénètrent donc pas très avant dans la montagne, car le noyau
se compose de péridotite massive; on ne peut les suivre que jusqu'au
point où s'arrêtent les matériaux incohérents, puisqu'elles alternent
avec ceux-ci.

Si nous construisons un profil (voir fig. 60, annexe VI), sensiblement
perpendiculaire à la direction des couches, par les cimes calcaires
de 539 et de 481 m. du G. Nona, le sommet calcaire de 400 m. au
sud-ouest de l'Apinau, puis, par cette montagne elle-même vers la
petite cime calcaire de 325 m. au sud du Halinoung, la crête calcaire
de 211 à 200 m. et celle de 100 m. environ jusque dans la vallée
de la Batou gantoung, nous constatons que non seulement le calcaire de 325 m., mais même celui de 210 m., peuvent appartenir
aux couches qui sont à nu au sommet du G. Nona, si celles-ci
continuent à descendre vers le nord-est avec une inclinaison de $5\frac{1}{2}°$
environ. Toutefois, la couche calcaire de $\pm$ 100 m. ne fait *pas* partie
de cet ensemble; elle se trouve beaucoup plus bas, et, à ce qu'il paraît,
sensiblement horizontale. Si nous nous rappelons à présent que les
magnifiques plateaux horizontaux sur la route d'Ambon à Soja di
atas et à Kousou kousou sěreh atteignent des altitudes de 140, 150
et *tout au plus* de 170 m., et que les collines avancées de matériaux
incohérents en arrière de Halong montent également, contre le grès,
jusqu'à 173 m., alors que la hauteur plus grande de la cime de 211 m.
au sud de Lata doit être attribuée à une inclinaison *excessivement faible*
des couches vers le sud-est — laquelle a été constatée entre autres aussi
aux couches en arrière de Halong, ce qui fait que les couches au
sud de Lata *doivent* venir au jour un peu plus haut que plus au
sud, contre le grès — il me semble que par ces données nous sommes
à même de faire une séparation entre les sédiments anciens, tertiaires
supérieurs, peut-être pliocènes, et les jeunes dépôts quaternaires. Ces
derniers constitueraient alors entre autres les terrasses en arrière
d'Ambon et de Halong jusqu'à 170 m. d'altitude environ, dont les
couches sont sensiblement horizontales ou n'ont, au plus, que des
inclinaisons de 1°. Par contre, les couches de calcaire et de gravier qui
ont des inclinaisons atteignant $5\frac{1}{4}°$, et qui précisément pour cette raison
se présentent non seulement au haut du G. Nona, mais descendent

aussi le long du versant, p. ex. les couches calcaires jusqu'à 400, 300 et 200 m., et même celles du G. Rousi jusqu'à 170 m. d'altitude, toutes ces couches feraient partie des premiers dépôts. La possibilité existe même, que ces couches inclinées apparaissent encore à un niveau moins élevé, à la même hauteur que les calcaires quaternaires, et puissent ainsi être confondues avec ces derniers; et dès lors il est tout-à-fait impraticable de séparer sur la carte les dépôts pliocènes d'avec les sédiments quaternaires, non seulement pour la raison qui vient d'être donnée, mais aussi parce qu'il n'y a pas eu d'interruption dans les dépôts et que les matériaux sont restés tout à fait les mêmes. Mais ce qui vient corroborer parfaitement notre théorie des soulèvements périodiques réitérés, c'est que les sédiments les plus anciens sont aussi ceux qui ont la plus forte inclinaison.

Bien que pour Leitimor il ne soit donc pas invraisemblable, que nous puissions admettre une limite entre les sédiments quaternaires et pliocènes, à l'altitude de 170 m. environ, il ne s'ensuit nullement que dans les autres îles des Moluques cette limite se trouve à la même hauteur; ceci me paraît même inadmissible pour plusieurs raisons.

Finalement, nous devons encore tâcher de découvrir la cause de l'absence du calcaire corallien dans le domaine du G. Horiel et dans celui du granite qui s'y rattache du côté de l'ouest. Nous avons déjà fait observer plus haut que cette absence ne pouvait être mise exclusivement sur le compte de la qualité de la roche. Par altération, le granite donne des débris quartzeux très acérés qui sont défavorables à l'édification du corail; mais si ces débris sont entremêlés d'une certaine proportion d'éléments argileux, comme dans les collines en arrière d'Ambon et dans les vallées de la Waï Tomo et de la Waï Batou merah, alors ces circonstances défavorables se sont tellement modifiées que sur cette base il peut se former du calcaire corallien, ainsi que le prouvent les couches de calcaire que nous rencontrons entre les couches de gravier dont il vient d'être question.

En d'autres endroits reposent sur le granite des débris de serpentine, originaires des montagnes de péridotite situées à proximité; et sur ces débris les coraux ont pu se développer abondamment. Ceci n'empêche pas cependant que les sols granitiques ne soient en général défavorables à l'édification du corail, lorsque les circonstances particulières dont nous venons de parler n'ont pas modifié la nature des produits d'altération servant de base.

Mais il en est tout autrement de la péridotite qui y confine ; celle-ci fournit un sol excellent pour la construction des coraux, ainsi que nous l'apprend le G. Nona. Et cependant, au Horiel, le calcaire corallien *manque* totalement, et les sédiments quaternaires, à peu près ; au pied sud-est il y a des matériaux quaternaires jusqu'à 90 m. ; au pied est, du calcaire à 124 m. ; et au pied nord, depuis 236 jusqu'à 222 m. d'altitude, un très petit plateau qui a été indiqué sur la carte comme quaternaire et qui s'est probablement déposé sous la mer, bien qu'il puisse s'agir ici de débris de serpentine altérée rassemblés par les eaux pluviales. De même, il est quelque peu incertain si le petit plateau qui repose sur le grès un peu plus vers l'est, et qui s'élève depuis 251 jusqu'à 265 m. d'altitude, fait partie des sédiments marins ou bien de débris de grès altérés sur place et rassemblés par les eaux.

Des dépôts de débris de très faible épaisseur ont pu être pris pour de la serpentine altérée, et avoir échappé à notre attention dans nos recherches ; mais tel n'est certes pas le cas pour le calcaire dur, inaltéré ; celui-ci, lorsqu'il existe. apparaît partout très distinctement, tant par ses parois escarpées que par sa couleur blanchâtre. Il n'y a donc pas lieu de douter que le Horiel ne présente nulle part sur sa crête du calcaire corallien, et on ne peut attribuer cette absence qu'à deux causes : ou bien, ce calcaire y a existé auparavant mais a été enlevé complètement par érosion ; ou bien, ce calcaire ne s'y est jamais déposé. Dans le premier cas, on peut se demander pourquoi le calcaire corallien du G. Nona n'a pas disparu aussi en totalité, puisque sur les deux montagnes l'érosion pouvait agir avec la même énergie ; ainsi que le montrent nos cartes et nos profils, une partie assez importante des couches calcaires a disparu aussi par érosion au G. Nona, mais une partie plus forte encore a été conservée ; et tel aurait été à coup sûr le cas pour le G. Horiel aussi, si le calcaire y avait jamais existé. Il ne reste donc qu'une seule hypothèse admissible, c'est que du calcaire corallien ne s'est jamais déposé sur le massif du G. Horiel ; et ceci ne s'explique qu'en admettant que la partie supérieure du G. Horiel s'était déjà soulevée au-dessus du niveau de la mer, avec une portion du terrain granitique et gréseux qui y confine, à l'époque pliocène, lorsque se déposèrent sur le G. Nona voisin le gravier et le calcaire corallien. Si une partie du terrain gréseux se trouve à présent plus bas que les calcaires coralliens de l'est de Leitimor, il faut l'attribuer à un affouillement ultérieur par la Waï Jori et ses affluents. Sans doute ce terrain, dans la partie qui a été probablement recouverte par la mer pliocène, n'aura pas présenté beaucoup de calcaire corallien, puisque des débris de grès sont également défavorables aux formations coralliennes.

Le domaine du Nona était donc encore tout entier sous la mer lorsque le Horiel émergeait déjà; les calcaires coralliens et les débris qui se sont déposés sur le Nona ont été soulevés plus tard à plusieurs reprises et le Horiel n'a pas pris part à ces soulèvements.

Dans le temps que je croyais encore que les calcaires coralliens avaient une position parfaitement, ou du moins presque parfaitement horizontale, je ne pouvais me l'expliquer qu'en admettant qu'il existait entre ces deux domaines une faille, une crevasse dans la croûte terrestre, le long de laquelle la portion occidentale de Leitimor (le terrain du Nona) avait été exhaussée relativement à la portion moyenne (le Horiel). Comme la portion orientale présente aussi des calcaires dans les hauteurs de Halerou, il devait y avoir aussi quelque part une faille du côté est du Horiel. La première faille pouvait bien coïncider avec celle constatée au sud d'Ambon; mais la seconde n'a pas pu être signalée sur le terrain.

Depuis lors j'ai reconnu que les calcaires du Nona inclinent au nord-est et ceux de Halérou au sud-ouest; et que cette inclinaison, quelque légère qu'elle soit (2° à 5°), est suffisante pour expliquer l'absence de calcaire contre le Horiel, sans qu'on ait besoin d'avoir recours à des failles, bien qu'il ne soit pas absolument impossible que la faille au sud d'Ambon ait joué un certain rôle dans le soulèvement du domaine du Nona.

Si nous formons une coupe longitudinale de Leitimor et que nous y indiquons les couches calcaires avec leur inclinaison, comme cela a été fait dans la fig. 61 — où toutefois les inclinaisons sont fort exagérées, puisque les altitudes ont été prises à une échelle 4 fois plus grande que les longueurs — on s'aperçoit immédiatement que ces couches forment des plis synclinaux et anticlinaux, qu'elles ne sont donc pas horizontales mais *plissées*; que les couches calcaires du G. Nona et de Halérou forment un pli synclinal et que la ligne synclinale se trouve au pied du Horiel et à peu près au niveau de la mer, de sorte qu'il devient évident que les calcaires doivent faire défaut dans les hauteurs du domaine du Horiel. Pour expliquer ce fait, nous n'avons plus besoin maintenant de failles; le faible plissement des couches suffit. Seulement, nous devons considérer comme un fait que le Horiel formait un continent lorsque le G. Nona et le terrain de Halérou étaient encore sous les eaux. Le Horiel n'a pris presque aucune part au plissement et au soulèvement de ces deux terrains. Plus tard se sont déposés les produits quaternaires, qui ont aussi été soulevés périodiquement jusqu'à l'altitude de 170 m. environ. Bien que l'inclinaison en soit très faible, ils inclinent cependant légèrement vers le sud-sud-est; et par suite, du côté nord du G. Horiel ils sont plus élevés que du côté sud. Leitimor tout entière présente le long de la côte une bordure de ces jeunes matériaux, qui est plus large au nord qu'au sud, à raison de la faible inclinaison vers le sud et aussi parce qu'à la côte du sud les débris incohérents reposant sur le granite ont été çà et là enlevés par les eaux, en tout ou en partie. Une partie de la péridotite du Horiel, à la côte du sud, est aussi dépourvue d'une couverture de matériaux incohérents, par suite d'érosion par les eaux.

Jusqu'ici nous n'avons parlé que de soulèvements périodiques, de sorte que les calcaires descendent en terrasses vers la mer et que les couches inférieures sont aussi les plus récentes. Mais parfois on a affaire à une autre disposition. C'est ainsi qu'au dessus du calcaire de la rivière Halérou (220 à 230 m.) il y a encore une couche plus haute (280 à 300 m.); ces deux couches ne se succèdent pas en forme de terrasses, mais la première se trouve sous la seconde dans toute son étendue; le même cas se présente à la Waï Jori, où il y a aussi deux couches calcaires superposées, à 100 et à 200 m. environ. Cette alternance prouve que la couche inférieure a été formée la première, la supérieure, la dernière; celle-ci est donc la plus jeune. Il doit donc y avoir eu ici tout d'abord une *immersion*, qui a permis à de nouveaux calcaires coralliens de se constituer au dessus de ceux qui

existaient déjà; après cela, probablement à l'époque pliocène, le tout
a été soulevé, le plus souvent sous des inclinaisons de 2° à 5°; et finalement, contre ces formations coralliennes se sont déposés les sédiments
quaternaires, qui ont été soulevés périodiquement et qui à présent
forment des terrasses sensiblement horizontales adossées aux couches
anciennes. Là où les calcaires gisent en cercles les uns sous les autres
et se sont formés successivement autour d'une cime, ou bien là où
ils sont étagés en forme de terrasses, c'est le calcaire situé le plus
haut qui est le plus ancien; mais s'ils sont disposés les uns au-dessus
des autres, alternant avec des couches de gravier, de telle sorte que
la couche supérieure recouvre la couche inférieure, c'est la couche
inférieure qui doit être la plus ancienne.

Pour finir, nous allons nous représenter la succession des couches
des jeunes sédiments à Leitimor, aussi bien de l'ouest à l'est (fig. 61)
que du nord au sud.

De l'ouest à l'est, nous voyons en premier lieu les couches du G.
Kapal, qui inclinent légèrement au sud-est; puis celles du G. Rousi
avec inclinaison au sud-ouest; ensuite les couches du G. Nona, qui
inclinent au nord-est, ainsi que les calcaires des monts Eri haou,
Nanahou et Post. Les couches de Halérou inclinent de nouveau au
sud-ouest, de sorte que, dans cette direction, nous avons affaire à
deux plis synclinaux successifs avec une interposition d'un seul pli
anticlinal.

De nord au sud, l'inclinaison est en général *très faible* vers le sud-
sud-est et le sud-est, de sorte que le long de la côte du nord les
couches tournent leurs têtes vers la baie d'Ambon; c'est le cas, entre
autres, à Silali, au nord du cap Batou merah, et en arrière de Halong;
près de ce dernier endroit, elles forment à une plus grande distance
de la côte un bassin peu prononcé; et plus loin encore, elles sont
sensiblement horizontales, de même qu'aux terrasses derrière Ambon,
à la colline Batou medja et sur les routes qui mènent du chef lieu
à Soja di atas et à Kousou kousou sëreh.

La description quelque peu détaillée que nous venons de faire de
la position des calcaires coralliens et des couches de débris qui les
accompagnent est légitimée par le grand intérêt théorique que présente

cette question. Jadis cette position était assez généralement considérée comme parfaitement horizontale, bien qu'il faille ajouter qu'une partie des géologues n'y ont jamais ajouté foi. Ici à Ambon il a été démontré pour la première fois, par des *levés* précis, qu'un grand nombre de couches calcaires, notamment les plus anciennes, celles qui sont situées à la plus grande altitude, ne sont pas horizontales, mais présentent une certaine *inclinaison* ne dépassant cependant pas $5\frac{1}{2}°$ à Leitimor. Pour les couches un peu plus jeunes, l'inclinaison diminue jusqu'à 3°, 2° et 1°, et les couches plus jeunes encore, qui forment ici des terrasses jusqu'à 170 m. d'altitude, ont une inclinaison encore plus faible. Ces dernières couches, nous les rangeons parmi les dépôts quaternaires; les autres, dans le pliocène, ou en général dans le terrain tertiaire très jeune, sans qu'il soit possible de séparer nettement ces deux dépôts sur le terrain et sur la carte. La position des couches est très variable, mais elle n'a rien de commun avec l'allure de la côte. La direction des calcaires des hauteurs est, en général, en travers de l'axe longitudinal de l'île; celle des jeunes couches des terrasses est, il est vrai, parallèle à la côte, mais avec une inclinaison *opposée à la côte*.

Il est donc tout à fait inexact que jusqu'à ce jour «ausschliesslich — gleich manchen Strandbildungen an der Norwegischen Küste — eine nach dem Meere zu gerichtete Schichtenneigung festgestellt worden ist», ainsi que le prétend WICHMANN dans un compte-rendu de mon mémoire n°. **44** dans Petermann's Geogr. Mittheilungen, Litteraturbericht 1901, p. 51, n°. 198. De plus, je ne m'explique nullement comment WICHMANN s'est procuré les données pour cette hypothèse, — car son assertion formulée avec tant d'assurance n'est pas autre chose —; du moins, dans mon mémoire n°. **44**, je n'ai affirmé nulle part que les calcaires des Moluques inclinent toujours vers la mer; et WICHMANN n'a constaté absolument aucune inclinaison, ni dans les calcaires coralliens ni dans les marnes blanches qu'il a observés dans l'Inde, à Timor et à Roti; d'après sa description, ces couches seraient horizontales. Je veux toutefois signaler en passant qu'à Timor elles ont une inclinaison et qu'à Soumba l'inclinaison est du sud au nord, de sorte qu'ici en réalité «ein Einfallen dem Meere zu, auf der einen Seite einer Insel, einem Abfallen auf der entgegengesetzten

Seite entspricht», exactement comme WICHMANN, dans son compte rendu, l'attend de couches qui doivent leur inclinaison à un soulèvement. A la côte sud de Soumba, la roche sous-jacente, la diabase, apparaît même sous le calcaire corallien; à la côte du nord, nulle part. De même, tous les calcaires coralliens de l'île de Saleier, près de Célèbes, ont des inclinaisons vers l'ouest, de sorte que leurs têtes peuvent s'apercevoir du côté oriental de l'île, en haut contre la montagne.

L'assertion de WICHMANN sera sans doute basée sur le fait que, comme SUESS, il est partisan d'un abaissement du niveau de la mer; mais cette théorie, au moins en ce qui concerne les Moluques, a été renversée une fois pour toutes par mes recherches faites en 1899 dans les îles nombreuses qui entourent la mer de Banda; et déjà même en 1898, ainsi que nous l'avons vu plus haut, par les levés précis effectués au Gounoung Nona et ailleurs à Ambon. Partout où, comme à Ambon, les couches ont été contournées en forme de plis synclinaux et anticlinaux, même si les versants en sont faiblement inclinés, la cause en est un plissement et une pression, un soulèvement des couches au-dessus du niveau de la mer, et ce ne saurait être la conséquence d'un simple abaissement de la surface des eaux.

Description de quelques roches.

N°. 98. Calcaire dense, gris-clair, à la cime G. Batou kapal, à 215 m. d'altitude. Au microscope, une masse cristalline fine, gris-clair, de calcite avec veines cristallines grossières de calcaire spathique. Des sections de teinte claire appartiennent à des foraminifères, dont on n'a pu déterminer aucun exemplaire. Présente le caractère d'un calcaire ancien, tout comme tous nos calcaires dont la structure corallienne a disparu. *Calcaire microcristallin.*

N°. 8. Calcaire très tendre, arénacé, farineux, tachant comme la craie, du cap Batou kapal; repose sur la péridotite, depuis 20 jusqu'à 30 m. d'altitude. On ne peut pas tailler de bonnes plaques microscopiques dans cette roche tendre. Au microscope, la poudre laisse voir des spicules de spongiaires, des radiolaires, des particules troubles de calcaire, des morceaux verts de serpentine et un peu de minerai de fer (magnétite). Ce calcaire est relativement jeune, et n'a probablement jamais renfermé de coraux. C'est un *calcaire à radiolaires.*

N°. 56. Calcaire compacte, blanc-bleuâtre, avec veines de calcaire spathique, au-dessus de Seri, sur la route de Siwang, à 246 m. d'altitude. Repose sur la péridotite sur une petite étendue, et il est possible que ce soit un calcaire ancien. Au microscope, on voit une pâte microcristalline de calcite avec veines cristallines grossières de spath calcaire; puis quelques sections de restes organiques impossibles à déterminer. *Calcaire microcristallin.*

N°. 97. Calcaire tendre, arénacé, tachant comme la farine, au kampong Siwang, à 408 m. d'altitude. Ressemble absolument au n°. 8 du cap Batou kapal, ce qui prouve que ces calcaires à radiolaires n'appartiennent pas exclusivement à la période la plus récente. La roche est trop tendre pour être polie. Au microscope, on peut voir dans la poudre de nombreux radiolaires et quelques spicules de spongiaires. *Calcaire à radiolaires.*

N°. 96. Calcaire compacte, gris-bleuâtre, près de la «maisonnette chrétienne» (carte n°. III) au G. Nona, à 500 m. d'altitude. Fait partie de la couche supérieure, la plus ancienne de cette montagne. Au microscope, on voit une pâte microcristalline avec veines de calcaire spathique et des sections de foraminifères et d'autres pétrifications qu'on ne saurait déterminer. *Calcaire microcristallin.*

N°. 95. Enlevé au Gounoung Nona, au nord du refuge, à 450 m. d'altitude; originaire aussi de la couche calcaire supérieure. Ce calcaire repose sur des débris de serpentine, et il renferme même un très grand nombre de particules de serpentine et des veines épaisses de spath calcaire. Il a une teinte gris-brun et forme, dans la partie inférieure de la couche, dont provient notre échantillon, une brèche fine. Au microscope, on voit des particules de serpentine qui constituent au moins la moitié de la roche, cimentées par une pâte microcristalline de calcite sans pétrifications. *Calcaire avec débris de serpentine.*

N°s. 50 et 51. Calcaire de la deuxième couche du G. Nona, recueilli à 480 m. d'altitude, au nord de la cime de 513.6 m. (carte n°. III). Calcaire blanc-jaunâtre, avec particules vert-jaunâtre de serpentine, où les eaux creusent des cavités, de sorte que ce calcaire présente beaucoup de trous, qui sont tapissés, en partie, de cristaux de spath calcaire. On peut y voir quelques restes de coraux et des moules de coquilles. Sous les blocs de cette couche, on a trouvé un grand fragment de tridacne (n°. 51) de 15 cm., fortement désagrégé; si la désagrégation avait été un peu plus avancée, on n'aurait plus du tout pu reconnaître la sculpture de la surface; et c'est peut-être pour ce motif que dans les calcaires les plus haut placés, les plus anciens donc, on a rencontré relativement peu de tridacnes. Au microscope on voit que ce calcaire est essentiellement microcristallin; il contient cependant de nombreux restes organiques, des coraux, des lithothamnium, des globigérines et autres foraminifères impossibles à déterminer. *Calcaire corallien.*

N°. 49b. Enlevé à la même couche calcaire (2e), mais plus à l'est, du versant nord de la montagne, à 422 m. d'altitude. Calcaire blanc rougeâtre, dur, un peu poreux avec de nombreux restes coralliens. Au microscope, masse microcristalline de calcaire avec sections de coraux, foraminifères, radiolaires, spicules de spongiaires et lithothamnium. *Calcaire corallien.*

N°. 49a. Grande tridacne, de 33 cm., recueillie à 248 m. d'altitude, tout près du G. Kramat (255 m. d'altitude), au nord du G. Nona. Gisait librement à la surface du sol parmi de nombreux gros blocs de calcaire. L'intérieur de la coquille est tout-à-fait rempli de calcaire, et sa surface est altérée et creusée par les eaux, tout comme celle des autres blocs de calcaire répandus sur le sol. *Tridacne fossile.*

N°. 39. Calcaire recueilli au versant ouest du Gounoung Batou gouling, à peu près à 150 m. d'altitude. Jaune clair, assez compacte, avec quelques trous. Contient beaucoup de petits foraminifères et quelques moules de coquilles. Au microscope, on constate la présence de divers foraminifères, mais on n'y voit *pas* d'orbitoïdes, puis encore des radiolaires, des spicules de spongiaires et des lithothamnium. *Calcaire.*

N°. 183. Calcaire du versant sud du G. Nanahou, enlevé à peu près à 300 m. d'altitude. Calcaire dense, gris-clair, tout-à-fait compacte, avec veines de calcite. Au microscope, microcristallin avec beaucoup de sections de foraminifères qu'on ne peut déterminer. *Calcaire microcristallin.*

N°. 94. Calcaire en couches légèrement inclinées à l'est, de la rivière Batou gantoung, près de l'endroit nommé Batou pintou, à 95 m. d'altitude.

Calcaire granuleux, gris-blanchâtre, avec de petits trous. Les granules sont de petits foraminifères. Au microscope, un vrai calcaire à foraminifères, avec quelques particules de serpentine brunes et vertes. Les foraminifères consistent certainement pour les $^4/_5$ en globigérines de 0.3 à 1 mm. de diamètre; puis, en petites amphistégines, miliolidées, rotalinidées et d'autres encore; quelques sections de coquilles et un peu de lithothamnium; le tout dans une pâte calcaire microcristalline. *Calcaire à globigérines.*

N°. **44.** Calcaire du cours inférieur de la rivière Batou gantoung; c'est un banc de calcaire corallien, à une dizaine de mètres d'altitude, de couleur blanc-jaunâtre, tant soit peu poreux. Au microscope, une pâte microcristalline de calcaire spathique, avec quartz, feldspath trouble et morceaux de mica; aussi un peu d'augite et de la chlorite; dans le calcaire, quelques globigérines et autres foraminifères. Ce *calcaire corallien* renferme donc des débris de granite. Dans les plaques on ne voyait pas de restes de coraux, mais on les apercevait dans les échantillons.

N°. **189** est le calcaire corallien blanc-jaunâtre du pied oriental du Gounoung Karang pandjang, à l'est d'Ambon, sur la route de Routoung, de 80 à 100 m. d'altitude. Ce calcaire contient une très grande quantité de coraux en branches; le calcaire lui-même n'a pas été examiné au microscope.

N°. **82a.** Couche calcaire sur des grès, à 124 m. d'altitude, dénudée à l'extrémité d'une terrasse au-dessus de Routoung, sur la route d'Ambon. Nous n'avons pu observer aucune inclinaison à cette couche, qui n'est visible que sur une longueur de 2 m. Nous avons ici un petit restant d'une couche, qui était jadis reliée avec les couches calcaires de Halérou, inclinées au sud-ouest, ainsi qu'il a été indiqué au profil fig. 61. En échantillons, ce calcaire est gris-jaunâtre clair, compacte, un peu schisteux, et il ne ressemble pas aux autres jeunes calcaires à foraminifères d'Ambon; probablement parce qu'il s'est déposé sur des grès argileux. A l'œil nu, on n'y voit pas de pétrifications. Au microscope, on voit, dans une masse très pure, microcristalline de calcaire spathique, avec quelques grains de minerai d'où partent des taches brunes, un très grand nombre de sections de petites globigérines dentelées; elles n'atteignent qu'un diamètre de $^1/_3$ mm., tandis que dans d'autres jeunes calcaires d'Ambon elles arrivent assez souvent à la taille de $^1/_2$ à 1 mm. Il y a encore quelques autres foraminifères. *Calcaire à globigérines.*

N°. 197. Calcaire enlevé au pied méridional de la cime de 286 m., à l'ouest de Halérou, à 266 m. d'altitude. En échantillons, il est blanc-rosé et plein de petits trous Pas de restes coralliens visibles. Au microscope, une pâte microcristalline de calcaire spathique, dans laquelle il y a des sections de coraux (?), de coquilles, de globigérines et d'autres foraminifères, ainsi que des lithothamnium. *Calcaire.*

Le **n°. 198** est une tridacne, longue de 30, haute de 18 cm., que j'ai recueillie moi-même dans le calcaire corallien de la Waï Liha (côte est de Leitimor), à peu près à 13 m. d'altitude. Elle était solidement fixée au calcaire et devait en être détachée à coups de marteau, de sorte que la pétrification se trouvait sans aucun doute dans la roche. *Tridacne.*

N°. 33. Fragment d'une brèche quaternaire, située immédiatement derrière la négorie Houtoumouri, à 6 m. d'altitude environ. Dans la négorie, à 150 m. au nord-est du pont sur la petite rivière Aä, git près du rivage un bloc de calcaire énorme, haut de 7 m. environ, probablement le reste d'un banc de calcaire corallien jadis plus étendu qui a été détruit par les flots. C'est là le seul point entre les caps Houtoumouri et Riki où le calcaire se montre sur la plage. Immédiatement en arrière de Houtoumouri, il y a des brèches d'une roche vitreuse, passant par altération à une matière blanche, arénacée, avec inclusions de morceaux d'un verre gris-sombre. Un de ces fragments a été examiné au microscope, et on a vu qu'il consistait en une roche vitreuse avec fissures perlitiques, renfermant de nombreuses petites baguettes et microlithes d'augite en aiguilles ainsi que de grands cristaux de bronzite, de plagioclase, de quartz et de cordiérite avec beaucoup d'inclusions de touffes de sillimanite, qui parfois remplissent totalement la masse de la cordiérite. C'est donc une *brèche de perlite andésitique à quartz et à bronzite*, et elle ressemble au n°. 194 de la Waï Malako.

N°. 5. Fragment de brèches quaternaires incohérentes au-dessus d'Amahousou, à une cinquantaine de mètres d'altitude. Roche altérée, gris-sombre, à grands cristaux de quartz (6 mm.) en dihexaèdres, feldspaths troubles, blancs (4 mm.), et biotites brunes (4 mm.) dans une pâte gris-clair. Au microscope, outre du quartz, du feldspath et de la biotite ainsi que du pyroxène rhombique (bronzite) parmi les cristaux porphyriques; puis du minerai de fer. Pâte de plagioclase, de pyroxène altéré, de minerai et d'hydroxyde de fer et un peu de verre. *Andésite à quartz et à mica.*

N°. 105. Brèche quaternaire, au rivage septentrional de Leitimor, près du cap Batou anjout. Pâte blanche kaolinique contenant du granite, en grands et petits fragments, qui sont en partie devenus blancs par altération. La roche n'a pu être taillée. *Brèche quaternaire de matériaux granitiques.*

VII. Sédiments novaires.

A Leitimor, les terrains modernes n'ont qu'une faible étendue.

La plus grande plaine est celle où est situé le chef-lieu Ambon. Elle n'est pas parfaitement horizontale, mais elle monte depuis la côte jusqu'à 12 m. d'altitude, contre le pied des collines quaternaires, derrière la maison de la résidence à Batou gadjah. Cette plaine consiste en débris de toutes les roches plus anciennes, principalement des matériaux enlevés par les eaux aux collines quaternaires, qui, à leur tour, se composent de débris de granite, de diabase, de grès, de serpentine, d'andésite et de dacite. On ne trouve pas de calcaire corallien dans la plaine elle-même, mais bien au bord méridional, au kampong Waï Nitou, depuis 5 jusqu'à 12 m. d'altitude. Il se construit d'ailleurs actuellement dans la mer un nouveau récif corallien; et lorsque, après quelque temps, le fond se sera soulevé de quelques mètres seulement, la plaine actuelle d'Ambon formera, contre le versant de la montagne, une nouvelle terrasse limitée par deux couches calcaires, celle de Waï Nitou et la couche de calcaire corallien qui se forme à présent dans la mer. Le calcaire de Waï Nitou ne continue pas toutefois en arrière d'Ambon; il s'arrête déjà à la rivière Batou gantoung; et nous constatons ainsi dans cette couche la même irrégularité que nous avons rencontrée dans certaines couches calcaires plus anciennes: elles disparaissent parfois brusquement, ou bien elles s'amincissent et se terminent en coin.

On trouve un second dépôt alluvial à Amahousou; il consiste en partie en blocs roulés d'andésite à quartz et mica et de péridotite, apportés par la Waï Ila et ses affluents; ces blocs atteignent l'altitude de 10 mètres et sont limités par des terrasses quaternaires légèrement inclinées. Le terrain de péridotite derrière Amahousou est très friable et tellement escarpé, qu'après de fortes pluies cet endroit est parfois sérieusement menacé par l'énorme masse de débris et de pierres qui descendent des montagnes.

A Eri, à la Labouhan Radja et la Waï Mĕmikar il n'existe que des bandes étroites d'alluvium.

Une plaine alluviale, de 7 km. de longueur, s'étend le long de la côte du sud, depuis le cap Nousaniwi, par Latou halat et Ajĕr Lo, jusque tout près du cap Hati ari. A Latou halat, la largeur de ce plateau est de $^1\!/_2$ km. A 1 km. environ à l'ouest de cet endroit gisent dans la plaine quelques gros blocs de calcaire corallien, qui se sont détachés d'une couche calcaire quaternaire située plus haut; la plaine elle-même consiste d'ailleurs en débris et fragments roulés de melaphyre et d'andésite et en sable marin.

Les plaines de la côte du sud, jusqu'à Tandjoung Hihar, sont de peu d'importance. Au cap de ce nom commence une bande d'alluvium longue de 6 km., qui continue, par Lea hari, Routoung et Houtoumouri, jusqu'à proximité du cap Houtoumouri et dont la largeur est de $^1\!/_2$ km. à Routoung. Des débris d'andésite et de grès et, au kampong Houtoumouri, un grand bloc de calcaire corallien constituent cette plaine qui, à 10 m. environ d'altitude, vient buter contre les collines quaternaires.

A la côte de l'est, la rivière Touwi sapo seule a près de son embouchure une plaine alluviale de $^1\!/_2$ km. de longueur et $^1\!/_4$ km. de largeur.

La plaine de Paso, qui consiste en gravier et fragments d'andésite et de dacite et qui, en moyenne, ne s'élève pas à plus de 3 à 5 m. au-dessus de la mer, relie Hitou à Leitimor; comme limite entre ces deux presqu'îles, ou plutôt îles, on peut admettre le canal de Paso, qui relie, à peu de chose près, la baie Intérieure à la baie de Bagouala. En tant qu'il s'agisse de la portion appartenant à Leitimor, cette plaine doit en grande partie son origine à des atterrissements de la Waï Jori.

160

A Nontetou, Lateri et Lata, on trouve du calcaire corallien, et entre Halong et Hatiwi kĕtjil un peu de brèche le long de la côte. D'autre part, une bande étroite d'alluvium s'étend depuis Paso jusque tout près du cap Batou merah. La plaine de Lateri est un delta de la Waï Rikan; celle de Gĕlala, un delta de la grande rivière Waï Rouhou.

Des constructions coralliennes s'édifient tout autour de Leitimor; la profondeur à laquelle se développent ces récifs coralliens n'est pas partout la même; elle varie de 5 jusqu'à 30 et 40 m. sous le niveau de la mer. Aux coraux magnifiquement colorés, que l'on peut apercevoir distinctement dans ces eaux limpides jusqu'à une grande profondeur, on a donné le nom de «jardins de la mer». Ceux qui existent entre Ambon et Halong sont particulièrement renommés.

On ne connaît, en fait de *petrifications* dans ces jeunes sédiments, que celles de la plaine d'Ambon. Elles furent découvertes au commencement de 1904 en creusant un puits sur le terrain de la nouvelle école normale pour instituteurs indigènes à Ajĕr wolanda, dans la partie occidentale de la plaine d'Ambon (feuille 2 de notre carte n". II et plan d'Ambon, fig. 54 de l'annexe V), à peu près à 5¹/₂ m. au-dessous de la surface du sol, qui y est à plus de 5 m. d'altitude. J'ai reçu ces fossiles de M. L. Ph. Ch. Roskott, directeur de cette école.

Le Prof. Boettger à Francfort sur le Main a eu encore une fois l'obligeance de déterminer ces fossiles et de me communiquer le résultat de son examen. Voici la liste de ces pétrifications.

Verzeichnis der recenten Versteinerungen von AMBON.

Von Professor Dr. O. Boettger.

(Die mit * versehenen Arten sind heute noch im Meere dort besonders häufig).

Schnecken:

1. *Pleurotoma (Turris) tigrina* Lmk.
2. » *(Gemmula) monilifera* Pse.
3. *Surcula bijubata* (Rve.).
4. *Drillia* sp. aus der Verwandtschaft der mioc. *Dr. allionii* Bell., lebend mir unbekannt.

5. *Conus (Punticulis) arenatus* Brug.
6. „ *(Coronaxis) papalis* Wkff.
7. *Tritonium (Epidromus) concinnum* Rve.
*8. *Ranella (Argobuccinum) gyrina* L.
9. *Phos textum* (Gmel.).
10. *Nassa (Alectryon) hirta* Kien.
11. „ *(Arcularia) pulla* (L.) var. *deshayesi* H. Jacq.
12. „ „ *globosa* Quoy.
13. „ „ *nana* A. Ad.
14. „ *(Hebra) muricata* Qu. Gaim.
15. „ „ *geniculata* A. Ad.
*16. *Ricinula (Sistrum) concatenata* Lmk.
17. „ „ *undata* (Chemn.).
18. *Latirus turritus* (Gmel.).
19. *Mitra (Cancilla) flammea* Quoy.
20. *Mitra (Chrysame) ambigua* Swains.
*21. „ *(Turricula) corrugata* Lmk.
22. „ „ *gruneri* Rve.
23. „ „ *sanguisuga* L.
24. „ *(Costellaria) cruentata* Rve.
25. „ „ *militaris* Rve.
26. *Columbella turturina* Lmk.
27. *Natica (Mamma) mamilla* L.
28. *Strombus (Canarium) dentatus* L.
29. *Cypraea cylindrica* Born.
30. „ *isabella* L.
31. „ *erosa* L.
32. „ *moneta* L.
*33. „ *(Trivia) oryza* Lmk.
34. *Turbo (Turbo) petholatus* L.
35. „ *(Senectus) intercostalis* Mke var. *elegans* Phil.
36. *Trochus (Trochus) maximus* Koch.
   Dabei die noch (im Seelan Lake und bei Batu gadjah) lebende
   Süsswasserschnecke:
*37. *Melania (Tarebia) granifera* Lmk.

11

Muscheln:

38. *Lutraria planata* (Chemn.).
39. *Tellina (Tellinella) virgata* (L.).
40. *Cytherea (Callista) festiva* Sow.
41. » *(Dione) philippinarum* Hanley.
42. » *(Lioconcha) picta* Lmk.
43. » » *trimaculata* Lmk.
44. *Tapes (Textrix) textrix* (Chemn.).
*45. « *(Parembola) literata* (L.).
46. » » *araneosa* Phil.
47. » » *biradiata* Desh.
48. » *(Hemitapes) variabilis* Phil.
49. *Dosinia histrio* (Gmel.).
50. *Chama lingua-felis* Rve.
51. *Lucina (Divaricella) bicornis* Rve.
52. *Arca (Anadara) scapha* Chemn.
*53. *Pecten pallium* L.
54. « *asperrimus* Lmk.
55. *Lima lima* (L.).
*56. *Spondylus variegatus* Chemn.
57. *Ostrea* cf. *multistriata* Hanley.

Dazu kommen noch fossiles Holz, wenigstens vier Arten von Korallen und ein Krebs (*Balanus* sp.).

Da bis auf eine Art (N⁰. 4) alle fossil gefundenen Arten mir noch lebend bekannt sind, ist die Ablagerung als ganz jung plistocän anzusehen.

(Gez.) O. BOETTGER.

F. GÉOLOGIE DE HITOU.

(CARTE Nº. I).

La constitution géologique de Hitou est tout à fait la même que celle de Leitimor, ce qui n'est pas étonnant de deux îles qui confinent l'une à l'autre, et qui d'ailleurs formaient probablement jadis une île unique, avant la formation de la baie d'Ambon. Seulement à Hitou le terrain gréseux ou bien fait défaut, ou bien est recouvert de produits plus récents, car nulle part il n'apparaît à la surface.

De même que pour un relèvement topographique précis, le temps nous a manqué, comme nous l'avons dit plus haut, pour une exploration géologique détaillée. L'intérieur de Hitou, qui est une île beaucoup grande que Leitimor, est totalement inhabité et couvert d'une végétation très dense, de sorte qu'on ne peut voir un bon panorama que de quelques cimes seulement. Sur les crêtes montagneuses la roche est le plus souvent fort altérée, et de plus, elle est souvent recouverte de matériaux quaternaires (ou tertiaires supérieurs) incohérents. Dans le lit des rivières, on peut mieux voir la roche massive, mais, dans la plupart des cas, un coup d'œil d'ensemble y est impossible, à cause des bords escarpés; d'autre part, pendant notre séjour à Ambon, le niveau des rivières était très élevé.

Hitou a été explorée géologiquement en 1898, en grande partie par l'ingénieur des mines Koperberg et pour une petite partie par moi-même. Nous avons alors fait ensemble l'ascension des montagnes Touna et Salahoutou. Dans une partie des mois de mars et d'avril 1899, et d'avril et de mai 1904, j'ai fait encore quelques excursions, au G. Kěrbau, à Tandjoung Tapi, au Touna, au lac Tělaga Radja et à la rivière Loï; à cause de la hauteur des eaux, cette dernière n'avait pas pu être explorée suffisamment en 1898, car nous étions alors à Ambon durant la saison des pluies (avril à juillet). Les violentes averses gênaient fort l'exploration, surtout d'une île aussi boisée que

Hitou; elles nous empêchaient d'ailleurs de jeter un coup d'œil d'ensemble sur l'île.

Mais, malgré ces circonstances défavorables, notre carte n°. I donne cependant, dans ses traits principaux, une image exacte de la constitution géologique de Hitou. Seule la limite entre la roche éruptive massive, avec les brèches et les conglomérats qui y appartiennent, que nous rangeons parmi nos Ambonites, et les matériaux incohérents (tertiaires supérieurs ou quaternaires) qui les recouvrent, n'a pas pu être examinée partout en détail. D'ailleurs, par des éboulements et des affouillements continuels des matériaux meubles, de nouvelles portions de la roche éruptive sont sans cesse mises à nu et deviennent visibles à la surface, en des points où auparavant elles étaient recouvertes de matériaux plus récents, de sorte que la limite en question subit constamment de légères modifications.

I. Péridotite, gabbro et serpentine.

L'affleurement de la péridotite à Hitou est borné aux alentours de Liliboï et d'Alang. Au cap Namakoli, la roche est bien dénudée. Plus loin, elle se montre dans les rivières Sëkawiri, à Liliboï, Namakoli et Alang lama ou Waloh, ainsi qu'au cap Mohatok et dans les rivières qui ont leur embouchure entre ce cap et Tandjoung Tapi. Le terrain quaternaire contient ici partout de nombreux fragments de péridotite, la plupart fortement serpentinisés.

Dans la partie nord-ouest de Hitou, on ne connaît pas de péridotite à l'état de roche massive; on a rencontré seulement quelques petits fragments roulés de gabbro dans la Waï Ela, en amont de Lima et dans la Waï Ilé, entre Lima et Saïd; de sorte que la péridotite existe probablement aussi dans le sous-sol; car le gabbro n'est autre chose qu'une variété à plagioclase de péridotite. Dans tout l'Archipel oriental, la péridotite est presque toujours accompagnée de gabbro, qui y forme soit des traînées, soit des filons. C'est ainsi que, pour citer un exemple dans une île du voisinage, j'ai trouvé, dans la presqu'île occidentale de Céram, nommée Houamoual, les deux roches réunies dans la rivière Mangourou, à Louhou, à la côte est. La négorie Louhou consiste en trois kampongs, qui sont du nord au sud, d'abord Louhou, puis Ija et ensuite Koulour. C'est dans ce

dernier kampong qu'est l'embouchure de la rivière Mangourou, qui
charrie, outre des morceaux de schiste, de nombreux fragments roulés
de péridotite (nos. 27 et 28) ainsi que quelques autres qui contiennent
des parties à grain grossier, riches en feldspath, du veritable gabbro
(n°. 29); bien que ce gabbro, adossé à la péridotite, soit limité en
lignes assez droites et donne ainsi l'impression d'un filon, en
d'autres points cette délimitation est moins régulière; je tiens donc ce
gabbro, ainsi que tous les autres, non pour de vrais filons, mais pour
des sécrétions de la péridotite riches en feldspath, lesquelles peuvent
parfois prendre en apparence la forme de filons.

Les péridotites de Hitou n'offrent presque pas de différences avec
celles de Leitimor; seulement, dans quelques-unes on voit un peu
de plagioclase.

N°. 123. Blocs roulés d'une roche qui existe aussi à l'état massif
aux bords droit et gauche de la vallée de la Sěkawiri, de 2 à 2½ km.
en amont de Liliboï. En échantillons, elle est vert-foncé, dense,
serpentineuse, avec quelques diallages vert-jaunâtre. Au microscope,
c'est une roche à olivine et à diallage fortement serpentinisée, consistant essentiellement en fibres polarisantes de serpentine (chrysotile),
avec un peu de calcaire spathique et une très forte proportion de
minerai de fer spongieux. Quelques gros cristaux de minerai sont
transparents, brun-sombre, et appartiennent sans doute à la chromite.
L'olivine est déjà totalement transformée; la diallage l'est en grande
partie; les parties fraîches qui restent encore présentent une extinction
oblique et n'appartiennent donc pas à de la bronzite, mais à de la
diallage monoclinique. *Péridotite*, passant à la serpentine.

N°. 9. Enlevé aux roches fermes de la côte, entre Alang et Liliboï,
à proximité de l'embouchure de la rivière Namakoli. Roche sombre,
serpentineuse, avec de nombreuses diallages vert-jaunâtre. Au microscope, un tissu de fibres de chrysotile, avec beaucoup de minerai
spongieux et de calcaire spathique. Il y a des restes inaltérés de
diallage, mais en si faible quantité que la roche doit être nommée
une *serpentine*. C'est une péridotite presque totalement transformée
en *serpentine*.

N°. 129. Gros blocs sur le monticule au sud-ouest d'Alang, où se
trouvait autrefois un poste à signaux, à 63 m. d'altitude. Ce

monticule consiste en matériaux quaternaires qui renferment, outre de la péridotite, encore de petits fragments d'Ambonites. En échantillons, c'est une roche vert-grisâtre, assez fraîche, avec quelques diallages. Au microscope, une belle roche, fort peu serpentinisée, consistant en bronzite en fibres fines à extinction droite, augite commune, ces deux éléments parfois en lamelles juxtaposées, olivine, un peu de plagioclase frais et chromite. Les fibres de la bronzite sont souvent recourbées, ce qui indique une compression de la roche. Ce qui est intéressant, c'est la présence de plagioclase dans cette péridotite, car elle indique une relation entre les péridotites et les gabbros à olivine. Toutefois, la teneur en plagioclase n'y est pas assez forte pour ranger cette roche parmi les gabbros. *Péridotite fraîche* à plagioclase.

Nos. **133** et **134**. Le n°. 133 est un bloc roulé de la Waï Waloh ou Alang lama, une serpentine, en partie blanche par altération tandis que le n°. 134 existe, d'après KOPERBERG, à l'état de roche massive dans le lit de la même rivière, et y produit un petit rapide à deux kilomètres environ de l'embouchure. C'est aussi une serpentine vert-noirâtre avec quelques cristaux de diallage, et transformée sur les plans de clivage en une masse serpentineuse blanche et tendre. Au microscope, ce sont l'un et l'autre des serpentines, avec quelques restes de diallage seulement et où l'olivine est totalement transformée. *Péridotites, transformées en serpentine.*

N°. **136**. Roche vert foncé, tant soit peu schisteuse, en gros blocs sur la plage, au cap Mohatok. Au microscope, une serpentine assez parfaite. On peut encore y voir les formes fibreuses fines et recourbées des bronzites, mais la matière elle-même est déjà transformée. *Serpentine*, issue de péridotite.

N°. **145**. Bloc roulé de gabbro dans la Waï Ela, en amont de Lima. Une roche fraîche, verte, d'un grain moyen, avec pyroxène et plagioclase. Au microscope, un mélange cristallin grenu de plagioclases assez limpides, avec extinction jusqu'à 22° de part et d'autre de la ligne de suture, de diallage enserrée entre les feldspaths et totalement transformée en un feutrage de fibres fines et de petits prismes d'ouralite vert clair. En quelques points, ces fibres se sont rassemblées en véritables cristaux de hornblende, dont on voit aussi des sections transversales, fortement pléochroïques, avec angles de 124°. De l'ilménite, en quelques gros cristaux entaillés. Pas d'olivine. *Gabbro* (*à hornblende*). Forme probablement des sécrétions dans la péridotite, mais la roche n'a pas été trouvée à l'état massif.

N°. 151. Bloc roulé dans la Waï Ilé, entre Lima et Saïd, à proximité de l'embouchure. C'est aussi une roche fraîche, de grain moyen, vert grisâtre, avec pyroxène et plagioclase. Au microscope, une roche grenue, cristalline, consistant en plagioclase limpide, comme le n°. 145. Du pyroxène monoclinique, d'une teinte très claire, qui n'a pas ici le caractère de diallage mais plutôt d'augite commune, et qui est transformé pour une grande partie en ouralite et aussi en hornblende compacte. Minerai avec leucoxène. Pas d'olivine. *Gabbro*.

II. Diabase.

Dans la partie nord-ouest de Hitou, les rivières transportent toutes de nombreux fragments roulés de diabases qui affleurent dans leur cours supérieur. La diabase et principalement à nu dans les rivières Soula, en amont d'Asiloulou, Siah, en amont d'Ouring, Ela, en amont de Lima, Ilé, Walawaä, Bouyang, Houloun, Loï et Wakahouli. Bien que la roche se montre principalement dans le lit des rivières et se recouvre d'ordinaire bientôt, sur les deux bords, de conglomérats et de brèches d'Ambonites, elle apparaît aussi sur les pentes des montagnes, entre autres près du petit lac (Télaga) Lana, au-dessus d'Asiloulou, à 415 m. d'altitude, et au mont Touna, jusqu'à l'altitude de 410 m. Parfois la diabase est accompagnée de tufs et de brèches diabasiques vert-grisâtre; et, tant dans ces deux roches que dans la diabase ferme, il s'est formé, par dégagement d'hydrogène sulfuré, une quantité très considérable de pyrite, ce qui les distingue déjà des Ambonites plus jeunes, lesquelles renferment rarement de la pyrite en proportion notable. Ces cristaux de pyrite, une combinaison du cube et de l'octaèdre, atteignent parfois la taille de 20 mm.

Dans les brèches et les tufs, les fragments de diabase sont souvent agglutinés par une pâte quartzeuse cristalline; il se forme ainsi des roches qui ressemblent à des porphyres quartzifères.

Bien que notre carte ne signale que peu de diabase dans la partie sud-ouest de Hitou, il se présente çà et là des fragments roulés altérés et de l'argile pyritifère, ce qui fait qu'il n'est pas invraisemblable que, dans ce terrain, la diabase ait une extension assez considérable dans le sous-sol. C'est ainsi que dans la vallée de la Waï Lawa, au-dessus de Tawiri, KOPERBERG a trouvé une roche argileuse, gris-clair, (n°. 111), non disposée en couches, qui est probablement un produit d'altération d'une roche éruptive, gris sombre, pyritifère et à grain fin, qui affleure en amont de ce point, sans doute une diabase très altérée. Le « Hatou assa », un rapide de la Waï Sĕkawiri (nommée aussi Ajér Bĕsar) en amont de Liliboï, est produit par une roche vert-grisâtre, d'un grain fin, (n°. 121) qui appartient à la diabase et que l'on peut suivre encore plus loin, sur une grande étendue, dans le lit de la rivière; elle apparaît aussi à la montée de la Sĕkawiri vers l'arête Hatou Lalikoul, en direction occidentale. Dans un petit affluent de la Sĕkawiri, non loin de Liliboï, on trouve aussi une argile pyriteuse blanc-verdâtre, que l'on emploie pour blanchir les maisons et qui est probablement un produit d'altération de diabase; celle-ci se rencontre aussi, profondément altérée, en fragments dans l'argile. Enfin, parmi les blocs roulés de la rivière Alang lama (ou Waï Waloh), en amont d'Alang, il y en a quelques-uns qui sont des diabases (n° 131).

Dans la partie orientale de Hitou, il se présente de la diabase dans le ravin de la rivière Taïsoui, au passage de la route de Waë au Salahoutou, à 270 m. d'altitude, et plus en amont encore. D'énormes blocs sont disséminés en cet endroit (n°s. 65, 66, 68). En aval, à 170 m. d'altitude environ, à la cascade Batou Embouang, affleure une roche éruptive jeune, et en fait de diabase on ne trouve que quelques petits cailloux roulés (n°. 166). Il ne paraît pas douteux que, par une ex-ploration détaillée de tous les ravins du Salahatou, l'on ne rencontre la diabase encore dans le lit d'autres rivières, recouverte par les Ambonites de cette montagne.

Nous décrirons les roches diabasiques de l'est vers l'ouest.

Chaîne du Salahoutou. N°s. 65, 66 et 68. De très gros blocs roulés dans la rivière Taïsoui, à la traversée de la route de Waë au Sala-houtou, à 270 m. d'altitude. La roche n'affleure pas en cet endroit, mais un peu plus en amont elle doit certainement exister comme roche massive, puisque les blocs sont si volumineux. En cet endroit, la rivière forme une petite cascade par-dessus une Ambonite qui ressemble à du porphyre quartzifère.

En échantillons, ce sont des roches vert-grisâtre, à grain fin, avec particules rondes de calcédoine, mais sans grands cristaux. Au microscope, un mélange grenu, microcristallin de plagioclases étroits, d'augite et de minerai. La matière de l'augite est enserrée entre les plagioclases, et totalement transformée en chlorite et un peu de quartz. Le minerai est de l'ilménite, à bord de leucoxène. Comme produits secondaires, du quartz, de la calcédoine, du calcaire spathique et de la pyrite. *Diabases*.

N°. 166. A la cascade Batou Embouang dans la Waï Taïsoui, à 170 m. d'altitude. Blocs roulés. En échantillons, roche trouble, vert-grisâtre clair, à cavités dans lesquelles il y a de petits cristaux rhomboédriques de dolomie qui, d'après l'analyse de M. P. HUFFNAGEL à Delft, se dissolvent avec effervescence dans de l'acide chlorhydrique concentré et chaud. Au microscope, quelques sections cristallines très grandes, remplies de chlorite, de calcaire spathique et de quartz, proviennent d'augite. Ces cristaux gisent porhyriquement dans une pâte trouble de baguettes allongées de feldspath, de quartz, de minerai de fer à bord trouble, de chlorite et de calcite. La pyrite y est secondaire, de même que les particules de quartz, la chlorite, et le calcaire spathique. *Diabase*.

La Waï Loï. Comme nous l'avons dit, la vallée de la Waï Loï fut explorée en 1899. Après avoir passé un peu d'alluvium et puis, des terrasses de cailloux roulés quaternaires (n°s. 19a, b, c), on trouve une roche andésitique ferme (n°s. 19d, e, f) jusqu'au delà du petit affluent de droite Kapa; on trouve ensuite dans la rivière un nombre de plus en plus grand de fragments roulés de diabase, dont on recueillit le n°. 19g; et à 3³/₄ km. environ de Kaïtetou on arrive à une roche blanche, le porphyre quartzifère n°. 19h, à l'état massif dans la rivière. Le ravin est tout-à-fait comblé de très gros blocs roulés de cette roche blanche, qui empêchent de pénétrer plus avant dans le lit de la rivière. Aux talus des bords il y a des matériaux meubles avec fragments d'andésite. Ce n'est que plus en amont que la diabase apparaît comme roche massive. On la trouve entre autres à l'embouchure de l'affluent de gauche Touna de la Waï Loï, sur le sentier de Saïd au lac Télaga Radja, une route que nous décrirons plus tard. En ce point, à 269 m. d'altitude, on a recueilli dans la

Waï Loï la diabase n°. 19k; et la même roche affleure aussi dans la Waï Touna même et dans un petit affluent de cette rivière, tout près de son confluent avec la Waï Loï. Plus haut dans la Waï Loï et dans la Waï Touna, la diabase se recouvre d'Ambonites et de brèches de ces roches.

N°. 19g. Bloc isolé dans la Waï Loï, à 2½ km. environ de Kaïtetou. En échantillons, une roche vert-grisâtre, fraîche, avec quelques grandes augites ouralitisées. Au microscope, un mélange cristallin de plagioclase, à grands angles d'extinction (33°) des deux côtés de la ligne de suture, d'augite et d'un peu de minerai. Les augites sont totalement transformées en une ouralite en fibres fines; les aiguilles sont pléochroïques entre le vert-bleuâtre et le vert-jaunâtre, et sont à extinction oblique. Il n'y a plus de matière augitique inalterée. *Epidiabase.*

N°. 19k. Affleurant dans la Waï Loï et dans le cours inférieur de la Waï Touna, non loin de son confluent avec la Waï Loï, à 269 m. d'altitude. En échantillons, vert-grisâtre, microcristalline, sans grands cristaux; la roche est traversée par de minces veines de calcaire spathique avec calcédoine, colorées légèrement en brun par de l'hydroxyde de fer. Au microscope, une très belle roche, car les plagioclases y sont encore très frais; ils forment des individus tabulaires, tant en longueur qu'en largeur; et ils sont très basiques, car on y mesure souvent des angles de plus de 30°, (même de 36° et de 37°). Ils sont très purs, presque sans inclusions; seulement de la chlorite a pénétré du dehors dans les fissures des cristaux. De l'augite vert-clair, monoclinique, aussi à grands angles d'extinction (35° à 40°); le pyroxène rhombique manque. Une très forte proportion de particules vertes, enserrées entre les autres éléments, polarisant en fibres, probablement tous de la chlorite provenant d'augite, qui présente aussi des fibres de chlorite sur les bords des cristaux encore frais; on n'y aperçoit pas de serpentine provenant d'olivine. Dans la chlorite gisent de nombreuses particules jaunes, allongées, de la forme d'un boudin ou d'une massue, irrégulièrement délimitées, des agrégats microgranuleux, qui appartiennent à l'épidote. Du minerai, en sections minces et allongées ou hexagonales, à peu près sans leucoxène, mais pourtant du minerai de fer titané, selon toute probabilité, car certaines lamelles minces, régulièrement hexagonales, deviennent brunes et transparentes. Pas de pâte. *Diabase cristalline.*

Cette roche présente une grande analogie avec les gabbros n°s. 145 et 151 décrits plus haut, dont le premier contient de la diallage et le second de l'augite commune. La transformation de l'augite en matière de hornblende s'observe aussi dans le bloc roulé n°. 19*g* de la Waï Loï.

Nous trouvons donc ici une transition graduelle de la péridodite commune aux diabases cristallines et aux épidiabases n°s. 19*k* et 19*g* de la Waï Loï, en passant par la péridotite à plagioclase n°. 129 de la montagne à signaux (scinpostberg) près d'Alang, et les gabbros n°s. 145 et 151; cela prouve que nous devons voir dans les péridotites et les diabases des membres d'une même famille, qui appartiennent probablement à une même période d'éruptions, quoique pas tous exactement du même âge. Toutefois, on n'a pas rencontré de filons de diabase dans la péridotite, ni réciproquement.

Le Touna. Deux routes conduisent de la côte du nord vers le Touna; la première commence à mi-chemin entre Saïd et Hila, entre les petites rivières Kalouli et Jolang (ou Lola, comme on l'appelle dans son cours supérieur). En suivant ce sentier, on traverse la Waï Lola, et en montant toujours plus haut sur la même arête, on atteint la plus haute cime du Touna, celle de l'est, de 875 m. d'altitude. L'autre chemin, plus long et plus difficile, mais beaucoup plus intéressant, va de Saïd à la cime moyenne du Touna (861 m. d'altitude), par les versants ouest et sud de cette montagne, et de ce point on peut facilement arriver au sommet le plus élevé. A partir de Saïd on suit d'abord, sur une courte distance, la grand'route de Hila; on prend alors à droite (au sud) un sentier qui conduit d'abord par des brèches et conglomérats incohérents d'andésite, et qui côtoie le versant oriental (435 m. d'altitude) d'une petite cime avancée, laquelle porte le nom de Wawani et atteint l'altitude de 467 m. Sur cette cime on trouve deux canons brisés; c'est sans doute le monticule sur lequel on s'est fortement battu en 1643 et que VALENTIJN (Oud en Nieuw Oost-Indien, II, 2, Ambonsche zaken, bdz. 138) mentionne comme l'escarpement sur lequel KAKIALI avait placé, dans la déclivité de la montagne, une batterie fixe de 3 pièces et de 3 pierriers pour balayer la route». C'est à tort que les habitants d'Ambon ont donné le nom de ce mamelon à toute la montagne, de sorte que celle-ci est appelée «Touna» par les habitants de Saïd, et «Wawani» par ceux d'Ambon et des alentours. La première dénomination seule est exacte.

On reste sur les brèches et les conglomérats incohérents (nos. 13 et 14) jusqu'à l'altitude de 410 m. environ; ils sont remplacés alors par de l'andésite compacte (n°. 15), qui apparaît çà et là en blocs de la hauteur d'une maison. Dans la petite rivière Tamboro, un affluent de droite de la Waï Houloun que l'on passe à 369 m. d'altitude, gisent exclusivement des blocs roulés de cette roche (n°. 16). D'ici on descend pour remonter ensuite en pente faible jusqu'à 403 m., vers un endroit où se dégagent des vapeurs d'hydrogène sulfuré entre des fragments blanchis et fortement décomposés d'andésite (n°. 17a), et où il s'est déposé un peu de soufre (n°. 17); ce lieu se nomme Latahou-houlehou. Le gaz ne s'y échappe pas dans un espace cratériforme, mais au versant de la montagne, et à l'entrée d'un petit ravin dont les eaux coulent vers la Waï Houloun, entre des blocs incohérents. Ensuite le sentier monte et descend alternativement jusqu'à l'altitude de 395 m., où l'on passe de nouveau un petit affluent de droite de la Waï Houloun, la Wanii, qui forme ici une cascade sur de la diabase (n°. 18). Si l'on suit ce petit cours d'eau jusqu'un peu en amont du passage, on trouve bientôt dénudé, à la rive droite, le profil représenté dans la fig. 38 (annexe IV), à 410 m. d'altitude environ. De l'andésite ferme (n°. 18c), divisée en plaques qui inclinent légèrement vers le nord ou le nord-ouest, repose ici sur la diabase, D (n°. 18a), dont la partie supérieure consiste en brèches et tufs de diabase, Dt (n°. 18b). La diabase aussi bien que les brèches contiennent beaucoup de pyrite. Cette dénudation est remarquable parce qu'elle prouve qu'au Touna le sous-sol, qui se compose de diabase, atteint une hauteur considérable.

Si l'on continue à suivre ce sentier, on arrive, non loin au-delà de la Wanii, à un point où se dégage de nouveau une forte odeur d'hydrogène sulfuré, bien que la vapeur n'en soit pas visible. L'espoir d'atteindre d'ici, en montant vers l'est, la cime occidentale du Touna, de 804 m. d'altitude, fut déçu par la communication qui nous fut faite par les chefs et les indigènes qui nous accompagnaient, que par suite du grand escarpement cette cime était inaccessible de cet endroit. Nous continuons donc notre route d'abord vers le sud, atteignons à 664 m. la ligne de partage des eaux entre la Waï Houloun et la Waï Loï, descendons sur cette ligne jusqu'à 623 m., et trouvons ici une petite maison n°. 1, d'où l'on a une vue sur la pointe sud-ouest de Céram, nommée Tandjoung Sial. Tout près de cet endroit, on voit mise à nu une roche altérée (n°. 18d) qui, en échantillons, fut d'abord prise pour une diabase, mais dont on reconnut par l'examen microscopique qu'elle appartient aux Ambonites. Nous descendons d'ici, en pente raide, le flanc méridional de la montagne et, dans un petit affluent de la Waï Touna, nous trouvons de nouveau une dénudation d'une andésite très altérée (n°. 18e); dans la Waï Touna elle-même (affluent de gauche de la Waï Loï), nous trouvons aussi exclusivement de l'andésite (n°. 18f) dans un état assez frais, qui s'étend probablement jusqu'au sommet. Le sentier de la Waï Touna, au bord duquel nous avons établi, pendant notre excursion, un refuge n°. 2, à 505 m. d'altitude, conduit d'ici, dans une direction sensiblement septentrionale, vers la cime du milieu du Touna, élevée de 861 m. A cause des fortes pentes, parfois de 30° et plus, et des racines des arbres recouvertes de mousse, cette ascension est très fatigante et très peu intéressante, car on ne jouit qu'à quelques places d'un beau point de vue, notamment dans la vallée de la Waï Loï et du côté d'Ambon, entre autres à un endroit situé à 650 m. d'altitude environ, où la mésigit (église mahométane) d'Ambon est vue dans la direction de $119\frac{1}{2}°$ (magn.); d'ailleurs nous n'avons pu recueillir nulle part des échantillons inaltérés de roches. Sur la cime moyenne du Touna, nous avons aussi construit un refuge n°. 3, ou plutôt un abri sous un toit. De cet endroit, on peut facilement atteindre la cime orientale du Touna, la plus élevée (875 m.); mais ici encore il n'y avait à voir aucune roche fraîche; tout était recouvert d'humus et de mousse. A travers les nuages nous avions, de temps en temps, une bonne vue sur Kaïtetou, où nous pouvions voir l'embouchure de la Waï Loï et son lit de blocs roulés.

Si nous résumons ce que nous avons pu observer dans la Waï Loï et au Touna même, nous voyons que le sous-sol de cette montagne consiste en porphyre quartzifère, diabase et brèches de diabase, les deux dernières jusqu'à l'altitude de 410 m. au moins; et que là-dessus il s'est déposé de jeunes roches éruptives (Ambonites). A en juger d'après les fragments roulés dans le lit de la Waï Houloun, à proximité de son embouchure, il faut que dans cette rivière, du côté ouest de la montagne, la diabase existe aussi comme roche ferme. C'est là que fut recueilli l'échantillon n°. 152.

N°. 18. Roche de la cascade de la rivière Waniï, à proximité du passage du sentier. En échantillons, c'est une roche vert-grisâtre, à grain très fin, avec de nombreux cristaux de pyrite. Elle est en partie brécheuse, et elle paraît être plutôt une brèche ou un tuf qu'une roche éruptive compacte. Elle fait effervescence avec l'acide chlorhydrique chaud, et renferme donc des carbonates. Au microscope, on voit un mélange microcristallin de plagioclase, chlorite, minerai, quartz et calcaire spathique. Les plagioclases sont allongés et étroits, la plupart troubles par formation de spath calcaire et ils sont cassés aux extrémités. La chlorite, issue d'augite qui n'existe plus à l'état inaltéré, est serrée entre les feldspaths. Le minerai est du fer titané avec leucoxène. Le quartz se montre en cristaux plus grands, qui polarisent en mosaïque; ils sont entourés d'un bord de chlorite et renferment des inclusions de bulles liquides; ces cristaux sont sans doute primaires, mais les petites particules de quartz, irrégulièrement délimitées, probablement secondaires. La pyrite a disparu en grande partie des plaques par la taille; c'est encore un produit secondaire, provenant des émanations de H^2S. *Diabase transformée*, ou plutôt *brèche de diabase*.

N°. 18a. Roche de la rive droite de la Waniï, située plus haut que le n°. 18. En échantillons, elle ressemble à la précédente, mais elle n'est pas brécheuse; elle renferme beaucoup de pyrite. Au microscope, les éléments sont les mêmes qu'au n°. précédent; mais il y a moins de quartz et plus de calcite; la chlorite est vert-brunâtre. *Diabase altérée*.

N°. 18b. Fragment d'une brèche qui recouvre la roche précédente, à la rive droite de la Waniï. Renferme beaucoup de pyrite, est de teinte vert-grisâtre clair et ressemble à la roche précédente, mais contient un grand nombre de particules arrondies de quartz. Au microscope, c'est une roche brécheuse, avec fragments d'une diabase très altérée, gisant dans une pâte quartzeuse qui polarise en mosaïque et contient beaucoup de pyrite. Ce quartz ne renferme pas d'inclusions liquides. *Brèche de diabase imprégnée de quartz ou silicifiée.* La roche n⁰. 18*b* est recouverte d'andésite (n⁰. 18*c*).

N°. 152. Fragments roulés de la Waï Houloun, à peu près à 1 $^1/_2$ km. de l'embouchure. Roche vert-grisâtre, d'un grain fin, avec une très forte proportion de pyrite. Au microscope, un réseau d'aiguilles de plagioclase allongées, troubles, mais encore polarisantes, avec chlorite, ilménite avec leucoxène, grains de titanite, un peu de quartz et une très grande quantité de pyrite. *Diabase transformée.*

Waï Elah. La vallée de cette rivière, qui se jette dans la mer à Lima, fut suivie par KOPERBERG aussi loin que possible; puis, à la rive gauche, il fit une excursion au mont Latoua, qui sera décrite plus tard. Après avoir traversé l'alluvium à Lima, on trouve bientôt l'andésite et les conglomérats de cette roche; puis la diabase (n°. 147), qui paraît se prolonger jusque bien haut dans la vallée. Toutefois, à 500 m. d'altitude,, on ne voit plus de diabase dans la Waï Elah; on aperçoit seulement des Ambonites plus jeunes. Dans son cours inférieur, la rivière charrie aussi de nombreux blocs roulés de diabase.

N°. 147. Roche affleurant à 3 km. environ de Lima, dans le lit de la Waï Elah. Elle est vert-grisâtre, à grain fin et contient de la pyrite. Au microscope, on voit qu'elle appartient, comme les diabases de la Waï Loï, aux diabases les moins altérées d'Ambon. C'est un mélange cristallin, grenu, de plagioclases allongés, d'augite de teinte claire et d'ilménite. Comme produits secondaires, beaucoup de chlorite, moins de calcaire spathique, peu de quartz; autour du minerai, leucoxène blanc trouble ainsi que des grains limpides de titanite; puis de la pyrite. Les plagioclases présentent des angles d'extinction de 20° et plus de part et d'autre de la ligne de suture. L'augite est en partie encore fraîche, d'une teinte verte très claire et transformée seulement en partie en chlorite, calcite et un peu de quartz. *Diabase.*

Waï Soulah et *Télaga Lana.* La Waï Soulah ou rivière d'Asiloulou prend sa source au Gounoung Lana (500 m. d'altitude environ), un contrefort au sud-ouest du massif du Latoua. Au versant nord de l'arête du Latoua, entre 250 et 450 m. d'altitude, il y a un terrain de diabase, dans lequel est situé à 415 m. un petit lac de 70 m. environ sur 50, rempli d'eau froide, couvert de lentilles d'eau, et entouré de sagoutiers. Il est presque inutile d'ajouter qu'il n'a rien de commun avec un lac de cratère, dont il n'a d'ailleurs pas le caractère. Nous y avons recueilli les échantillons nos. 143 et 144 de blocs volumineux. De toutes parts la diabase est bornée par des conglomérats et des brèches d'andésite, roche qui existe aussi à l'état massif dans le cours inférieur de la rivière. La diabase ne s'y trouve qu'en blocs roulés (n°. 142).

N°. 142. Blocs roulés de la Waï Soulah, à peu près à 3 km. d'Asiloulou. Roche vert-grisâtre clair, à grain fin. Au microscope, une diabase microgranuleuse, avec plagioclases longs et étroits; l'augite est totalement transformée en chlorite, calcaire spathique et un peu de quartz. Ilménite avec leucoxène; hydroxyde de fer. *Diabase.*

N°. 143. Gros blocs près du petit lac Lana, à 415 m. d'altitude. Roche gris-verdâtre, à grain fin. Au microscope, moins microgranuleuse que l'échantillon précédent. Ici encore l'augite est totalement transformée en chlorite, qui est enserrée entre les plagioclases longs et étroits. Beaucoup de minerai, sans leucoxène, mais avec quelques taches brunes d'oxyde et, à ce qu'il paraît, en octaèdres réguliers; donc de la magnétite probablement. Calcite. *Diabase.*

N°. 144. Gros blocs du lagon Lana, à 415 m. d'altitude. Roche gris-verdâtre clair, à grain fin, analogue au n°. 142. Au microscope, une diabase altérée comme la précédente, où de nouveau toute l'augite est transformée. Très forte proportion d'ilménite, bordée de leucoxène. *Diabase.*

Waï Alang lama ou Waï Waloh, à Alang. Dans cette rivière gisent des blocs roulés de calcaire, de grès, de serpentine brécheuse et quelques uns de diabase, dont on a recueilli un échantillon (n°. 131). La roche n'a pas été rencontrée à l'état massif.

N°. 131. Bloc roulé de la Waï Alang lama, à Alang. Roche gris-verdâtre à grain fin. Au microscope, elle ressemble au n°. 147, car ici aussi une grande partie de l'augite, d'un vert très clair, est encore fraîche et n'a été transformée en chlorite que pour la plus petite moitié. Pour le reste, les éléments ordinaires, de longs plagioclases, de l'ilménite avec leucoxène, du calcaire spathique, du quartz, ainsi que des cristaux et des grains cristallins jaunes et bruns qui appartiennent à l'épidote. *Diabase.*

Waï Sĕkawiri (nommée aussi *Waï Elah* et *Ajĕr bĕsar*) à Liliboï. Dans le cours inférieur on trouve du calcaire corallien et puis divers petits rapides sur une roche un peu brécheuse, fort altérée (n⁰. 121).

N⁰. 121. Roche du rapide Hatou assa, dans la rivière Sĕkawiri (Ajĕr bĕsar), à 1¹/₂ km. environ de Liliboï. En échantillons, roche gris-verdâtre foncé, assez tendre, à grain fin, d'apparence tuffeuse. Au microscope, on voit des morceaux très altérés de diabase, avec bords sombres, riches en grains de minerai de fer, ce qui donne à cette roche un aspect brécheux. Plus haut dans la rivière, il doit y avoir encore plus de cette roche. *Diabase,* fort altérée.

Waï Lawa, à Tawiri. Dans la vallée de cette rivière, on trouve des andésites riches en verre, parmi lesquelles une roche diabasique altérée apparaît çà et là à l'état massif; l'argile pyriteuse gris-clair (n⁰. 111) est regardée comme un produit de désagrégation de cette diabase, mais elle appartient probablement aux sédiments quaternaires. Il n'a pas été recueilli d'échantillons de la diabase de la Waï Lawa.

III. Roches granitiques.

A ce groupe appartiennent, à Hitou comme à Leitimor, aussi bien les granitites que les porphyres quartzifères.

Le *granite* apparaît dans le sud-ouest de Hitou, dans la grande négorie Alang, et entre celle-ci et la négorie Liliboï, à la côte. De plus, les dépôts quaternaires à l'ouest et au sud-ouest de Liliboï renferment beaucoup de fragments de granite. Dans la négorie Alang, on a taillé dans le granite altéré un escalier de 52 marches, que l'on se propose de continuer jusqu'à 65 marches environ, vers la partie de la localité située plus haut. Au nord gisent sur le granite des matériaux incohérents; à l'est, la roche confine à l'alluvium de la rivière Namakoli, et puis à la péridotite du cap Namakoli. Plus au nord-est, il apparaît encore un peu de granite à la côte, et il existe de gros blocs le long de la côte jusqu'à proximité de Liliboï. Plus à l'est encore, il n'y a plus de granite nulle part à Hitou, pas même en blocs isolés.

Le *porphyre quartzifère* se rencontre dans le lit de la Waï Loï, et dans diverses rivières au pied du Salahoutou.

N°. 10. Roche d'Alang. Granite grisâtre, d'un grain moyen ou fin, avec quartz, feldspaths blancs et ternes et biotite. Renferme beaucoup de sécrétions grises, d'un grain très fin, irrégulièrement délimitées. Au microscope, on voit que parmi les feldspaths il y a de l'orthoclase trouble et encore plus de plagioclase demi-trouble. Ensuite, beaucoup de biotite, transformée partiellement en chlorite, un peu de minerai et quelques grains de zircone. Quelques gros cristaux, à noyau limpide et incolore, sans pléochroïsme, mais transformés d'ailleurs en une muscovite vert-clair, en fibres très fines, appartiennent à la cordiérite. *Granitite.*

N°. 11 est une sécrétion gris-clair, d'un grain très fin, de la granitite n°. 10 d'Alang. Des deux plaques microscopiques, l'une est un granite commun, confinant à la sécrétion, et semblable au n°. 10, mais avec beaucoup de plagioclase qui présente des stries croisées, et de nombreuses cordiérites incolores, qui ne sont qu'en partie transformées et devenues brun-jaunâtre. Dans les parties limpides de ces cordiérites il y a de la sillimanite, parfois beaucoup, mais le plus souvent peu, ainsi que des octaèdres de pléonaste d'une belle teinte verte. L'autre plaque est la sécrétion fine elle-même, et elle consiste en quartz, plagioclase, beaucoup moins d'orthoclase, beaucoup de petites biotites, du minerai et des grains de zircone. La cordiérite manque, ainsi que la hornblende. C'est donc aussi une *granitite*, à grain fin.

N°. 127. Enlevé à de gros blocs, au rivage, entre Alang et Liliboï, à proximité de la petite rivière Lapiarounout. En échantillons, un granite brun d'un grain moyen. Au microscope, du quartz, du plagioclase, encore une fois moins d'orthoclase, de la biotite, du minerai, et de nombreux cristaux de cordiérite limpides, transformés en partie en une masse brun-jaunâtre, en partie même finement fibreux par des agrégats vert-clair de muscovite. Chlorite, limonite. Pas de hornblende. *Granitite.*

N°. 19h. Roche ferme dans la rivière Loï, à 3³/₄ km. de Kaïtetou; cette roche blanche ne peut se voir que dans le lit de la rivière, divisée en bancs épais qui inclinent au nord. Elle offre quelque ressemblance avec certaines diabases et tufs diabasiques, blanchis et imprégnés de quartz, qui se montrent ailleurs, au Touna. A l'examen microscopique, on reconnaît cependant qu'elle n'appartient nullement aux diabases, mais fait partie des porphyres quartzifères. Une comparaison minutieuse des plaques microscopiques des diverses roches du Touna a fait voir, que la constitution géologique de cette montagne est encore plus compliquée que je ne le croyais tout d'abord. Aux bords des rivières, le porphyre quartzifère se recouvre de matériaux roulés; on ne sait pas au juste jusqu'où ceux-ci continuent en amont, car le lit de la rivière est comblé de blocs énormes du porphyre, qui empêchent d'y pénétrer plus avant, ou du moins en rendent l'accès très pénible. Ce qui est certain, c'est qu'à $1\frac{1}{2}$ km. en amont, à l'embouchure de la Waï Touna, à 269 m. d'altitude, il n'y a plus à voir de porphyre quartzifère, mais la diabase n°. 19k, décrite plus haut, y vient au jour.

En échantillons, le porphyre quartzifère n°. 19h est une roche blanc terne, dure, dans laquelle on ne peut voir que des quartz et des cristaux de pyrite. Au microscope, on observe une pâte microgranuleuse dans laquelle sont disséminés porphyriquement des grains de quartz arrondis et des feldspaths. Ces derniers sont tous troubles; quelques-uns polarisent encore comme des cristaux simples ou comme des mâcles d'orthoclase; d'autres présentent distinctement les stries des plagioclases. Les quartz contiennent des inclusions de particules solides de verre aussi bien que de petites bulles liquides. La pâte consiste en particules de quartz et de feldspath, qui forment des agrégats irrégulièrement délimités, dans lesquels ces particules sont enchevêtrées à la façon du granite graphique. La roche renferme ensuite de l'ilménite, non seulement avec bord terne de leucoxène, mais encore avec beaucoup de titanite limpide et polarisante, de teinte grisâtre ou jaune-grisâtre. La chlorite n'y existe que dans une faible mesure; l'augite, ou tout autre élément sombre (bronzite, hornblende, biotite), pas du tout. La pyrite s'y trouve en cristaux relativement volumineux. *Porphyre quartzifère granophyrique.*

N°. 64. Fragments roulés dans la rivière Sakowé, affluent de la Sélaka qui se jette dans la mer au nord de Waë. Les morceaux ont été recueillis au point d'intersection de la rivière et du sentier qui conduit de Waë à la cime orientale du Salahoutou, et que nous décrirons plus tard à propos des liparites. En échantillons, c'est une roche gris-bleuâtre clair, avec pâte serrée et des quartz porphyriques. Ressemble tout à fait au nᵒ. 1 de Tg. Batou merah et présente aussi la même croûte d'altération jaune-brunâtre. La roche est traversée de fissures, dont les parois sont tapissées de cristaux de quartz et de petites paillettes hexagonales d'un minéral limpide qui, d'après l'analyse de M. P. HUFFNAGEL Pz., étudiant à l'Eole Polytechnique de Delft, appartient à la margarite (mica calcaire). Au microscope, elle donne sensiblement la même image que le nᵒ. 1. En cristaux porphyriques, rien que du quartz et du feldspath, ce dernier en faible quantité, car il a été en partie transformé en kaolin qui a disparu au polissage. Quelques longs rectangles, primitivement du feldspath, sont transformés en un agrégat de grains de quartz. Les quelques restants de feldspath qui existent encore sont sans stries, ne présentent que de petits angles d'extinction et appartiennent à l'orthoclase. La pâte consiste essentiellement en particules de quartz limpides et en d'autres jaune-brun trouble, plus ou moins arrondies, de feldspath, qui, tournées entre nicols croisés, s'éteignent sur toute la surface et sont rarement pénétrées de grains de quartz. Dans cette pâte, on ne peut observer distinctement un enchevêtrement micropegmatitique ou graphogranitique de quartz et de feldspath, comme dans le nᵒ. 1. Entre les particules, on trouve de belles tables quadratiques et des octaèdres aigus d'anatase, transparents, d'un bleu d'acier, résultant probablement d'une décomposion de la biotite. Ensuite, la pâte renferme encore de petites fibres de muscovite, des grains bruns d'hydroxyde de fer et un peu de pyrite. *Porphyre quartzifère.*

Nᵒ. 67. Fragments roulés de la rivière Taïsoui, à la traversée du sentier de Waë au Salahoutou, à 270 m. d'altitude environ. Une masse compacte, gris-bleuâtre, ressemblant presque à un schiste siliceux, avec quelques petits quartz et des veines de calcédoine. Au microscope, on voit une pâte d'un grain fin, qui consiste en de nombreuses particules polarisantes de quartz et de feldspath brun trouble, avec beaucoup de calcédoine. Des quartz porphyriques, présentant des poches dans lesquelles la pâte s'est introduite. Il s'y trouve quelques orthoclases, en cristaux simples ou en mâcles. Certains feldspaths sont transformés en quartz ou en calcédoine. *Porphyre quartzifère.*

Le porphyre quartzifère n°. 64 a été analysé par M. D. Funk, 1er assistant au laboratoire de chimie de l'Académie des mines à Freiberg, en Saxe. La composition est:

N°. 64.

SiO^2 . . . . $=$	80.94
Al^2O^3 . . . . $=$	10.05
Fe^2O^3 . . . . $=$	0.50
FeO . . . . $=$	0.47
CaO . . . . $=$	0.30
MgO . . . . $=$	0.10
K^2O . . . . $=$	5.08
Na^2O . . . . . . $=$	1.73
H^2O . . . . $=$	0.85
Total . . . $=$	100.02

Les roches n°s. 1 et 64 sont donc fort rapprochées par la composition; seulement, le n°. 64 est plus riche en acide silicique, par suite de la forte teneur en quartz de la pâte.

IV. Terrain gréseux.

Le terrain gréseux, qui joue un rôle si important à Leitimor, n'apparaît pas à Hitou. Il est pourtant probable que ce terrain existe aussi dans le sous-sol de Hitou, car on y a rencontré çà et là quelques fragments roulés de grès et de calcaire compacte. Ces fragments ont été trouvés aux points suivants:

1. *Dans la rivière Sěkawiri*, à Liliboï, à proximité du rapide Hatou assa, qui consiste en diabase (n°. 121) et qui a déjà été décrit plus haut; on y a trouvé des blocs de calcaire compacte, gris-clair (n°. 122), ressemblant à ceux de la vallée de la Batou gadjah, en arrière d'Ambon, et qui concordent peut-être avec ces derniers par l'âge. Malheureusement, ce calcaire ne renferme pas de fossiles.

2. *A l'ouest d'Alang*, et aussi à l'est du «mont du poste à signaux» (la cime au-dessus de Tandjoung Alang), quelques blocs de calcaire compacte, (n°s. 128 et 130) gris-foncé et gris-clair, surgissent du sol quaternaire; ils ressemblent aussi au calcaire ancien de Leitimor. Dans la petite rivière voisine, Titilanang, qui coule à l'est du mont du poste, on en a cherché les couches fermes, mais on ne les a pas trouvées.

3. *Dans la rivière Alang lama*, qui débouche dans la mer à l'ouest du mont à signaux, on a rencontré des fragments roulés d'un grès (n°. 132), passant au conglomérat, et de petits morceaux d'un calcaire compacte, noir, qui ont un caractère ancien. Cependant, aussi loin que la rivière a été explorée, on n'a pu voir nulle part des couches de grès. Le grès consiste en débris de granite; les petits échantillons de calcaire n'ont malheureusement pas été conservés.

L'âge des calcaires dont il vient d'être parlé n'est pas tout à fait certain, non seulement parce que nulle part on ne les a trouvés en couches et qu'ils ne renferment pas de fossiles, mais encore parce que les calcaires coralliens jeunes deviennent parfois compactes ou très finement cristallins, et qu'ils ressemblent alors parfaitement à des calcaires anciens. Les fragments roulés qu'on a rencontrés peuvent donc parfaitement provenir du terrain de calcaire corallien. Des recherches ultérieures devront élucider cette question.

N°. 122. Blocs incohérents de la rivière Sěkawiri, à Liliboï, à peu près à 10 m. d'altitude. Calcaire compacte, gris-clair, avec de grosses veines de spath calcaire. En échantillons il ressemble fort au calcaire gris, ancien (n°s. 74 et 222) de la vallée de la Batou gadjah. On n'y voit pas de pétrifications. Au microscope, on observe uniquement des sections de fossiles impossibles à déterminer, probablement en grande partie des foraminifères. Les globigérines, si répandues dans les calcaires tertiaires et plus récents, manquent ici, de même que tous les minéraux qui pourraient provenir de jeunes roches éruptives. C'est un calcaire très pur, un mélange microcristallin d'individus de calcite. *Calcaire cristallin.*

N°s. 128 et 130. Au sud-ouest d'Alang se trouve la petite cime sur laquelle il y avait auparavant un poste à signaux et qu'on appelle, pour cette raison, le «mont du poste» (seinpostberg). A l'est de ce monticule coule la petite rivière Titilanang, et un peu plus loin, à l'est de cette rivière, à 45 m. d'altitude, sur la route d'Alang, quelques blocs d'un calcaire compacte, gris-clair (n°. 130), à parties sombres (n°. 128), non des blocs roulés proprement dits, mais usés et arrondis et qui paraissent consister en coraux, surgissent du sol quaternaire. Un peu plus à l'est, dans la rivière Alang lama, il apparaît, à 42 m. d'altitude, du calcaire reposant sur de la serpentine; mais, suivant

Koperberg, c'est du calcaire corallien jeune ordinaire. Au microscope, le n°. 130 présente de nouveau une masse très pure de calcaire spathique, avec des restes de coraux et de foraminifères impossibles à déterminer. *Calcaire cristallin.*

Les calcaires nᵒˢ. 122, 128 et 130 ressemblent il est vrai aux calcaires anciens des vallées de la Batou gadjah et de la Batou gantoung, mais aussi aux variétés denses, compactes, des jeunes calcaires coralliens, comme ceux du sommet du Gounoung Kapal (n°. 98) et du Gounoung Nona (n°. 96); de sorte qu'il est encore possible qu'ils fassent partie des jeunes calcaires, car les fossiles ne donnent pas de renseignements suffisants.

N°. 132. Bloc roulé de la Waï Alang lama, à 1 km. environ de l'embouchure. En échantillons, une roche grise, dure, à feldspaths ternes et avec peu de pyrite. Au microscope, roche clastique, avec éclats de quartz, orthoclase devenu trouble par formation de mica, peu de plagioclase limpide, quelques particules de muscovite, ilménite avec leucoxène, pyrite et calcaire spathique qui cimente les éléments. Dans les quartz, de nombreuses bulles liquides. C'est un *grès calcarifère* de débris de granite, qui ressemble aux grès anciens des vallées de la Batou gantoung et de la Batou gadjah, en arrière d'Ambon.

V. Les roches éruptives récentes.

La répartition des Ambonites à Hitou peut se voir sur notre carte n°. I. La limite de la roche ferme contre le terrain quaternaire ou pliocène, là où ce dernier consiste en brèches des mêmes roches et non en matériaux entremêlés, ne peut pas toujours être donnée d'une manière précise, surtout parce que les matériaux incohérents, apportés par les eaux, atteignent à Hitou de très grandes hauteurs. Les versants abrupts des montagnes se composent le plus souvent de matériaux massifs, tandis que les cimes plates et les collines moins accidentées au pied des montagnes sont constituées, en grande partie, de produits incohérents; mais ici encore il y a des exceptions.

Les trois grands massifs du Salahoutou, du Loumou loumou Walawaä-Touna et du Latoua consistent en roches éruptives jeunes. On trouve encore celles-ci au Gounoung Kèrbau, en divers points de la côte et dans le lit d'un grand nombre de rivières, accompagnées presque partout de brèches et de tufs arénacés, que l'on ne doit pas considérer comme des sédiments, mais comme des produits éruptifs, formés simultanément avec l'éruption des matières massives. Une partie de ces produits fermes et incohérents paraît cependant s'être formée sous la mer, ce qu'indique aussi la présence de beaucoup de roches vitreuses; et ce sont surtout ces produits déposés sous les eaux qui rendent souvent difficile d'établir la limite avec les dépôts pliocènes et quaternaires, disposés en couches peu distinctes.

Sous le rapport pétrographique, nous suivons ici la même division que pour la description des Ambonites de Leitimor.

a. *Liparite (et dacite) à caractère de porphyre quartzifère.*

Ces roches ne se présentent qu'au Salahoutou, principalement sur la route qui conduit de Waë au sommet de cette montagne.

Sentier de Waë à la cime orientale du Salahoutou.

En arrière des bains de Waë, où une source limpide jaillit de dessous le calcaire corallien, on passe d'abord par un peu d'alluvium' puis par le calcaire corallien, ensuite par des matériaux roulés, avec fragments d'andésite et de liparite. Au passage de la rivière Sakowé (117 m. d'altitude), affluent de droite de la rivière Sĕlaka, on trouve dans le lit de cet affluent beaucoup de fragments roulés du porphyre quartzifère n°. 64 décrit plus haut. De l'autre côté de ce ravin, le sentier monte graduellement jusqu'à l'altitude de 242 m. La pente devient alors plus forte, et l'ascension, qui jusqu'ici pouvait se faire en chaises à porteurs, doit se continuer à pied. Une cime avancée se nomme G. Katila (334 m.); l'arête qui y succède, G. Kĕtaro (430 m. environ). Le sentier descend maintenant rapidement vers la rivière Taïsoui, que l'on passe à l'altitude de 270 m. En cet endroit gisent de nombreux blocs de diabase (nos. 65, 66 et 68) et quelques autres de porphyre quartzifère (n°. 67), qui ont déjà été décrits ci-dessus. Un peu en aval du gué, la rivière forme une petite cascade sur une liparite séparée en bancs épais (n°. 69). D'ici jusqu'à la maisonnette du sommet (985 m.), on ne voit plus çà et là qu'un peu de liparite, très altérée, entre l'épaisse couverture de mousse. Le sol, où elle affleure, consiste en une argile jaune clair, gluante;

et sur la cime, à l'entrée d'un petit ravin, on ne peut voir encore que de l'argile jaune, avec quelques petits fragments de quartz.

On peut voir encore la liparite, à l'état de roche ferme, dans la rivière Taïsoui, en aval du point cité plus haut, notamment à la cascade Embouang, à 170 m. d'altitude environ. On atteint cette cascade en suivant le sentier de Waë au Salahoutou, décrit ci-dessus, jusqu'à l'altitude de ± 340 m.; puis, il faut descendre en pente raide, d'abord au sud-ouest et ensuite au sud vers la vallée de la Taïsoui. On voit ici la roche n°. 164 affleurer en bancs épais, tandis que, de toutes parts, des roches d'andésite riches en verre (n°. 165) se montrent en fragments roulés, enlevés par les eaux aux brèches.

Plus loin, au versant sud-est du G. Kadera, il apparaît une roche fortement silicifiée (n°. 161), qui probablement appartient aussi aux liparites; on la trouve en blocs détachés, à 318 m. d'altitude. Cependant, la cime de cette montagne se compose, à ce qu'il paraît, totalement en roches andésitiques riches en verre, car on rencontre celles-ci (n°. 160) à 366 m. et ailleurs aux alentours. A l'altitude de 371 m., au versant oriental du G. Kadera, et à proximité du cours supérieur de la Waï Reuw (affluent de la Waï Routoung), il existe un petit lac peu profond, de 15 m. de largeur, à fond marécageux, que l'on nomme «Tëlaga Namang». C'est une mare ordinaire, de peu de profondeur, remplie d'eau froide; il ne s'y dégage pas de gaz, et, d'après Koperberg, elle n'a rien d'un lac de cratère. On peut atteindre le Tëlaga Namang aussi bien de Souli que de Toulehou. Le sentier reste assez longtemps sur un terrain quaternaire, faiblement incliné, jusqu'au passage de la Waï Reuw, à 178 m. d'altitude; cette rivière forme ici une cascade sur des brèches d'une andésite quartzifère à mica (n°. 162), une roche qui, avec différents produits riches en verre, constitue tout le versant de la montagne.

Le terrain quaternaire entre la Waï Reuw et la Waï Mamina renferme beaucoup de fragments de liparite (n°. 159); il en est de même des environs de la source d'hydrogène sulfuré à l'ouest du Tëlaga Birou, près de Souli (n°. 158), qui sont en partie recouverts d'une croûte de tuf siliceux (n°. 213), provenant de sources thermales.

Enfin, la Waï Tomol, qui charrie les eaux venant du versant nord de la montagne, transporte de nombreux blocs de liparite (n°. 170), provenant des cimes centrales.

Il résulte de cette énumération, que les liparites pauvres en éléments sombres se bornent au centre de la montagne; elles sont plus anciennes que les produits des points d'éruption qui sont répartis sur les flancs du Salahoutou, et qui ont fourni des andésites, dont quelques-unes riches en verre. Plus anciens encore sont les porphyres quartzifères des rivières Sakowé et Taïsoui et les diabases de la dernière, qui forment le sous-sol du Salahoutou, ainsi que celui du Touna. Toutefois, sur le chemin que nous avons suivi, on les trouve, non comme roche ferme, mais seulement en gros blocs roulés.

De la cime orientale (985 m.) que nous avons gravie, se détache à l'est une arête vers le G. Lapiarouma (511 m.), au dessus de Liang. De notre refuge sur la cime de 985 m., on a une vue sur trois cimes plus élevées, situées plus à l'ouest, et qui sont séparées de notre point d'observation par un ravin profond de 200 m., la vallée en crevasse du cours supérieur de la Waï Routoung. Ces cimes, hautes respectivement de 989, 1024 et 1027 m., représentées dans la fig. 36 de l'annexe IV, sont dessinées d'après une photographie prise par KOPERBERG, de sorte que les contours en sont exacts. Les deux dernières cimes sont les plus hautes de toute la chaîne, et passent pour inaccessibles chez les habitants, à cause des parois escarpées de la partie supérieure; j'ignore toutefois si vraiment des Européens ont jamais fait des tentatives pour atteindre ces sommets.

Dans nos figures 30, 33, 34 et 35, ce sont les cimes 1 et 2; la cime de 989 m. est le n°. 5, et notre refuge se trouvait sur la cime n°. 7. Sur la fig. 35, prise au nord du kampong Siwang, à Leitimor, on peut voir que la cime tout entière peut être considérée comme un ancien point d'éruption effondré, un volcan crétacé, dont le bord de cratère fort érodé passe par les cimes 5, 2, 1 et 7; la Routoung sort de l'ancien cratère. Sur les flancs de cette montagne se trouvent diverses élévations que l'on doit considérer comme des points d'éruption indépendants; tels sont le G. Kadera (741 m.), le G. Sipil (fig. 35) et un petit sommet, désigné par p dans cette figure, entre le G. Sipil et les pics les plus hauts du Salahoutou, mais situé un peu plus au nord; le G. Setan (567 m.), cime très escarpée à proximité de la côte du nord, représentée dans la fig. 50; la chaîne du Tomol, au cap Tomol, avec divers sommets (fig. 48), le G. Houhou, au cap Houhou (fig. 47) et enfin le G. Lapiarouma (511 m.), déjà nommé, au sud de Liang, auquel sont adossés, en forme de terrasses, des matériaux incohérents, avec du calcaire corallien jusqu'à 250 m. d'altitude (fig. 51).

Description des liparites (et des dacites).

Comme les roches que nous allons décrire ici renferment d'ordinaire très peu de feldspaths porphyriques, il se peut que dans le nombre il y ait aussi des dacites, ce que l'analyse chimique seule peut décider. Les roches qui ont été analysées, et qui au microscope renfermaient distinctement du plagioclase, ont cependant une teneur en alcalis notablement supérieure à celle de la chaux, et appartiennent par conséquent aux liparites.

N°. 161. Blocs du versant sud-est du Gounoung Kadera, à 318 m. d'altitude. En échantillons, une masse dense, gris-clair, avec feldspaths transformés en une matière blanc trouble et des cristaux de quartz. La croûte est colorée en brun par de l'hydroxyde de fer. Au microscope, on voit une pâte jaune-brunâtre, qui ne renferme porphyriquement que des quartz arrondis, dans lesquels il y a des poches où la pâte a pénétré; des espaces vides ont été occupés par des feldspaths, qui ont disparu en grande partie au polissage; quelques restants de cristaux de feldspath se sont transformés en calcédoine. La pâte a un aspect tout à fait particulier, par un grand nombre d'anneaux et des particules irrégulièrement délimitées, de teinte brune, à bord limpide. Ce bord consiste en calcédoine; la masse brune interposée est de l'opale, bien qu'elle polarise faiblement, çà et là même assez fort, ce qui s'observe surtout lorsqu'on fait usage de la plaque de gypse. Ensuite, un peu de minerai. Il ne reste plus rien de la pâte primitive; le tout est totalement silicifié. *Liparite silicifiée* ou *dacite.* La transformation doit sans doute être attribuée à une source thermale qui existait jadis en cet endroit et qui renfermait de l'acide silicique en dissolution.

N°. 69. De la rivière Taïsoui, au gué du sentier de Waë au Salahoutou, à 270 m. d'altitude environ. Roche séparée en bancs épais, par-dessus lesquels la rivière forme une petite cascade. En échantillons, elle est gris-verdâtre clair, avec quelques cristaux de pyrite. Au microscope, une pâte trouble, consistant en particules polarisantes de quartz, en petites baguettes étroites de feldspath, souvent en mâcles à angles d'extinction très petits, et partie aussi en cristaux sphériques; de l'ilménite avec leucoxène, pyrite, lamelles vertes de chlorite et des grains bruns très fins qui occasionnent le trouble. Porphyriquement, rien que des quartz limpides, en formes cristallines bien délimitées, et aussi en grains arrondis; la pâte s'est engagée dans des poches dans ces cristaux, qui renferment des inclusions de bulles liquides et sont entourés d'un bord quartzeux plus jeune, que nous avons déjà désigné au n°. 191 sous le nom de «quartz auréolé», lequel s'éteint en grande partie en même temps que le cristal principal; seules les particules de feldspath qui pénétrent les cristaux de quartz polarisent alors. *Liparite*, ou *dacite*. Par sa teneur en chlorite et par les feldspaths étroits, la roche rappelle certaines diabases quartzifères. La teneur en acide silicique est environ de 74 pct.

N°. 164. Roche affleurant à la cascade Batou Embouang, dans la rivière Taïsoui, à peu près à 170 m. d'altitude. Pâte compacte, gris-verdâtre clair, à cristaux de quartz. Au microscope, de grands quartz en cristaux nettement limités et en grains arrondis; ils renferment de très petites bulles liquides, et présentent en partie un bord de jeune quartz. Le plagioclase, en cristaux très limpides à structure zonaire, y existe en proportion assez forte; ces cristaux ne présentent pas d'angles d'extinction particulièrement grands, la plupart de 10° seulement, et au maximum 20° pour quelques individus. Quelques sections simples, parallèles à la face M, donnaient une extinction de 12°. Il se peut que ces sections n'appartiennent pas à un plagioclase, mais à une sanidine sodique. La pâte est brun trouble et polarise comme un mélange fin de quartz et de feldspath. Des sphérolites de calcédoine, irrégulièrement sphériques, y sont disséminés en grand nombre; quelquefois cependant, ils ont des contours sensiblement hexagonaux ou en rectangles courts, de sorte qu'on a affaire ici à de la calcédoine pseudomorphique dans la forme de l'un ou l'autre minéral, probablement de la cordiérite; ce minéral, je ne l'ai toutefois pas rencontré à l'état frais, ni dans cette liparite-ci, ni dans aucune autre liparite d'Ambon.

La corrosion par l'acide fluorhydrique et le traitement subséquent par une matière colorante laissaient tous ces sphérolithes incolores; c'est une preuve qu'on a affaire à de l'acide silicique pur, et non à du feldspath ou de la cordiérite. La pâte brun trouble contient, à côté de feldspath et de quartz, des fibres fines impossibles à déterminer (feldspath?), de petits grains de minerai et des granules bruns, transparents. Le verre paraît faire défaut.

La prédominance du plagioclase sur les autres cristaux porphyriques donne à cette roche le caractère d'une dacite. Il ressort toutefois de l'analyse, dont nous ferons mention plus loin, que la teneur en alcalis est beaucoup plus forte que celle en chaux, de sorte que la roche appartient aux *liparites*. La composition chimique se rapproche fort de celle de la liparite n°. 191 de Leitimor.

N°. 170. Grands blocs roulés du lit de la Waï Tomol, au versant nord du Salahoutou, à proximité de la côte. Roche grisâtre, terne, à feldspaths altérés et ternes et quelques petits quartz. Au microscope, elle ressemble à la roche précédente. En cristaux porphyriques, du quartz et du feldspath. Des sections simples, à extinction droite, appartiennent à la sanidine; la plupart présentent cependant les stries du plagioclase. La pâte renferme de nouveau de petites particules de feldspath et de quartz, des fibres de muscovite vert-clair, un peu de minerai de fer et des granules bruns, transparents. Très nombreux aussi sont des corpuscules ronds, limpides, qui présentent la plupart un groupement radial des fibres; ils consistent probablement aussi en calcédoine. *Liparite*.

N°. 159. Blocs d'un terrain quaternaire, entre la Waï Reuw et la Waï Mamina, à 104 m. d'altitude. Roche gris-clair, avec quelques cristaux de quartz. Au microscope, porphyriquement rien que des quartz, gisant dans un mélange de quartz et de feldspath polarisant en fibres fines et en filaments, avec fibres de muscovite, minerai de fer et hydroxyde de fer. Cette pâte polarise en taches irrégulières, et elle est probablement issue secondairement d'une roche vitreuse Il n'existe plus de grands feldspaths. *Liparite* (ou *dacite*).

N°. 158. Blocs près de la source d'hydrogène sulfuré, à la Waï Mëlirang, affluent supérieur de la Waï Wasia. Roche d'une couleur grise, légèrement brunâtre, avec quelques quartz. Elle est criblée de

trous, probablement une conséquence de l'action des vapeurs d'hydrogène sulfuré et de l'enlèvement des éléments décomposés, du
feldspath sans doute. Au microscope, porphyriquement des cristaux
limpides de quartz à contours nets, et quelques feldspaths transformés
en un agrégat quartzeux. La pâte, qui est colorée en brun par de
l'hydroxyde de fer et par des grains bruns, consiste en particules de
quartz limpides et en d'autres brunes, troubles, auparavant du feldspath peut-être, ou bien un enchevêtrement de quartz et de feldspath
qui à présent est probablement transformé tout à fait en calcédoine.
Liparite (ou *dacite*).

b. *Andésite à bronzite et andésite quartzifère à bronzite.*

A ce groupe appartiennent uniquement les roches, dont la pâte
renferme essentiellement des cristaux porphyriques d'un pyroxène
rhombique avec plagioclase, parfois aussi avec du quartz, mais où la
biotite et la hornblende ou bien font défaut, ou bien ne sont que fort
secondaires. Au point de vue géologique, elles sont intimement liées
aux groupes qui suivent, de sorte que dans la description suivante
des terrains ces roches seront traitées simultanément. Cette *description*
est pour la plus grande partie l'œuvre de l'ingénieur KOPERBERG;
l'autre partie, la plus petite, est de moi.

Le massif du Salahoutou. Nous avons déjà décrit succintement les
excursions de Waë à la cime du Salahoutou et à la cascade Embouang,
dans la Taïsoui, ainsi que celle de Souli ou de Toulehou au petit
lac Tëlaga Namang, au versant oriental du Gounoung Kadera. Très
près de ce lac, on trouve une roche riche en verre, poreuse et par
là même tant soit peu ponceuse (n°. 160), à 366 m. d'altitude. La
Waï Reuw coule dans des brèches d'une andésite quartzifère à biotite,
dans lesquelles on a recueilli l'échantillon n°. 162, un peu au-dessus
d'une petite cascade, à peu près à 180 m. d'altitude. La roche de
liparite, qui forme la cascade Embouang dans la Taïsoui (n°. 164),
est recouverte de brèches quaternaires d'une andésite riche en verre
(n°. 165), et les rivières au nord de Waë transportent principalement
des blocs d'andésite quartzifère à biotite (n°. 163), qui proviennent
également d'un terrain quaternaire. Les brèches quaternaires, avec
bordures de coraux en forme de terrasses, constituent toute la partie

orientale de Hitou, depuis Liang jusqu'à Toulehou et Souli. Elles sont encore visibles à l'est de Toulehou, aux récifs «Batou Anjout», qui ne s'élèvent pas beaucoup au-dessus de la haute mer; de cette roche, on a recueilli un échantillon (n°. 31). Il faut qu'il existe ici une source thermale (¹); mais lors de mon exploration je n'en ai rien aperçu, parce que j'ai visité ces écueils au moment de la marée haute et que la source se trouvait alors probablement sous la mer.

Du côté nord du Salahoutou, nous trouvons dans la Waï Houhou de grands blocs roulés d'une belle andésite à hornblende (n°. 167), originaires très probablement du monticule Houhou (fig. 47). Un peu plus à l'ouest se trouve le rocher «Batou Mètèng», consistant en une roche vitreuse, un peu brécheuse, (nos. 168, 169). Vient ensuite le cap Tomol et la rivière de ce nom, avec blocs roulés d'une andésite riche en verre (n°. 171). A l'ouest du cap Waïlmata, la roche ferme commence à la côte, au petit cap Hourouman, où nous avons détaché le morceau d'andésite à biotite n°. 172. La paroi de ce rocher s'étend le long de la côte jusqu'au delà de la Waï Moki, où l'on trouve la même roche, mais riche en verre (nos. 173 et 214); à l'embouchure de la rivière, à la rive droite, la roche vitreuse, sombre, en bâtons, se dresse en deux aiguilles pointues, presque verticales, avec une inclinaison raide au nord-ouest; un conglomérat éruptif de la même roche vient s'y adosser (fig. 49).

On a ensuite le cap Setan, derrière lequel s'élève la cime rocheuse, très escarpée, du Gounoung Setan (567 m. d'altitude; voir fig. 50). Dans sa partie la plus abrupte, cette montagne consiste aussi en une roche sombre, très riche en verre (n° 216), par dessus laquelle un petit cours d'eau forme une cascade; mais de toutes parts elle est entourée ou recouverte de conglomérats et de brèches d'andésite commune à mica (n°. 174) et d'andésite quartzifère à mica et à grenat (nos. 30 et 215). Les brèches appartiennent ici sans aucun doute aux brèches éruptives, tandis que les conglomérats doivent être rangés parmi les dépôts quaternaires.

Enfin, le mont Eri (465 m.), au nord de Nania, doit aussi être

---

(¹) VALENTIJN. Oud- en Nieuw-Oost-Indien. II, 1e gedeelte 1724, bdz. 106 (Batoe Hatoeboe). WICHMANN. Tijdschrift v. h. K. N. Aardr. Gen. XV, 1898, p. 211, note 2. Rapport de N. A. T. ARRIËNS.

compté parmi les contreforts du Salahoutou. Jusque très près du sommet, cette montagne consiste en brèches d'une andésite quartzifère à mica (n°. 210), tandis que le sommet lui-même se compose de calcaire corallien. C'est en même temps le point le plus haut de toute l'île de Hitou où l'on trouve du calcaire corallien. Une deuxième bordure, plus basse, de ce calcaire se trouve à 222 m. d'altitude.

Si nous continuons à nous diriger vers l'ouest, nous arrivons dans la partie centrale, très étendue de Hitou; cette partie, la plus basse de l'île, s'étend jusqu'au Loumou loumou; elle est constituée par des matériaux meubles et du calcaire corallien, où apparaît çà et là la roche ferme.

Sur la route principale à travers Hitou, qui conduit de Roumah tiga à Hitou lama, et qui est représentée fig. 8 (annexe II) en projection horizontale et en profil, à l'échelle de 1 : 20000, des blocs d'une brèche riche en verre surgissent du sol rouge foncé en deux endroits seulement; d'abord, à la première montée, au-dessus de Roumah tiga, à 85 m. d'altitude, et puis au nord de la ligne de faîte, à l'altitude de 195 m. (n°. 48). Les dénudations sont fort restreintes, de sorte qu'on ne peut pas voir distinctement si la roche existe uniquement en fragments dans une brèche ou à l'état de roche ferme; ce dernier cas est le plus vraisemblable, car la même roche vitreuse apparaît un peu plus à l'ouest, à la côte du nord. Dans le lit de la rivière Maspaït, qui est coupée à 158 m. d'altitude, la roche éruptive n'est pas mise à nu; il n'y affleure qu'un calcaire tendre, argileux par altération (n°s. 46 et 47), qui enclave de nombreux fragments d'une andésite riche en verre (n°. 45).

De Hitou lama, un chemin conduit en direction ouest vers Hila, Kaïtetou et Saïd en suivant la plage et passant par Wakal. Cette route passe le plus souvent par de l'alluvium et des terres basses quaternaires. A 185 m. à l'est du passage de la rivière Waoulou, on gravit une petite colline de 11 m. de hauteur, sur un calcaire quaternaire qui renferme beaucoup de fragments d'un verre andésitique et inclut des cristaux séparés de cordiérite (n°. 217); on y trouve aussi de nombreux blocs volumineux d'un mélaphyre poreux, sombre (n°. 218). En descendant ce mamelon, on atteint la rivière Waoulou, et 290 m. plus loin, la Waï Loula, à la rive droite de laquelle est dénudée une paroi, de

6 m. d'épaisseur au moins, formée d'une roche vitreuse et brécheuse (nᵒˢ. 21, 21bis, 22) analogue à celle citée plus haut au nᵒ. 48. Les roches de la Waï Loula et de la colline de tantôt sont donc à une distance de 290 + 185 = 475 m. l'une de l'autre, et ne sauraient être confondues. Cependant, dans son mémoire nᵒ. **37**, p. 71, Martin les comprend sous le même nom de «Tandjoung Hatelaúwe». La colline consiste en brèches quaternaires, tandis que la brèche vitreuse de la Waï Loula paraît être une roche massive, bien qu'ici encore l'affleurement soit fort limité, et que plus avant dans l'intérieur de l'île on retrouve du calcaire et des brèches.

Nous retournons maintenant à la *côte sud de Hitou* et nous suivons la plage à *l'ouest de Roumah tiga.* Entre le hameau Nipa et la dousoun Kĕmiri est l'embouchure de la Waï Ami; après avoir remonté quelque temps le cours de cette rivière, nous gravissons la petite colline, située à la rive droite et qui est recouverte en haut de calcaire corallien. La constitution de cette colline avancée pouvait être bien observée, car, par suite du tremblement de terre de 1898, il s'était produit sur le versant un fort éboulement qui a été indiqué sur notre carte nᵃ. IV et dans la fig. 34 (annexe IV) comme éboulement nᵒ. 2. Ce mamelon se compose entièrement de matériaux meubles jusqu'à 134 m. d'altitude, avec fragments d'une andésite quartzifère à mica (nᵒ. 2); en arrière est située une colline plus haute, qui consiste également en brèches incohérentes et se recouvre, à 179 m., de calcaire corallien (nᵒ. 4) avec tridacnes et autres fossiles. Dans le lit de la Waï Ami gisait un grand bloc brécheux, détaché de la paroi de la rive gauche, dont fut enlevé un fragment d'andésite quartzifère à mica (nᵒ. 3).

Si à partir de Nipa on poursuit sa route vers l'ouest, en suivant la plage, on trouve pour la première fois une roche à la côte près d'un petit cap situé dans la dousoun Sahourou et nommé Tandjoung Batou; il n'apparaît ici que des conglomérats quaternaires d'andésite quartzifère à mica (nᵒ. 107a); les blocs roulés sont en partie très volumineux, de sorte que la roche éruptive massive ne peut être fort éloignée. Viennent ensuite les dousouns Touhoulérou et Waï Laä, d'où part un sentier vers le Gounoung Kĕrbau; puis, la rivière Laä elle-même; ensuite, le cap Batou koubour, où se montre un peu de calcaire corallien jusqu'à 4 m. au-dessus de la mer; enfin on arrive à la dousoun Batou koubour, où un banc de roche compacte vient un peu au-dessus de la surface de la mer; c'est la roche dont proviennent les fragments du conglomérat de Tg. Batou, dont il vient d'être parlé; on y trouve aussi une andésite quartzifère à mica (n°. 107*b*), séparée en plaques épaisses, qui ont une direction de 290° et une inclinaison de 20° au sud (sud 20° ouest), ce qui indique un point d'éruption situé au nord. La partie supérieure de ce banc s'est solidifiée en une masse vitreuse, ce qui prouve clairement qu'il existe un rapport entre les roches vitreuses et les andésites; la croûte vitreuse (n°. 107*c*) a une épaisseur de ¹/₃ m.

Nous gravissons maintenant le *Gounoung Kĕrbau*, en partant de la dousoun Waï Laä. En passant sur des brèches altérées, on atteint une cime avancée, de 300 m. d'altitude, qui consiste aussi en brèches; peut-être même en andésite ferme, mais l'affleurement n'est pas suffisant pour établir ceci avec certitude. Au nord de cette cime, on descend jusqu'à 268 m.; à 269 m. nous avons détaché d'un grand bloc l'échantillon n°. 108*a*. Ensuite, le sentier monte vers un petit plateau, dont l'altitude moyenne est de 280 m. et la longueur de plus de 300 m.; on n'y voit aucune roche ferme et tout paraît consister en matériaux incohérents altérés. On arrive alors à la montée abrupte vers la cime proprement dite du Kĕrbau, depuis 280 jusqu'à 478 m., avec des pentes de 25° et même de 30°, en partie le long d'une paroi de roche massive, parfois semblable à une brèche ou à un conglomérat, dont on a pris divers échantillons; elle est de couleur plus foncée que les andésites, d'ordinaire à cavités rondes et elle donne l'impression d'un vieux mélaphyre; pour les raisons données plus haut, nous la regardons comme une division basique de nos Ambonites. Déjà au pied de cette cime, à 280 m. d'altitude, fut recueilli l'échantillon n°. 108*b*; à 319 m., le n°. 108*c*; à 327 m., le n°. 108*d*; enfin, à 332 m., le n°. 108. On ne voit plus d'autre espèce de roche jusqu'au sommet. A partir de ce niveau, des parois d'une roche fixe ne sont plus à nu; mais on voit çà et là des fragments de conglomérats et de brèches de mélaphyre. Du côté du nord, le G. Kĕrbau descend jusqu'à 440 m. environ, et il s'étend alors à peu près horizontalement vers le G. Damar, ainsi qu'on peut le voir sur notre fig. 34 (annexe IV).

A présent se pose la question de savoir laquelle des deux roches est la plus ancienne, le mélaphyre de la cime du G. Kĕrbau, ou bien l'andésite de la cime avancée de 300 m. et de la plage, à la dousoun Batou koubour. J'ai cru autrefois que le pied de la montagne, qui consiste en andésite quartzifère et mica, était la partie la plus ancienne du Kĕrbau, et avait été percée au centre par le mélaphyre (**43**, p. 4). De nombreuses inclusions de quartz et de cordiérite dans ce mélaphyre paraissaient indiquer qu'il en était ainsi, car ces minéraux pouvaient provenir de l'andésite, qui renferme presque toujours du quartz et souvent de la cordiérite. Mais une nouvelle exploration de la montagne, en 1904, m'a donné la conviction que le mélaphyre du Kĕrbau est probablement la roche la plus ancienne, et qu'elle a été percée par l'andésite au versant sud. On ne peut indiquer au juste où se trouvait le point d'éruption de cette andésite; il est invraisemblable que nous ayons à la chercher dans la cime avancée de 300 m., d'abord, parce que celle-ci paraît se composer de matériaux quaternaires et ne donne pas l'impression d'un point d'éruption; en second lieu, parce que le petit plateau susnommé, situé au nord de cette cime à 280 m. environ, et qui est constitué par des matériaux andésitiques incohérents, doit probablement être regardé comme une terrasse quaternaire, appliquée horizontalement contre le mélaphyre du Kĕrbau; en troisième lieu, parce que l'inclinaison de la coulée de lave dans la dousoun Batou koubour, à présent de 20°, serait certes bien plus faible, si cette lave avait découlé de la petite cime, qui est éloignée, en direction horizontale, de 1750 m. de Batou koubour. Il est donc probable que le point d'éruption de cette andésite était beaucoup plus rapproché de la côte, qu'il se trouvait à une altitude plus faible, et qu'il est maintenant enseveli sous des matériaux quaternaires.

Malheureusement, on ne peut pas constater sur le terrain s'il en est réellement ainsi; on doit se contenter de la probabilité, que le mélaphyre est la roche la plus ancienne. Dans ce cas, il s'ensuit naturellement que les inclusions de cordiérite et de quartz dans ce mélaphyre ne peuvent pas provenir de l'andésite, mais doivent être originaires de roches plus anciennes, granite ou gneiss.

Au commencement de 1898, on pouvait voir du côté nord du G. Kĕrbau une grande masse éboulée, brune vers le haut et d'une couleur plus jaune vers le bas; cet éboulement avait été produit par

le grand tremblement de terre de janvier 1898. La partie supérieure
s'élevait à 414 m. et consistait en une terre brune, meuble, avec
fragments de mélaphyre, dans laquelle se trouvait une argile tendre,
dont la teinte variait du jaune au brun de foie; cet éboulis avait
glissé jusque dans la Waï Laä, et avait obstrué cette rivière en
partie, au-dessus de 278 m.; elle renfermait, en cet endroit, à côté
de blocs de mélaphyre, un grand nombre de fragments d'une roche
vitreuse, sombre. De ce point, nous avons fait l'ascension de la rive
droite de la vallée, et à 382 m. d'altitude nous avons atteint la route
de Hatiwi bĕsar à Hila.

Cette route, *la seconde route à travers Hitou*, commence à la dousoun
Batou loubang, appartenant à la négorie Hatiwi bĕsar, et aboutit à
la côte du nord, à la Waï Tilipolo, à l'est de Hila. Elle passe d'abord
par des conglomérats compactes, puis par des brèches meubles d'andésite et de roche vitreuse. A l'altitude de 176 à 180 m. se trouve
une couche de calcaire corallien, et au-dessus de 230 m. le sol devient
plus brun et de grands morceaux de roche vitreuse y font saillie;
entre autres, à 350 m. environ, où l'on rencontre les gros blocs de
verre «Tongkou batou» (n°. 154). Quelques indigènes prétendent que
ces masses ont été apportées jadis de la rivière Laä en cet endroit,
pour y faire service «d'autel» (peut-être comme lieu de sacrifices?),
mais cela me paraît invraisemblable. Un peu plus au nord s'élève
une petite cime de 400 m., nommée G. Malintang, exactement à
l'ouest du G. Kĕrbau; plus au nord encore, à 382 m., est le point
où débouche le sentier vers le G. Kĕrbau, dont nous avons parlé
tantôt; cet endroit se nomme G. Malamang ila. Le sol reste toujours
brun et renferme des morceaux de verre. Depuis 410 jusqu'à 423 m.
d'altitude, on trouve deux couches de calcaire corallien, séparées par
une brèche de roche vitreuse. Vient ensuite le G. Damar, à 469 m.,
le plus haut point de la route, et un peu plus loin, un petit affluent
supérieur de la Waï Laä. On arrive maintenant, dans une partie assez
plate, le *plateau du Damar*, à 441 m., à la ligne de partage des eaux
entre les côtes nord et sud, et un peu plus loin, à 410 m., à la Waï
Hosou, un affluent supérieur de la Waï Tomo; on y voit peu de
roches; de temps en temps un petit morceau de verre gisant dans une
argile jaune ou brune. Cela continue ainsi quelque temps jusqu'à la

Waï Hatou tělou, un autre affluent de la Waï Tomo, que l'on traverse à 330 m. Sur la petite cime, à la rive droite de ce cours d'eau,
on trouve, depuis 347 jusqu'à 310 m., de nombreux blocs d'une
andésite riche en verre (n⁰. 153), qui affleure en cet endroit ou existe
comme roche ferme à une faible profondeur. D'ici jusqu'à la côte du
nord, tout se réduit à des brèches incohérentes; on ne rencontre
qu'une seule couche de calcaire corallien, à 90 m. d'altitude, et au-
dessous de ce point les brèches contiennent aussi de petits morceaux
de calcaire, mais on ne voit pas de couches proprement dites.

Nous retournons à présent à la baie d'Ambon et nous suivons la
côte vers l'ouest. Les lits de la Piah kětjil, de la Piah běsar et de la
Witi contiennent tous des blocs roulés d'andésites, de roches vitreuses et de brèches. Ces rivières n'ont pas été explorées en détail, à
cause du niveau élevé des eaux et faute de temps.

La *Waï Lawa* fut explorée à partir de Tawiri, d'abord dans la
vallée même jusqu'à 143 m., puis à la rive droite, parce qu'il était
impossible de pénétrer plus avant dans le lit de la rivière; on monta
jusqu'à l'altitude de 336 m. et on passa la nuit en cet endroit. Ensuite, on descendit dans la Waï Lawa, on traversa la rivière à 290 m.
et à la rive gauche on monta vers l'arête Kěhouli; celle-ci fut atteinte
à 480 m., et alors on fit, dans une direction nord-nord-ouest, l'ascension de la cime orientale du Loumou loumou (748 m.).

Depuis Tawiri, on trouve sur cette route d'abord de l'alluvium
jusqu'à 12 m. d'altitude; puis des brèches quaternaires incohérentes
avec morceaux de verre sombre (n⁰. 109), au milieu desquelles, à
3 km. environ de Tawiri, une roche ferme sombre, séparée en prismes
(n⁰. 110), devient visible sur une courte distance. Ce point n'est plus
qu'à 56 m. d'altitude, et il est représenté sur la fig. 41 (annexe IV).
Le verre de mélaphyre a parfois un aspect brécheux, rien que par
altération; parfois ce sont réellement des brèches incohérentes qui
reposent sur la roche massive. Vient ensuite, dans le lit de la rivière,
une argile grise quaternaire (n⁰. 111), non stratifiée, probablement
le produit de désagrégation d'une roche diabasique, à grain fin, pyritifère, qui affleure çà et là comme roche massive dans le lit, sur
une faible étendue, mais toujours dans un état de forte altération.
Plus haut dans la rivière, à 132 m., on trouve de nouveau une roche

de verre brécheuse; et, à 143 m., un mélaphyre vert-grisâtre (n°. 112),
ressemblant à la roche du Kĕrbau. A cause de la hauteur de l'eau
et des amas de pierres, il fut impossible de pénétrer plus avant dans
le lit même du cours d'eau, et on fut obligé de gravir le versant de
la rive droite, c'est-à-dire le pied sud-est du G. Kadera. On suivit
celui-ci jusqu'à 336 m. d'altitude, et on passa la nuit près d'un petit
affluent de la Waï Lawa. Cet endroit est nommé «Batou bĕsar»
(grande pierre), à cause des très grands blocs brécheux d'une roche
vitreuse andésitique sombre, dont on a recueilli le n°. 113. Le lendemain, on descendit vers la Waï Lawa, dans laquelle on rencontra,
à 290 m., la même roche de mélaphyre que celle trouvée la veille
à 143 m. (échantillon n°. 112). On fit ensuite l'ascension du flanc
occidental du G. Kĕhouli, dont on atteignit la crête à 480 m. On ne
put y voir que peu de roches à cause de la densité de la végétation
et de la couverture de mousse, et il en fut de même plus loin, à la
montée vers le Loumou-loumou, ainsi que cela arrive le plus souvent
sur les arêtes montagneuses de Hitou. A 539 m., on trouva quelques
blocs d'andésite dans l'argile; et à 567 m. des morceaux d'une roche
vitreuse sombre et d'andésite. Il est probable que ces fragments provenaient de brèches, mais on ne put l'établir avec certitude. La cime
à l'extrémité orientale de la chaîne du Loumou-loumou, dirigée de
l'ouest à l'est, a une altitude de 748 m. et elle est plate au sommet. Ici encore on n'aurait pu observer la composition du sol si, à
l'est de ce sommet, le tremblement de terre n'avait produit deux
éboulements de terrain, au-dessus d'un petit affluent de la Waï Witi,
nommé Waï Batou medja. De cet endroit, on jouissait d'ailleurs
d'une vue magnifique sur la partie nord-est de Hitou, le G. Setan,
la baie de Hitou lama et Wakal. D'après KOPERBERG, ce sommet
consiste en matériaux *meubles*, sable, argile et gravier de roches
andésitiques; malheureusement on n'y a pas recueilli d'échantillons.
A partir de cette cime on en visita une autre, située plus à l'ouest,
de 782 m., que quelques indigènes désignent sous le nom de G. Tĕlaga
Radja (c'est toutefois le G. Oulou Kadera). Le projet de visiter
le petit lac «Tĕlaga Radja», situé au nord-ouest de cette cime, dut
être abandonné, car le guide qui accompagnait KOPERBERG préten-
dait ne pas pouvoir le trouver, ou du moins ne pas connaître un

chemin qui y conduisait. On est donc descendu de ce sommet vers le sud, par des brèches de la roche vitreuse sombre, pour arriver au cours supérieur de la Waï Lawa. A 497 m. il y a ici un petit lac, nommé «Télaga Parampouan» ou «Télaga Bounga»; ce n'est en réalité qu'une mare peu profonde, de 100 m. de diamètre à peine, sans aucune trace de phenomènes volcaniques; la boue en est froide; il n'y avait rien à constater d'un dégagement d'hydrogène sulfuré, et sur la boue croissent des lentilles d'eau. A 352 m. on peut voir, dans un affluent de la Waï Lawa, une cascade sur la roche brécheuse d'andésite que nous connaissons; on regagna alors le bivac de la soirée précédente, et on revint à Tawiri par le même chemin que la veille.

Il ressort de cette excursion que le gravier incohérent, apporté peut être par les eaux (?), atteint sur la crête du Loumou-loumou une altitude de 750 m. environ; sur les versants, il paraît avoir été balayé par l'eau pour une grande partie; mais on ne peut le voir distinctement à cause de l'exubérante végétation et de la couverture de mousse.

Quelques jours auparavant, le topographe VAN DEN Bos, parti de Saïd, avait fait l'ascension du sommet du Loumou-loumou situé un peu plus à l'ouest, à 751 m., afin de faire des relèvements. Il a vu qu'au nord de la crête du Loumou-loumou il y a encore une arête plus basse, avec deux sommets, respectivement de 694 et 635 m. (voir carte nº. I), et qu'entre ces deux et les deux cimes de 751 et 782 m. se trouve le lac Télaga Radja, que les indigènes décrivaient comme une mare d'eau froide, peu profonde, de faibles dimensions, sans dégagement d'hydrogène sulfuré. Faute de temps, il n'a pas été levé par lui.

A Tawiri commence une grande plaine alluviale, qui continue jusqu'à Hatourou et qui a une largeur moyenne de 1000 m. A Laha est l'embouchure de la Waï Laha. (N.B. Nous avons donc ici successivement 4 rivières avec des noms presque consonnants: W. Lela, à Roumah tiga; W. Laä, à Batou koubour, W. Lawa, à Tawiri et W. Laha, à Laha). En arrière de Laha se trouvent des collines quaternaires, de 67 m. d'altitude, tout à fait plates au sommet. A Laha, il y avait autrefois, au rivage, une fortification qui est complètement en ruines à présent. Depuis Hatourou jusqu'à Liliboï, la bande d'alluvium n'a que 100 à 200 m. de largeur; mais en quelques points il apparaît une roche ferme à la côte. En premier lieu, tout près de Hatourou, on a le «Batou Bĕdiri», consistant en bancs épais, dressés, d'une roche andésitique micacée, en partie séparée en prismes (n°. 114); la même roche se montre aussi dans le lit de la large rivière Sĕkoula, avant Hatourou, en nombreux blocs roulés, et les deux récifs peu élevés «Batou douwa», situés à Hatou, sont constitués par la même roche.

Au nord de Hatou on trouve, contre les collines quaternaires, deux bords de calcaire corallien; le bord inférieur, depuis 130 jusqu'à 135 m., l'autre, depuis 202 jusqu'à 225 m. environ. A 217 m. on y trouve une grotte, nommée «Liang Liawat», dont l'entrée descend obliquement; à l'intérieur, il n'y a rien à voir de particulier, sinon qu'elle est habitée par de nombreuses chauves-souris. Nous sommes revenus d'ici par les Batou douwa; le sentier passe par des brèches meubles et du gravier d'andésite micacée. Le bord corallien inférieur se trouve ici plus bas que plus loin à l'ouest, à 89 m. d'altitude environ.

Dans la Waï Hatou, à peu près à ³/₄ km. du rivage, se dresse une paroi rocheuse massive d'andésite à cordiérite (n°. 116), séparée en prismes qui paraissent diverger quelque peu en forme d'éventail. De nombreux blocs roulés d'une andésite commune (n°. 115) sont disséminés en aval dans le lit de la rivière. Au-dessous du point où l'on peut voir le n°. 116, des grès tendres, bien stratifiés, quaternaires ou pliocènes (n°. 117), sont à nu dans la rivière, $D = 43°$, $I = 37°$ au sud-est. Ils sont très fissiles et alternent avec des couches de brèche (n°. 118), contenant de petits cailloux roulés et aussi de grands fragments de verre andésitique (n°. 119); viennent ensuite des brèches plus dures avec ciment arénacé, le tout se succédant en position concordante. C'est là un des rares points où l'on reconnaît une inclinaison notable aux sédiments jeunes. Cependant, l'étendue où l'on peut voir ces couches ne dépasse pas 3 m.; et il ne me paraît pas impossible que ces couches inclinées ne forment qu'un fragment détaché de la roche massive.

A la côte, la roche ferme apparaît de nouveau au «Hatou Poroh» et tout près de là, un peu plus dans l'intérieur de l'île, aux deux collines par lesquelles passe la route, qui sont élevées respectivement de 29 et 42 m., et sont séparées par la petite rivière Titileh; cette roche ferme est recouverte de brèches et de conglomérats. Le Hatou Poroh est l'extrémité d'une longue arête, dont le point le plus haut, le G. Oupa, a 467 m. d'altitude. Ce G. Oupa est déjà une cime avancée de la haute chaîne du Latoua. Le Hatou Poroh (ou Porroh) consiste en un banc épais, long de 60 m., d'une andésite compacte (n°. 120), reposant sur un conglomérat dur de la même roche, lequel a été creusé en tunnel par les flots sur une longueur de 12 m. environ. A cette roche massive succède de nouveau le conglomérat ferme; puis, des brèches incohérentes et du gravier. Le conglomérat dur n'est pas nettement limité à son contact avec la roche compacte, il est donc évident qu'ils tiennent ensemble.

A partir de Liliboï, KOPERBERG a fait une excursion vers la montagne Latoua, mais dans des circonstances très défavorables; des pluies abondantes, qui empêchaient presque tout coup d'œil sur l'île, rendaient l'exploration très difficile. On a d'abord suivi la vallée de la Sĕkawiri, qu'on nomme aussi la «grande rivière» (Waï Elah ou Ajĕr bĕsar). Le rapide Hatou assa, consistant en diabase (n°. 121) a déjà été mentionné plus haut, ainsi que la roche de péridotite serpentinisée (n°. 123) qui se montre plus haut. A 2¹/₂ km. environ de la côte, on a quitté la vallée et fait l'ascension de la rive droite, d'abord sur de la diabase, et bientôt après sur une andésite à biotite, qui constitue le dos étroit du Hatou Lalikoul, ainsi que les contreforts peu prononcés, qui portent les noms de G. Lawali (174 m.), G. Hatounou (299 m.) et G. Ribou (584 m.). A 577 m. un sentier descend au sud vers Tandjoung Namakoli. On a passé la nuit à proximité du sommet du Hatou Lalikoul (650 m.), où de gros blocs d'andésite à biotite (n°. 124) font saillie dans le sol. A 704 m., sur le versant oriental de la cime Sapak aja (718 m.), on a trouvé pour la première fois quelques morceaux d'un mélaphyre à grain fin; mais la cime elle-même paraît se composer encore d'andésite micacée, et la limite du mélaphyre semble passer au nord de cette montagne; mais on n'a pu le constater avec certitude. On a contourné ensuite le Sapak aja, du côté ouest; puis, au versant oriental, la cime suivante, qui a été indiquée sous le nom de G. Loumou, mais qui, d'après les relèvements, doit être ou bien le Hita kapal lui-même (830 m.), ou bien son contrefort méridional; on passe ici plusieurs petits affluents de la Sěkawiri. Enfin, on a suivi une petite arête étroite qui aboutit, vers le nord, contre la partie supérieure du Latoua, un bloc de pierre à parois sensiblement verticales. Cette arête fut suivie jusqu'à 809 m., ce qui était une entreprise très pénible, même périlleuse, et on dut renoncer à monter plus haut à cause du grand escarpement et de la faible largeur de ce dos. La petite cime qui est située au nord du terme de cette expédition, et dont on reconnut plus tard qu'elle était, non le Latoua proprement dit, mais un contrefort méridional, fut alors jugée plus haute d'une soixantaine de mètres; mais les relèvements ultérieurs ont montré que ce sommet avancé a une altitude de 858 m., et ne s'élève donc que de 49 m. au-dessus du point le plus haut qui fût atteint. C'est là qu'on a recueilli le mélaphyre n°. 125, analogue à la roche du Kěrbau (comparez la fig. 42, annexe IV). Au retour, on a suivi partout la crête jusqu'au Hatou Lalikoul, de sorte qu'on n'a pas coupé les affluents de la Sěkawiri. Ici encore, on n'entendit pas prononcer le nom de Hita kapal; il paraît donc qu'il n'est connu que d'une partie de la population, comme c'est le cas pour la dénomination Wawani. Au Hatou Lalikoul fut recueilli, à 629 m., encore un échantillon d'andésite micacée (n°. 126); puis on prit à 577 m. le sentier qui conduit à Namakoli. On n'y voit pas beaucoup de roche inaltérée; dans le sol quaternaire apparaissent des fragments de serpentine, laquelle roche (n°. 9) constitue le Tandjoung Namakoli lui-même.

La *région côtière de Liliboï à Alang*, avec la péridotite et le granite qui y apparaissent, a déjà été décrite plus haut. Entre Alang et Tandjoung Tapi, il se montre çà et là, à la côte, du calcaire corallien et de la péridotite; le terrain quaternaire y renferme principalement des morceaux de serpentine avec quelques fragments de grès.

A *Tandjoung Tapi*, le mélaphyre et, un peu plus loin, le calcaire corallien affleurent à la côte; la route y passe par une colline haute de 50 m. Le mélaphyre (n°. 12 et n°. 12*bis*) est tout à fait analogue à la roche du Tandjoung Nousaniwi, à Leitimor; elle est de même séparée en formes irrégulièrement sphériques et présente des croûtes vitreuses. La roche est traversée de fissures dans lesquelles il s'est déposé du calcaire spathique; elle est parfois recouverte d'un conglomérat de la même roche, et d'autres fois de calcaire corallien. L'intérieur des boules (d, fig. 63) est un mélaphyre ordinaire, à grain fin, de teinte grise ou gris-verdâtre, dans lequel, ainsi qu'on le voit au microscope, la base vitreuse de la pâte a été dévitrifiée par des microlithes d'augite; toute l'olivine y est transformée en serpentine; c, b, a, est la croûte vitreuse, dont la richesse en verre augmente graduellement vers la périphérie. La partie supérieure de d contient déjà des particules sombres, plus riches en verre; mais au contact de c la limite est assez nette; c et b sont ternes, noir foncé, et renferment, comme d, du verre dévitrifié; l'olivine est en partie encore fraîche et limpide, en partie serpentinisée; a est un verre noir foncé, brillant, brun pur en plaques minces, où toute l'olivine est encore fraîche; ce minéral existe non seulement en gros cristaux, mais aussi en ces microlithes incomplets, élégants (Wachs-thumsformen), que A. Bodmer-Beder a représentés d'après les dia-bases à olivine de la chaîne du Plessur, dans le canton des Grisons en Suisse (Neues Jahrb. f. Min. XIIter Beilage Band. S. 249, Fig. 13 und 14). L'un d'eux est représenté fig. 64. D'ordinaire, la croûte tout entière n'est pas plus épaisse que de 2 à 3 cm.

Le contact du mélaphyre avec les roches andésitiques n'est mal-heureusement pas mis à nu; le mélaphyre est recouvert de conglo-mérats quaternaires; viennent ensuite, à la côte, d'abord du calcaire corallien, puis de l'alluvium; et ce n'est que passé la Waï Jaka que se montre l'andésite. A Tandjoung Tomoltetou ou Batou ajam, cette roche est hornblendifère et micacée (n°. 138), et on peut la suivre, par Wakasihou, le long de la côte jusqu'au delà de Lariké. Sur elle repose un conglomérat de la même roche, se terminant en un mur escarpé, dans lequel les rivières ont creusé des lits étroits. Dans ces lits on peut voir parfois la roche éruptive; mais les bords consistent en gravier et conglomérats incohérents, que nous rangeons dans nos jeunes sédiments (pliocène et quaternaire) et qui atteignent une alti-tude de 250 m. au moins. Le calcaire corallien ne se montre ni dans ce mur ni contre lui; on ne peut l'observer que sur la plage et seulement à quelques mètres au-dessus du niveau de la mer.

Dans la rivière de Lariké, ou Waï Lila, on peut très bien voir ces matériaux incohérents (n°. 139), le conglomérat ferme qui se trouve en bas appartient probablement à la roche éruptive même: mais sur lui reposent, avec une épaisseur de 200 m. au moins, peut-être davantage, des débris et des fragments quaternaires, incohérents, d'andésite, où l'on n'observe aucune disposition en couches, et qui, à la rivière, forment des bords très escarpés, presque verticaux.

Dans la négorie Lariké, à la rive droite de la Lila, et un peu en aval du pont en pierres, on trouve une petite source thermale, qui dégage une forte odeur d'hydrogène sulfuré; une deuxième source existe plus au nord, à la rive gauche de la Waï Bouaja, à l'altitude de 6 à 8 m.; ici de l'eau froide jaillit avec force d'une ouverture d'environ 2 dm. de diamètre; elle dépose un peu d'ocre ferrugineuse, mais n'a pas l'odeur du sulfure d'hydrogène.

Un peu plus loin, très près du rivage, il y a une masse rocheuse abrupte, le «Hatou Gĕlĕdihou» ou «Watou lajar», qui saute aux yeux déjà de loin. Cette roche est représentée sur la fig. 45 de l'annexe IV. Elle consiste entièrement en un conglomérat ferme d'andésite, dans lequel les flots ont creusé une grotte c en forme de niche. Au rivage qui lui est opposé, on observe le même conglomérat, dans lequel apparaît, sur une longueur de plus de 6 m., de l'andésite massive divisée en plaques (n°. 140).

Plus au nord, on arrive à la baie Labouhan Laï, où existe, le long de la côte et en avant des collines escarpées de conglomérat, un peu d'alluvium et de calcaire corallien. La Waï Simé forme la limite de Lariké et d'Asiloulou. Avant Asiloulou, les roches pendent vers la mer avec une inclinaison si raide qu'on a dû faire passer la route par-dessus la colline. Jusqu'à 50 m. d'altitude, elle passe sur de l'andésite ferme, puis sur du conglomérat dur jusqu'à 93 m ; et enfin, jusqu'au point le plus haut, à 130.4 m., sur des terres meubles quaternaires, dans lesquelles on reste encore à la descente, jusqu'à Asiloulou.

Les trois îles près d'Asiloulou, Nousa Ela. Nousa Hatala et Nousa Laïn, consistent en calcaire cora lien, sous lequel le conglomérat d'andésite apparaît en quelques points.

D'Asiloulou on a entrepris une excursion dans le lit de la *Waï Soula*, qui coule entre des parois escarpées de conglomérat, sous lequel on ne voit qu'en quelques endroits de l'andésite massive à biotite et à cordiérite. Mais, même à une assez grande hauteur au-dessus du fond de la vallée, se trouvent des couches d'andésite ferme interposées dans les conglomérats, de telle sorte que ces roches alternent l'une avec l'autre. Comme nous l'avons déjà décrit plus haut, les sources de la Waï Soula et le *lagon Lana* se trouvent dans la diabase.

A la Waï Soula succède la Waï Poula, qui roule aussi des cailloux d'andésite. Vient ensuite la *Waï Métila*. qui débouche dans du calcaire corallien, superposé et adossé à du conglomérat d'andésite, dans lequel a été creusée une grotte de 8 m. de longueur (fig. 46 de l'annexe IV); comme le point le plus bas de la grotte, à l'entrée, se trouve à peu près à 5 m. d'altitude, cet affouillement a eu lieu par les eaux de la mer à une époque reculée, dans une période quaternaire. lorsque le sol était de 4 à 5 m. plus bas qu'à présent. Ici le calcaire corallien ne s'élève pas à plus de $2^1/_2$ ou 3 m. au-dessus de la mer.

Tout près de la côte, le conglomérat continue jusqu'à Ouring; de cet endroit jusqu'à Lima s'étend une bande d'alluvium, large de 100 à 300 m., en avant des collines quaternaires; à proximité de Lima, à l'embouchure de la Waï Ela, elle atteint même une largeur de 500 m. La Waï Siah (à Ouring), la Waï Ama, la Waï Koulélou, la Waï Moulia et la Waï Siah II charrient toutes les mêmes cailloux roulés d'andésite, provenant en partie de terres meubles quaternaires, en partie de conglomérats durs qui constituent les cimes escarpées G. Kĕlĕrihou (417 m.) et G. Héna Kastetou (617 m.), en arrière d'Ouring et de Lima. De plus, on trouve dans ces rivières quelques fragments roulés d'une diabase altérée, qui, dans leur cours supérieur, paraît affleurer en divers endroits, sur une étendue plus ou moins grande.

L'ascension du G. Latoua fut faite une seconde fois, en partant de Lima. On suivit d'abord le lit de la Waï Ela, où existe, sous le terrain quaternaire, un affleurement d'andésite à biotite, qui, avec les conglomérats qui l'accompagnent, forme parfois des parois verticales. Environ à 2 km. de Lima, on trouve dénudé, entre ces conglomérats, un mélaphyre gris foncé (n°. 146), avec cavités dans lesquelles il s'est déposé de la calcédoine et qui, à ce qu'il paraît, ne forme pas un filon dans ces conglomérats, mais est recouvert par ces derniers.

Bientôt on arrive, dans la rivière, à la diabase, dont les gros blocs obstruent tout à fait le lit, de sorte qu'on a dû suivre un sentier sur la rive gauche de la Waï Ela. A 230 m., on passe la Waï Houhoun, qui a sa source au mont Hena Kastetou; on suit alors la rive droite de la Waï Sala, affluent de droite de la Waï Houhoun; à 415 m., on traverse la petite rivière Waï Lana, affluent de droite de la Waï Sala; ce petit cours d'eau forme une petite plaine marécageuse, dans laquelle croissent beaucoup de palmiers sagou. Pour autant qu'elle est visible, la roche est demeurée partout andésite et conglomérat; au sud, le petit marécage est borné par un mur escarpé de conglomérat, haut presque de 200 m.; et tout en haut de ce mur, on peut reconnaître de l'andésite séparée en prismes. Cette paroi abrupte est le prolongement septentrional du G. Tili (838 m.). A 500 m. d'altitude environ, on atteignit le cours supérieur de la Waï Ela et on passa la nuit à 511 m. Le lendemain, on remonta le cours de la Waï Ela; au confluent de celle-ci avec la Hatou Koï (515 m.), un affluent de droite qui a sa source à la montagne du même nom, on trouve dénudé, aussi bien dans l'affluent que dans la rivière principale, du mélaphyre (n°. 149) par-dessus lequel la Hatou Koï forme une cascade; toutefois, la roche environnante reste une andésite riche en verre, avec brèches et conglomérats, dont on put recueillir un échantillon (n°. 148), même à l'altitude de 617 m. Bientôt après, à 660 m. environ, commence une autre roche, savoir du mélaphyre (n°. 150), à la montée abrupte vers le sommet du Latoua proprement dit. A peu près à 50 m. au-dessous de celui-ci, on a encore rencontré du mélaphyre, mais en petits fragments très altérés. L'ascension de la partie supérieure, fort escarpée, par-dessus les racines des arbres couvertes de mousse, était excessivement fatigante; on finit cependant par atteindre le sommet, un dos très étroit, plat, dirigé du sud au nord, représenté sur la fig. 44 de l'annexe IV; l'extrémité nord a 870 m., celle du sud 882 m. d'altitude; c'est en même temps le plus haut point de tout l'ouest de Hitou, car le Touna n'atteint que 875 m. La descente fut encore plus pénible que la montée; elle fut décidée aussitôt, car la vue était de suite très bornée et fut bientôt réduite à rien par les nuages qui s'étaient formés. Lorsqu'on fut descendu jusqu'à 760 m., on eut pour un instant une vue sur le Latoua, qui se présentait tel qu'il est dessiné dans la fig. 43 de l'annexe IV. On s'aperçut maintenant que le plus haut point qu'on avait atteint en partant du sud (de Liliboï), le point C (809 m.), n'était pas situé près du plus haut sommet A du Latoua, mais près d'une cime avancée B, dont l'altitude fut fixée plus tard, par des relèvements, à 858 m. Le retour fut alors entrepris par la même route, jusqu'au refuge (511 m.) où on passa la nuit. Le lendemain, on suivit encore la première route, jusqu'au petit affluent marécageux Lana. De ce point, on visita le sommet Sĕribou éwan (710 m.); puis, on suivit l'arête qui se dirige au nord-ouest, et qui aboutit au rivage, à la Waï Moulia, et enfin, on revint à Lima par la plage.

Cette excursion de trois jours au Latoua, qui eut lieu de nouveau dans des circonstances très défavorables, contrariée le plus souvent par de fortes averses, dans un terrain à végétation épaisse, mise en rapport avec celle qui fut entreprise de Liliboï au même Latoua, a appris, que les plus hautes cimes consistent en mélaphyre; les parties les plus basses, en roches andésitiques avec brèches et conglomérats, qui, en divers endroits, recouvrent le mélaphyre.

Nous arrivons finalement *au Touna*; la route de Saïd au sommet de cette montagne, qui a été décrite plus haut en traitant des diabases, côtoie les versants ouest et sud. La moitié inférieure du Touna consiste, à l'ouest jusqu'à 410 m., et en certains points, entre autres à la petite cime avancée Wawani, jusqu'à 467 m. d'altitude, en conglomérats, brèches et graviers incohérents d'andésites (nos. 13 et 14) que je rattache aux dépôts jeunes (quaternaires et pliocènes). Plus haut, s'adosse à la montagne de l'andésite à pyroxène massive (n°. 15), qui, dans la petite rivière Wanii (395 m. d'altitude), repose sur de la diabase. Dans la rivière Tamboro, affluent de droite de la Waï Houloun, que l'on passe à 369 m., la roche (n°. 16) renferme du grenat. Un peu plus loin, on descend et on remonte successivement jusqu'à 403 m., vers l'endroit nommé «Latahouhoulehou», où, à l'entrée d'un ravin, de l'hydrogène sulfuré avec de la vapeur d'eau se dégage entre des fragments d'andésite, blancs par décomposition (n°. 17a). Les petites branches et les feuilles qui sont répandues sur le sol sont revêtues d'une mince croûte de soufre (n°. 17). La roche qui, dans la rivière Wanii, à 410 m. d'altitude environ, repose sur de la diabase et sur du tuf diabasique, est une andésite à biotite (n⁰. 18c); et à peu près la même roche, mais sans mica, apparaît à la ligne de partage des eaux entre les rivières Houloun et Loï (623 m. d'altitude), près de la première maisonnette (n°. 18d), et un peu plus à l'est, à la descente vers la maisonette n°. 2, dans un petit affluent de la Waï Touna (± 550 m.) (n⁰. 18e); elles sont l'une et l'autre fort altérées, ce qui les a fait prendre auparavant pour de la diabase. Le dernier échantillon est tellement changé par l'action de vapeurs acides, qu'il s'est formé du gypse, et que dans les fissures il s'est même déposé une légère couche de soufre, conséquence évidente d'un dégagement d'hydrogène sulfuré qui a été décomposé par de la vapeur d'eau chaude. Dans le petit cours d'eau Touna, affluent de la Waï Loï, à la maisonnette n°. 2 (505 m.), on trouve aussi de l'andésite à l'état de roche massive (n°. 18f); et d'ici jusqu'au sommet du Touna on ne voit rien d'autre que de petits morceaux altérés de la même roche; mais nulle part des échantillons frais.

Le terrain entre le Touna et le Loumou-loumou fut visité en 1904. C'est dans ce terrain qu'est situé le lac Télaga Radja. Pour l'atteindre, on prend à Saïd le sentier cité tantôt, d'abord à l'ouest, puis au sud du Touna, jusqu'à la maisonnette n°. 2 à la rivière Touna, à 505 m. d'altitude. Ensuite, on descend par la rive gauche de ce cours d'eau, jusqu'à son confluent avec la Waï Loï. Déjà avant d'atteindre ce point, dans un petit affluent de la Waï Touna, on trouve de la diabase; et dans la Waï Loï même affleure la magnifique diabase cristalline n°. 19k, décrite plus haut; pour le reste, le versant du Touna se compose entièrement d'andésite ou de brèches et conglomérats de roches andésitiques. Le sentier coupe maintenant la Waï Loï; puis, à la rive droite, il monte en pente raide le long du versant occidental du G. Koukousan et du G. Setan (Loumou loumou), jusqu'à 573 m. d'altitude. Ici le terrain devient plus plat; le plus haut point est à 633 m.; et puis, en descendant légèrement, on arrive bientôt à un espace en forme de cuve entre les cimes de 782 m. (Oulou Kadera) et 751 m. (Loumou-loumou) de la chaîne du Loumou-loumou et les cimes, situées plus au nord, de 694 et 635 m. C'est dans cet espace en cuve que se trouve le Télaga Radja, à 619 m. d'altitude. D'après les levés effectués par M. DE CORTE, qui

m'accompagnait dans mon excursion, ce petit lac (fig. 66 de l'annexe V)
est de forme irrégulière; il n'a que 88 m. de longueur et 35 m. de
largeur dans la période de sécheresse. Comme il n'a pas de décharge,
le niveau de l'eau monte à l'epoque des pluies et il inonde alors la
partie plate de la vallée, qui s'élève au bord du lac à 3 m. au-dessus
du niveau de l'eau. Le lac atteint alors plus de 100 m. en longueur
et une largeur de 60 m. au milieu. La profondeur n'en a pas été
déterminée, mais elle paraît être peu considérable. De tous les lacs
de Hitou, il a seul quelque apparence d'un lac de cratère, car il est
entouré d'une ceinture de montagnes et est enfermé dans un cirque.
Le bord de ce cirque est le plus bas du côté de l'est, au point de
633 m. nommé plus haut, sur le sentier de Saïd. Toutefois, il n'y a
aucune trace d'action volcanique; il n'y a pas de dégagement de gaz
et l'eau du lac est froide et potable. Nous l'avons employée pour
préparer nos mets.

Comme c'est ordinairement le cas à Hitou, on ne rencontre que
très peu de roches fraîches dans le sentier de la Waï Loï au Tĕlaga
Radja. Le sol consiste en argile brune et brun-jaunâtre, couverte de
mousse, dans laquelle apparaissent çà et là des fragments d'andésite
et même, à proximité du lac, d'andésites très riches en verre. Les
cimes qui entourent le lac paraissent consister toutes en matériaux
incohérents, conglomérats et brèches de ces andésites vitreuses; sur
notre chemin, nous n'avons pas trouvé de coulées de lave. Le fond
de la cuve, où se trouve le Tĕlaga Radja, se compose aussi de brèches
d'une roche andésitique noir-foncé, à éclat résineux; le n°. 18g a
été recueilli entre le lac et notre refuge, la «maisonnette» indiquée
sur la carte fig. 66. Cette roche est tout à fait analogue aux brèches
que KOPERBERG a trouvées plus au sud, sur les versants des monts
Kadera et Kĕhouli. Le «Batou bĕsar» p. ex., dans un petit affluent
de droite de la Waï Lawa, à 336 m. d'altitude, consiste aussi en
brèches d'une roche vitreuse sombre, dont on a recueilli le n°. 113.
Nous pouvons donc admettre que le Loumou loumou se compose
essentiellement de roches vitreuses, et le Touna, d'andésites moins
riches en verre.

Malgré cette différence dans le caractère pétrographique, il est
possible cependant que ces deux montagnes ou arêtes appartiennent

14

à un seul et même point d'éruption ancien. Le bord du cratère (voir carte n". I) s'étendrait alors du G. Koukousan (657 m.) vers les trois sommets du Touna (804, 861 et 875 m.), en passant par le G. Setan ou Loumou loumou I (748 m.), le G. Oulou Kadera (782 m.), le G. Loumou loumou II (751 m.), la cime de 742 m., le G. Walawaä (815 m.), le Hatou Sěliin et le collet à 623 m. du sentier de Saïd. Cette ligne enferme un espace en fer à cheval, ouvert au nord-est, d'un diamètre de 3 km. Dans cet espace sont les sources de la Waï Loï et d'un grand nombre de ses affluents; on peut y voir la roche sous-jacente, porphyre quartzifère et diabase, tandis que les versants consistent partout en roches andésitiques, dans la partie nord en andésites à cordiérite et à grenat, dans la partie sud, surtout en brèches riches en verre.

Dans la partie méridionale de ce fer à cheval se trouve le point d'éruption le plus récent, le Tělaga Radja, auquel on peut encore observer un bord de cratère qui passe par les sommets de 751, 782, 635 et 694 m. d'altitude. Le petit lac de ce nom doit être considéré comme un ancien lac de cratère, et il importe de faire remarquer que, même à ce point d'éruption le plus récent, on ne constate plus nulle part de trace d'action volcanique; l'eau du lac est même potable. Aussi, les sources d'hydrogène sulfuré du Touna ne sont-elles pas situées dans l'espace en fer à cheval, mais en dehors, et tout près de la diabase, qui est cachée sous l'andésite et qui est partout riche en pyrite par suite de ces émanations. Je suis donc tenté de mettre ces sources gazeuses en rapport avec l'éruption de la diabase plutôt qu'avec celles des jeunes andésites du Touna. L'absence même des derniers symptômes d'activité volcanique dans le Tělaga Radja indique un âge avancé, même pour ce point d'éruption le plus jeune, donc, à plus forte raison, pour le cône plus ancien Touna-Walawaä Loumou-loumou. La forme essentiellement plate des dos du Loumou-loumou, du Walawaä et même du Touna, semble prouver que l'éruption du cône le plus ancien a eu lieu sous la mer; comme les crêtes de ces montagnes sont constituées par des matériaux meubles, KOPERBERG se crut autorisé de regarder la partie supérieure du sommet Setan du G. Loumou-loumou, élevé de 748 m., comme formé de matériaux quaternaires apportés par les eaux. J'ai cru devoir admettre auparavant la même hypothèse pour les sommets du Touna, où l'on voit si peu de roche massive. Cependant, après avoir examiné le Tĕlaga Radja, qui est situé beaucoup plus bas et qui n'a rien d'un point d'éruption sous-marin, je pense maintenant qu'il est plus probable, que l'ancien bord de cratère, dont les fragments Touna, Walawaä et Loumou loumou sont, par la nature des choses, plus ou moins horizontaux, se compose de déjections volcaniques anciennes, meubles, qui ont été formées *au-dessus de la mer*. Ces déjections incohérentes, qui recouvrent les brèches et les conglomérats plus fermes, peuvent avoir fourni par une forte désagrégation les terres meubles, très pauvres en roches dures, tout aussi bien que l'auraient fait des matériaux quaternaires.

Waï Ela. La Waï Ela, qui a son embouchure à 1100 m. à l'est de Saïd, et sa source au versant nord du Touna, transporte de nombreux blocs roulés d'une très belle andésite à grenat et à cordiérite (n°. 19). La roche renferme un grand nombre d'enclaves sombres, qui ont été examinées dans l'espoir de trouver parmi elles des granites ou des gneiss à cordiérite, d'où aurait pu provenir la teneur en cordiérite des andésites, par fusion et recristallisation de ce minéral. Mais j'ai reconnu que ce sont toutes des andésites cristallines riches en cordiérite.

Waï Loï. Dans la Waï Loï, déjà décrite plus haut, on trouve d'abord de l'alluvium avec cailloux roulés d'andésite (n°. 19*a*); puis des terrasses inclinées, quaternaires, formées de cailloux roulés, avec fragments de la même roche (n°s. 19*b* et 19*c*); à l'affluent Kapa, à peu près à 1½ km. de Kaïtetou, l'andésite affleure (n°s. 19*d* et 19*e*) et renferme parfois de gros cristaux de quartz (n°. 19*f*). Dans le lit de la rivière, on trouve de la diabase en fragments roulés de plus en plus nombreux; et dans son cours supérieur, entre autres à son confluent avec la Waï Touna (voir plus haut), cette roche existe à l'état massif. Au point extrême où la rivière put encore être explorée, on trouve une roche blanche, pyritifère (n°. 19*h*), qui appartient aux porphyres quartzifères.

En ce qui concerne maintenant *le mode de formation de ces roches éruptives, ainsi que des brèches et conglomérats qui les accompagnent*, on doit les considérer en grande partie comme sous-marines; car, parmi les roches compactes, il se présente beaucoup de produits vitreux, parfois à l'état de croûtes sur les andésites communes. Les brèches et aussi les conglomérats durs doivent être considérés, en partie, comme des produits d'éruptions simultanées, car ils se recouvrent parfois de plaques de roche compacte ou alternent avec celles-ci. Une autre partie cependant est plus jeune et s'est formée incontestablement plus tard dans la mer; à cette dernière appartiennent non seulement des brèches et graviers incohérents, mais aussi des conglomérats qui atteignent parfois une grande solidité; c'est pourquoi leur distinction avec les brèches et conglomérats «eruptifs» est extrêmement difficile, dans ce terrain très boisé et mal dénudé, parce que rarement ces roches ont été déposées en couches. Ce n'est que là où elles alternent avec des roches arénacées, d'un grain fin, comme dans la Waï Hatou, où l'on a pu reconnaître la direction et l'inclinaison à des grès, que l'on doit regarder comme des produits tuffeux, que leur origine sédimentaire ne souffre pas le moindre doute. Sur notre carte n°. I, on a essayé d'établir une séparation, d'une part entre les roches éruptives et les brèches et conglomérats qui les accompagnent, et d'autre part les produits sédimentaires que nous rangeons dans les formations quaternaires et tertiaires très jeunes (pliocènes). Toutefois, cette séparation n'est exacte qu'en principe, et on ne pouvait attendre davantage d'une simple excursion de reconnaissance. Un relèvement détaillé, topographique et géologique, de Hitou exigerait beaucoup plus de temps que nous ne pouvions consacrer, durant notre séjour à Ambon, à l'exploration de cette île.

La position des points d'éruption, qui ont fourni les produits andésitiques, ne peut être indiquée avec certitude que dans quelques cas, car il n'est pas rare qu'ils se recouvrent de matériaux quaternaires, ainsi que cela a lieu, entre autres, pour le point d'éruption au sud du G. Kĕrbau. Je considère comme des points d'éruption: le Salahoutou, avec de nombreux points d'éruption plus jeunes disséminés sur son manteau; le Touna-Walawaä-Loumou loumou, avec le Télaga Radja, plus récent; l'espace en cuve, où coule la rivière Sĕkoula (à Hatourou), que domine un bord auquel appartiennent le G. Kadera, le G. Waleateh et une cime aiguë de 617 m.; l'arête Sapak aja-Hatou Lalikoul, qui paraît représenter un bord de cratère s'ouvrant vers le nord; le Sĕribou Ewan-Tili, difficile à reconnaître, avec de nombreuses cimes avancées (G. Kĕlĕrihou e. a.) en arrière d'Ouring. Il doit exister encore un grand nombre d'autres points d'éruption, ensevelis à présent sous une couverture quaternaire.

Nous revenons maintenant à la description des *andésites à bronzite et des andésites quartzifères à bronzite*. Elles renferment assez souvent, à côté de plagioclase, de la bronzite (ou de l'hypersthène) et du quartz, des cristaux de cordiérite bleue et de grenat rouge brunâtre. Il s'y présente souvent des roches riches en verre, à aspect d'obsidienne ou de rétinite.

N. 31. Fragment d'une brèche (quaternaire) du rocher Batou Anjout, que l'on appelle aussi Batou Tĕmbaga et Batou Hatoubou; ce sont des récifs au nord du cap Batou lompat, qui s'élèvent peu au-dessus de la haute mer. La source thermale, qui y existe d'après VALENTYN et ARRIËNS, était couverte par les eaux durant mon exploration, car la marée était haute à ce moment.

La roche a une pâte gris-clair, demi-vitreuse, avec des parties altérées, jaune trouble, poreuse çà et là ou à cavités irrégulières. En cristaux porphyriques, quelques quartz, des plagioclases et des cordiérites bleues, en grains ou en petits prismes. Au microscope, c'est le plagioclase qui prédomine tout-à-fait parmi les feldspaths; la présence de sanidine est fort incertaine; elle manque peut-être complètement. De la bronzite avec inclusions de minerai de fer, pléochroïque entre le brun-clair et le vert-clair. Du quartz, avec quelques inclusions de verre de la forme du cristal. De la cordiérite en grains irrégulièrement limités, avec baguettes de sillimanite, bleu-clair en section. Ces cristaux gisent dans une pâte abondante qui consiste en un verre limpide avec particules de plagioclase et une très forte proportion de bronzites vert-clair, en petites lamelles et baguettes de teinte verte; il y a en outre des granules de minerai de fer. La roche est aussi fraîche que certaines andésites à hypersthène tertiaires, riches en verre; toutefois, dans ces dernières, l'absence d'augite parmi les cristaux porphyriques est très rare. Certaines parties du verre sont modifiées en une masse blanc-clair, qui polarise comme la calcédoine. Ces parties ne présentent que des limites irrégulières avec la pâte limpide; cette modification doit probablement être attribuée à la source thermale. *Andésite quartzifère à bronzite*, riche en verre.

N°. **174.** Du pied du Gounoung Setan, côté est, à la rivière qui se nomme Waï Nitounahaï suivant Koperberg. On trouve ici, outre des roches vitreuses, des andésites à pâte plus lithoïde (n°. 174), de teinte gris-brunâtre, avec cavités nombreuses; les seuls cristaux visibles, ce sont des cordiérites et des quartz. Au microscope, des plagioclases, en partie à extinction de 30°, de la bronzite, du quartz, de la cordiérite, du minerai, le tout dans une pâte de particules de feldspath et de verre dévitrifié en microlithes. Les bronzites sont en partie transformées en chlorite trouble. La dévitrification a été opérée par des baguettes étroites de pyroxène, des filaments minces de minerai, droits ou courbes, des grains de minerai et des granules bruns par transparence. *Andésite quartzifère à bronzite*, riche en verre.

N°. **153.** Blocs de la petite cime à la rive gauche de la rivière Hatou tëlou, depuis 347 jusqu'à 310 m. d'altitude, sur la route de Hatiwi bësar à Hila. En échantillons, c'est une roche dense, à éclat demi-vitreux; des fragments noirs gisent dans une pâte brune, nettement séparés, ce qui rend la roche brécheuse. Au microscope, la pâte brune devient de teinte très claire et translucide. En cristaux porphyriques, rien que du plagioclase, du pyroxène vert clair, exclusivement rhombique (bronzite), des grains cristallins de cordiérite, irrégulièrement délimités, à demi fondus dans la masse, avec baguettes de sillimanite; puis quelques grains de minerai de fer. La pâte renferme un verre limpide et *incolore*, rempli de bâtonnets de bronzite, quelques microlithes de plagioclase, des taches brunes nombreuses et des grains d'hydroxyde de fer, qui produisent la teinte jaune ou brune des échantillons. Certaines bronzites sont sujettes à un commencement de décomposition, et présentent, dans des fissures, des dépôts de chlorite et d'hydroxyde de fer; ces derniers dépôts proviendront donc, ici et ailleurs encore, non seulement du minerai de fer, mais aussi de la bronzite.

Les fragments noirs, qui existent dans la masse jaune comme des corps anguleux ou arrondis, franchement délimités, deviennent transparents en plaques minces; ils renferment les mêmes éléments que le verre clair, notamment du plagioclase, de la bronzite et de la cordiérite corrodée; mais la pâte consiste ici en un verre *brun-clair*, avec microlithes de bronzite, minerai de fer et beaucoup de taches d'hydroxyde de fer dans les cassures et les crevasses. Aux bords des morceaux sombres, il s'est déposé une quantité énorme d'hydroxyde de fer en grains bruns, ce qui fait ressortir davantage leur limite avec le verre de teinte claire; mais tous les deux sont d'ailleurs étroitement unis. Je crois pouvoir admettre que le verre sombre est le plus ancien, et que par une nouvelle fusion partielle il a fourni le verre clair, l'élément colorant s'étant en même temps condensé dans les granules de minerai de fer. Ces brèches et conglomérats, et d'autres analogues, jouent à Hitou un grand rôle, et sont sans aucun doute étroitement liés aux roches éruptives. *Andésite à bronzite très riche en verre,* brécheuse.

N°. 116. Roche affleurant dans la Waï Hatou, à ³/₄ km. du rivage, séparée en prismes. Roche terne, gris-clair, avec beaucoup de cordiérite, des feldspaths ternes et quelques quartz; la cordiérite est en cristaux prismatiques courts nettement limités. Cette roche renferme des cavités d'une forme irrégulière, dans lesquelles se sont déposés de petits cristaux qui appartiennent à la *tridymite*, d'après l'analyse de M. Huffnagel, à Delft. Au microscope, de grands plagioclases, quelques-uns limpides, mais la plupart totalement remplis de particules brunes d'un verre trouble. Bronzite. Quelques cordiérites à délimitation irrégulière, avec inclusions de sillimanite, et entourées parfois de cristaux de feldspath. Du minerai, peu de quartz, quelques rares cristaux de biotite à bords sombres. Ceux-ci gisent dans une pâte floconneuse qui contient, outre des microlithes de plagioclase et du minerai, un verre qui a été dévitrifié par des baguettes, fibres et lamelles extrêmement fines de bronzite, de teinte verte très claire. *Andésite à bronzite*, avec biotite et quartz.

N°. 115. Blocs roulés de la Waï Hatou, en aval du n°. 116. Roche gris-foncé, avec quelques quartz et des feldspaths ternes. Au microscope, cristaux porphyriques de quartz limpide en sections nettement hexagonales, sans inclusions liquides, et de plagioclase clair. Pas de grandes bronzites. Pâte de teinte claire, totalement remplie de cristaux de feldspath irrégulièrement limités, groupés parfois en sphéroïdes; cristaux de bronzite, transformés en partie en une masse brune; puis du minerai. *Andésite quartzifère à bronzite.*

N°. **120.** Du rocher Hatou Poroh, qui affleure dans la mer, au nord-est de Liliboï. Roche grisâtre, sombre, avec cordiérites et quelques gros quartz qui atteignent jusqu'à 20 mm. La croûte d'altération est jaune-grisâtre clair. Cette roche n'a pas été polie. *Andésite quartzifère à bronzite.*

N°. **14.** Au Gounoung Touna, côté ouest, à 364 m. d'altitude. Probablement encore originaire de brèches grossières. Roche gris-clair, à grain fin, à petites taches blanches, formées par des feldspaths altérés de 1 mm. et moins encore. Çà et là poreuse. Au microscope, on voit qu'elle est altérée, car les pyroxènes sont totalement transformés en chlorite et en hydroxyde de fer, que le polissage a fait disparaître en grande partie, de sorte qu'on n'observe plus que des trous à bords granuleux bruns. En cristaux porphyriques, rien que du plagioclase et un peu de minerai. Dans la pâte, un très grand nombre de feldspaths, en partie en masses arrondies, sphéroïdales; puis du verre incolore, dévitrifié par des baguettes et des aiguilles très fines de pyroxène vert-clair, ainsi que des granules bruns translucides. *Andésite à pyroxène,* altérée, riche en verre.

N°. **15.** Blocs de la hauteur d'une maison, au versant ouest du Gounoung Touna, à 410 m. d'altitude. Roche gris-bleuâtre, à feldspaths blanc terne, grands quartz (12 mm.), grands grenats brun-rougeâtre et petites cordiérites bleues. Au microscope, on observe que cette roche aussi n'est plus fraîche, car les feldspaths sont tout-à-fait transformés en une matière kaolinique trouble, blanc-jaunâtre. Les plaques de cette roche friable ne contiennent plus ni cordiérite, ni grenat, mais uniquement des bronzites longues, étroites, pléochroïques, qui sont encore fraîches et qui ne présentent un commencement de transformation en une matière trouble que sur les contours et dans des fissures, perpendiculaires à c. Puis, de gros quartz, dans lesquels la pâte s'est engagée; enfin de la pyrite et fort peu de lamelles de biotite. Ces éléments gisent dans une pâte trouble, qui renferme un verre incolore, tout-à-fait rempli de paillettes et fibres de pyroxène, des particules de feldspath troubles par décomposition et de la pyrite. Cette roche a été probablement décomposée par les vapeurs d'hydrogène sulfuré. *Andésite quartzifère à bronzite,* altérée.

N°. 16. Gros blocs de la petite rivière Tamboro, côté ouest du Gounoung Touna, à 369 m. d'altitude. Ces blocs n'auront pas roulé fort loin, car ils sont volumineux et anguleux, tandis que la rivière est fort petite. C'est une roche gris-clair, à grain fin, un peu poreuse, avec cristaux porphyriques de cordiérite bleue (6 mm.), des grenats rouge-brunâtre (8 mm.), souvent nettement délimités en hexagones dans les sections et beaucoup de feldspaths ternes (2 à 3 mm.). De plus, quelques quartz limpides, en très petit nombre mais de dimensions colossales, 20 mm.; mais ils se présentent d'une façon très irrégulière dans la roche, de sorte qu'il y a des échantillons qui n'en contiennent pas; ce sont des fragments d'origine étrangère, qui ont été inclus dans la roche par fusion. Au microscope, c'est la même roche que le n°. 15, mais à l'état frais. Parmi les cristaux porphyriques, il y a beaucoup de plagioclase basique, à stries nettes, et beaucoup d'inclusions de particules brunes de la pâte; puis, quelques cristaux limpides, simples, en rectangles allongés, à petit angle d'extinction (4°) et qui appartiennent peut-être à la sanidine, mais plus probablement à un plagioclase acide (oligoclase ou andésine). Le quartz n'est pas fortement représenté dans les plaques; il est en grains limpides, arrondis. De grandes cordiérites, qui ont jusqu'à 8 mm. de longueur, pléochroïques de bleu-clair à incolores, troubles en partie par suite de la présence de touffes épaisses de sillimanite et de petits cristaux verts de pléonaste. Des parties fraîches dans les cordiérites, consistant en plagioclase basique, grenat, bronzite, biotite et minerai, ne sont pas des inclusions, mais appartiennent probablement à la pâte au-dessus ou au-dessous des cristaux de cordiérite. De grands grenats, de teinte légèrement rosée, à bord gris, trouble (kélyphite), qui, vu à un fort grossissement, consiste en petites fibres de pyroxène d'un vert très clair et en granules de pyrite; des inclusions apparentes de plagioclase, de bronzite, de biotite et, dans les fissures, de la pyrite, font encore probablement partie de la pâte, qui est irrégulièrement délimitée au contact des grenats et a été coupée lors de la taille des plaques. De nombreuses bronzites avec inclusions de minerai et en partie brunes par transformation. Pyrite. La pâte trouble contient beaucoup de particules de feldspath, des microlithes de pyroxène, des grains noirs de minerai et des granules bruns, translucides, ainsi qu'un verre limpide. *Andésite à bronzite,* avec quartz, cordiérite et grenat. La roche contient quelques fragments nettement limités, qui sont tout-à-fait cristallins, et qui consistent essentiellement en cristaux limpides de plagioclase, avec quelques bronzites et de la pyrite. On doit les considérer certainement comme des sécrétions un peu plus anciennes du magma, et appartiennent aux *andésites cristallines.*

N°. **17a.** Fragments situés à l'endroit appelé Latahouhoulehou, versant ouest du Gounoung Touna, à 403 m. d'altitude. Entre ces fragments, il se dégage, en divers points, de l'hydrogène sulfuré qui a rendu blanche et farineuse la surface des blocs environnants. Ces fragments contiennent de petits quartz, des feldspaths blancs et troubles par décomposition, des cordiérites bleues et de grands grenats, de 5 mm. Au microscope, la roche ressemble fort à la précédente; le plagioclase et la bronzite sont plus frais qu'on ne l'aurait attendu d'une telle roche. Elle renferme aussi des inclusions cristallines, consistant en plagioclase, bronzite, cordiérite, minerai, pyrite et pléonaste, ce dernier en octaèdres bleu-verdâtre et violets, qui parfois sont réunis en cordons; les cordiérites ont été fondues sur les bords, et c'est dans leur voisinage que gisent principalement les autres minéraux, même les pléonastes bleus, comme preuve qu'il y existait auparavant de la matière de cordiérite; dans quelques fragments, on peut voir aussi du grenat. *Andésite à bronzite décolorée.* Certains fragments sont revêtus, comme les rameaux et les feuilles qui jonchent le sol, d'une croûte jaune-grisâtre de soufre (n°. 17, provenant de la décomposition de l'hydrogène sulfuré par les vapeurs d'eau chaude. L'abondance de pyrite dans les diabases et dans ces andésites doit être attribuée à l'hydrogène sulfuré. Cependant, dans les andésites, les pyrites n'acquièrent jamais ni la taille, ni les belles formes cristallines de celles des diabases. Nous avons déjà dit plus haut que ces émanations gazeuses n'ont pas lieu dans une dépression cratériforme, mais au versant de la montagne et qu'elles n'ont rien de commun avec une activité volcanique. En Europe aussi l'hydrogène sulfuré se dégage bien plus dans des régions sans volcans que dans les terrains volcaniques. En d'autres endroits de Hitou, entre autres au nord de Souli, ce gaz se dégage dans un terrain plat, quaternaire, loin du Salahoutou.

N°. **152a.** J'ai reçu du régent de Saïd un échantillon d'une roche altérée, probablement de l'andésite, à cristaux nombreux de *pyrite*, dodécaèdriques pentagonaux, de la taille de 1 à 8 mm.; il a été trouvé à l'état de bloc roulé dans la Waï Houloun, et provient probablement de l'endroit nommé Latahouhoulehou.

N°. **18d.** Gros blocs à la maisonnette n°. 1, à 623 m. d'altitude, versant ouest du Gounoung Touna. Roche gris terne, à grain fin, avec feldspaths blancs troubles. Ressemble en échantillons à certaines diabases, mais au microscope on voit que c'est une andésite. En cristaux porphyriques, du quartz à inclusions de verre; de grands plagioclases, totalement transformés en opale limpide, et qui restent éteints quand on les fait tourner entre nicols croisés; des bronzites, transformées aussi en opale brune. Minerai de fer avec leucoxène et pyrite. La pâte consistait primitivement en particules de quartz et de feldspath avec microlithes de pyroxène. Mais le feldspath y est à présent totalement transformé en opale ou en quartz, et le pyroxène en un minéral chloriteux. Puis, des granules de minerai et une base non polarisante, soit verre, soit opale. *Andésite quartzifère à bronzite*, opalisée par l'action de liquides.

N°. **18e.** Roche affleurant dans un affluent de la Waï Touna, à peu près à 550 m. d'altitude, côté sud du Gounoung Touna. En échantillons elle est à grain fin, avec du gypse dans les fissures et çà et là avec un enduit de soufre. Au microscope, de grands plagioclases, blanc trouble, transformés en particules polarisantes de quartz et de calcédoine. Pâte de plagioclases étroits, troubles, un peu de quartz et cristaux de pyroxène, entièrement transformés en fibres brunes de chlorite; minerai, pyrite et base de verre incolore avec quelques petits grains bruns. *Andésite à pyroxène transformée.*

N°. **19.** Blocs roulés de la Waï Ela, côté nord du Touna. Roche gris-clair, avec cristaux porphyriques de grenat (6 mm.), de cordiérite (5 mm.) en prismes, du quartz, feldspaths troubles et quelques paillettes noires de biotite. Au microscope, elle ressemble encore fort au n°. 16; elle renferme seulement un peu plus de biotite ainsi qu'un peu de hornblende. En cristaux porphyriques: du quartz, en cristaux limpides, pas très nombreux, de la grosseur de 2 mm.; beaucoup de plagioclase, en larges cristaux tabulaires, à grands angles d'extinction

220

et avec des inclusions de verre brun, de minerai et de cristaux de pyroxène; certains plagioclases sont finement poussiéreux. La sanidine est probablement absente; les petits feldspaths simples appartiennent aussi au plagioclase. De grandes bronzites, en sections allongées, à fissures nombreuses et inclusions de minerai; des cordiérites bleu clair, souvent en cristaux corrodés, avec des plagioclases et des bronzites sur les bords, et avec des inclusions de touffes de sillimanite, de minerai et de verre; puis, du minerai et des grenats de teinte rosée. Ensuite, quelques paillettes de biotite, criblées par de l'apatite, et quelques sections brunes de hornblende, peu allongées, à bords noirs, grenus. Par ces deux derniers minéraux, la roche forme la transition aux andésites à mica et à hornblende. La pâte contient une base vitreuse limpide, à microlithes de bronzite, du plagioclase et du minerai. *Andésite quartzifère à bronzite*, contenant du mica et de la hornblende.

N°. 19a. Fragment roulé de la Waï Loï, un peu en amont de Kaïtetou. Roche gris-clair, dont quelques parties sont poreuses et renferment de l'hydroxyde de fer. Sécrétions de grenats et de cordiérites, ainsi que des quartz; au demeurant, d'un grain fin. Au microscope, c'est une *andésite quartzifère à bronzite* commune. Par le polissage, les grands cristaux de quartz, de cordiérite et de grenat ont disparu de cette roche friable et tant soit peu altérée; par suite, ils n'existent pas dans les plaques.

N°. 19b. Roche gris-verdâtre, très altérée; c'est un fragment de couches quaternaires inclinées des terrasses de la rive gauche de la Waï Loï, au dessus de Kaïtetou. Au microscope, c'est une *andésite à pyroxène fort décomposée*; dans la pâte, il y a beaucoup de particules de feldspath, groupées partiellement en agrégats rayonnés; puis de la chlorite et de l'hydroxyde de fer.

N°. 19c. Grand bloc roulé des mêmes terrasses inclinées de la Waï Loï. Roche gris-clair, avec quartz et cordiérite. Il s'y trouve de grandes cavités irrégulières, dans lesquelles il s'est déposé une croûte de paillettes cristallines jaunâtres, qui consistent, d'après l'analyse de M. HUFFNAGEL, de nouveau en tridymite avec quelques petits cristaux de quartz. Au microscope, *andésite quartzifère à bronzite*, commune.

N°. 19d. Roche gris-clair, avec des grenats et des cordiérites de la lon-

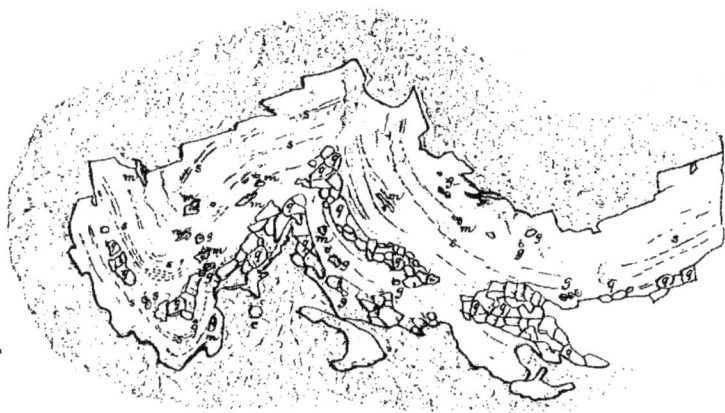

desquels les petits cordons de sillimanite se recourbent régulièrement. En la tournant entre nicols croisés, la substance de la cordiérite s'éteint à la fois sur toute la surface; par conséquent, lors de sa cristallisation, elle a emprisonné les cordons déjà recourbés de quartz et de sillimanite.

D'après ROSENBUSCH, ces formations et d'autres analogues sont des fragments originaires de gneiss; c'étaient primitivement des marnes, qui sont devenues cristallines par pression; il s'est formé de la sorte du quartz, de la sillimanite et du grenat; et en même temps s'opérait la cristallisation de la cordiérite, qui enfermait les éléments de la roche plissée, dont nous venons de parler. Une portion de la substance de la cordiérite s'est refondue dans la masse de la roche éruptive, et par là les cristaux ont pris une forme irrégulière. Plus tard, par une modification dans les conditions chimiques et physiques, le magma était sursaturé de Al^2O^3; alors, en présence de magnésie, d'oxydule de fer et de beaucoup d'acide silicique, il s'est séparé de nouveau de la cordiérite, en partie en cristaux réguliers et en mâcles (triplets) libres dans le magma, en partie comme accroissement de l'ancien cristal corrodé; par là, celui-ci présente sur les bords des parties cristallographiquement bien délimitées et qui, au point de vue optique, sont orientées de la même manière que l'ancien cristal; de cette manière la masse du cristal de cordiérite, qui est représenté fig. 75, s'éteint toute entière. Seulement, la nouvelle substance est un peu plus pure et un peu moins biréfringente que l'ancien grain de cordiérite, et on y trouve aussi çà et là de larges stries plagioclastiques, des lamelles qui, lorsqu'on tourne la préparation entre nicols croisés, deviennent visibles dans certaines positions, mais qui s'éteignent aussi simultanément, ce qui les distingue de suite des plagioclases. Les gros quartz, dont il a été fait mention ci-dessus, sont aussi des inclusions étrangères, probablement issues de gneiss. *Andésite à bronzite riche en verre*, avec cordiérite.

c. *Andésite à hornblende.*

Les roches à hornblende sont très rares à Hitou et elles peuvent difficilement prétendre à former un groupe distinct, car on peut les classer soit dans les andésites à bronzite communes, soit dans les andésites à biotite avec une teneur plus ou moins forte en hornblende.

N˙. **19.** Bloc roulé de la Waï Ela, côté nord du Touna. Cette roche a déjà été décrite plus haut; c'est une *andésite quartzifère à bronzite* avec *hornblende* et un peu de biotite.

N°. 138. Roche affleurant dans la tranchée de la route entre Alang et Wakasihou, à Tandjoung Tomoltetou, nommé aussi Tg. Batou ajam, à 20 m. d'altitude; elle est fendue en parallélépipèdes. En échantillons, elle est gris-clair, avec quelques cavités. Sécrétions de quartz, de cordiérite et de biotite, ainsi que de feldspath blanc trouble. Au microscope, en cristaux porphyriques, de grands plagioclases, souvent troubles à l'intérieur par suite d'un grand nombre d'inclusions de particules de la pâte; de la bronzite, en cristaux relativement petits, du quartz, en grains arrondis, de grandes cordiérites avec sillimanite, en partie troubles par décomposition. De la biotite et quelques belles sections de hornblende, avec bordure de grains noirs; aux sections transversales on peut voir non seulement les faces du prisme *m*, se coupant sous un angle de 124°, mais aussi les *deux* pinacoïdes, de sorte que ces sections ne sont pas hexagonales, mais octogonales. Pâte de feldspath, pyroxène, minerai et verre. *Andésite quartzifère à bronzite et à mica,* avec *hornblende.*

N°. 167. Blocs roulés de la Waï Houhou, originaires du monticule Houhou, au nord du Salahoutou, à l'ouest de Liang. Roche gris-clair, avec de nombreuses cavités allongées, dans lesquelles s'est déposée une croûte d'hydroxyde de fer. En cristaux porphyriques, rien que de petits feldspaths altérés et quelques petits prismes noirs de hornblende. Au microscope, de gros cristaux de plagioclase, beaucoup de bronzite, moins de hornblende brune, mais en gros cristaux; de la cordiérite fort corrodée, entourée de plagioclases limpides, que l'on reconnaît aux inclusions de pléonastes verts; des grains de minerai en petite quantité; le tout dans une pâte de feldspath, de pyroxène et de particules de minerai, ainsi que du verre limpide. Les hornblendes ont des bords noirs, grenus, enserrent de la bronzite et du minerai, et sont criblés d'apatite. Le quartz et la biotite font défaut. Dans cette roche aussi la teneur en hornblende n'est pas assez forte pour la ranger dans les roches à hornblende proprement dites; c'est plutôt une *andésite à bronzite, hornblendifère.*

d. *Andésite à mica et andésite quartzifère à mica.*

Ce groupe est fort répandu, mais il n'est pas franchement séparé des andésites à bronzite, car celles-ci renferment parfois un peu de biotite, ainsi que nous l'avons vu aux n°s 19 et 116, et au n°. 138 qui est à hornblende.

N°. 162. Originaire d'une brèche dans le lit de la Waï Reuw, affluent de droite de la Waï Routoung, à 180 m d'altitude; massif du Sala-houtou. Roche jaune brunâtre, un peu poreuse, dans laquelle on n'observe que des grains de quartz et des lamelles noires de biotite. Au microscope, cette roche est très friable et fournit de mauvaises plaques, dans lesquelles p. ex. la plupart des quartz ont disparu par polissage. Du quartz, du plagioclase, de la biotite et du minerai en cristaux porphyriques dans une pâte trouble, composée de particules de feldspath et de quartz avec des grains bruns, et colorée en jaune par de l'hydroxyde de fer. *Andésite quartzifère à mica.* Il n'existe pas de bronzite dans les plaques.

N°. 163. Gros blocs au rivage, à un bon kilomètre au nord de Waë, apportés du Salahoutou par les rivières Sĕlaka, Toua, et autres. Roche gris-clair, un peu poreuse, avec un très grand nombre de cordiérites en beaux petits prismes et des grains de quartz. Au microscope, grands cristaux de plagioclase, une très grande quantité de quartz, de la cordiérite en rectangles bien limités, mais aussi en grains irréguliers, et, dans ce cas, entourés de cristaux de plagioclase; de la bronzite, un peu de biotite et du minerai gisent dans une masse abondante de verre, qui est dévitrifié par des cristaux d'une finesse extrême, principalement des particules de pyroxène et des granules de minerai. Puis, de l'hydroxyde de fer. Les belles cordiérites bleues renferment, en inclusions, quelques petits prismes de zircone, du pléonaste vert foncé et un très grand nombre de petites baguettes de sillimanite, lesquelles s'y trouvent parfois disposées en belles zones, parallèles aux limites du cristal, tandis que l'intérieur et le bord extérieur du cristal sont totalement dépourvus de sillimanite. Ces cristaux de cordiérite, à limites régulières, avec la sillimanite et le pléonaste, sont incontestablement des sécrétions du magma, qui était sursaturé de $Al^2 O^3$ à la suite de la fusion de fragments à cordiérite.

Andésite quartzifère à bronzite, avec mica. Par la faible proportion de biotite, la roche ne fait pas partie des vraies andésites à biotite, mais elle se rattache au numéro suivant.

N°. 172. Roche affleurant au Tandjoung Hourouman, à la côte nord de Hitou. En échantillons, elle est tout-à-fait analogue au n°. 163, mais elle renferme plus de biotite. Elle est également de teinte gris-clair, et contient un très grand nombre de prismes de cordiérite, du quartz, ainsi que des paillettes de mica noir. Au microscope, du quartz, du plagioclase, de la bronzite, beaucoup de biotite et de la cordiérite avec un très grand nombre d'inclusions de grains de pléonaste, situés en cordons les uns derrière les autres. La pâte trouble renferme beaucoup de verre, qui est dévitrifié, principalement par des lamelles de pyroxène. *Andésite quartzifère à mica.*

N°s. 173 et 214. Le premier échantillon a été recueilli par l'ingénieur KOPERBERG, le second, par moi-même, à la masse rocheuse située à la rive droite de la Waï Moki, côte nord de Hitou, représentée fig. 49 de l'annexe IV. Ces deux roches sont gris foncé, et renferment des feldspaths blanc terne ; le n°. 214 contient aussi quelques quartz ; le n°. 173 est séparé en bâtons. Au microscope, plagioclases abondants, toujours à grands angles d'extinction qui prouvent que les feldspaths sont très basiques, la plupart assurément *de l'anorthite*, parfois peut-être de la bytownite ; bronzite, quartz, biotite à bords de minerai en grains noirs et ressemblant par là fort à de la hornblende ; puis du minerai. Dans le n°. 214, la cordiérite est en cristaux très irréguliers, corrodés, avec bordure de cristaux de plagioclase et de bronzite. La pâte renferme un verre, qui le plus souvent est limpide et incolore, mais qui est coloré en brun à certains endroits et rempli de microlithes de pyroxène et de plagioclase, les derniers en proportion plus faible, ainsi que de grains de minerai. Ces roches, comme l'andésite à hornblende voisine, n°. 167, de la Waï Houhou, sont très fraîches et donnent ainsi l'impression de roches éruptives tertiaires. *Andésite quartzifère à biotite.*

N°. 30. Fragment recueilli dans des brèches et conglomérats, au pied du Gounoung Setan, à proximité de la côte nord de Hitou. Roche gris-clair, très riche en mica, à plagioclases ternes, quartz blancs et jaunes, avec beaucoup de biotite et quelques grenats, qui atteignent

15

jusqu'à 6 mm., et dont les cristaux sont nettement limités. Au microscope, on reconnaît que la roche est tant soit peu altérée. Les cristaux en question gisent porphyriquement dans une pâte trouble, contenant des microlithes de plagioclase et de bronzite, ces derniers bruns par décomposition; des grains noirs de minerai, d'autres grains bruns et un peu de verre. *Andésite quartzifère à mica*, avec grenat.

N°. 215. C'est la même roche que le n°. 30, un fragment arrondi des brèches du Gounoung Setan, mais encore plus altéré. Elle est aussi riche en mica et renferme de beaux grenats. *Andésite quartzifère à mica*, avec grenat.

N°. 210. Enlevé à de gros blocs, dans des brèches grossières, au Gounoung Eri, près de Negri lama, à 178 m. d'altitude. Roche gris-clair, à grain fin, avec beaucoup de cristaux de cordiérite, des feldspaths, du mica et du quartz. Au microscope, les cristaux porphyriques que nous venons de nommer et des bronzites, dans une pâte qui renferme du verre, des grains de minerai, du plagioclase et des microlithes de bronzite, les derniers en proportion moindre. *Andésite quartzifère à mica.*

N°. 45. Fragments d'un calcaire tendre de la rivière Maspaït, sur la route de Hitou lama à Roumah tiga. Roche gris-clair, poreuse, à cristaux porphyriques de quartz, plagioclase, cordiérite et biotite. Au microscope, on observe en outre quelques petites bronzites et du minerai. La pâte de la roche consiste en un verre incolore, dévitrifié par des particules de pyroxène. *Andésite quartzifère à mica*, riche en verre.

N°ˢ. 2 et 3. Fragments de matériaux incohérents quaternaires de la rive droite et de la rive gauche de la Waï Ami, à Nipa, vis-à-vis d'Ambon. Le n°. 2 est de teinte blanche et renferme de nombreuses biotites et quelques grains de quartz. Le n°. 3 est moins altéré, gris-clair, et contient également des paillettes de mica et des grains de quartz; de plus, des plagioclases. Au microscope, on constate l'absence de grandes bronzites, de sorte que seuls du quartz, du plagioclase, de la biotite et du minerai y existent en cristaux porphyriques. La pâte renferme un verre limpide, çà et là brun-clair cependant, dans lequel gisent de nombreuses particules de plagioclase, souvent groupées radialement, et qui présentent parfois une croix d'interférence peu distincte entre nicols croisés, mais s'éteignent le plus souvent en secteurs. Puis, de petites bronzites, en partie brunes par décomposition, et des grains de minerai de fer. *Andésites quartzifères à mica.*

N°. 107a. Gros blocs de conglomérats et brèches quaternaires de Tandjoung Batou, dans la dousoun Sahourou. Roche gris-clair, çà et là poreuse, avec quartz, mica, plagioclase et de grandes cordiérites (9 mm.) en cristaux bien limités. Au microscope, elle n'offre presque rien de nouveau Les minéraux que nous venons de nommer y existent en cristaux porphyriques avec de la bronzite et du minerai; la pâte renferme un verre limpide, avec microlithes de bronzite, plagioclase et minerai. *Andésite quartzifère à mica.*

N°. 107b. Roche affleurant au pied du Gounoung Kërbau, au hameau Batou koubour, à l'ouest de Tandjoung Batou koubour, au rivage. La roche est gris-clair, à grain fin, et ne présente, en échantillons, que quelques sécrétions de lamelles de mica; elle fait voir aussi, en grand, une texture fluidale, par une alternance parallèle de couches plus ou moins riches en verre. Au microscope, du quartz, des plagioclases limpides et de la biotite; ce sont là les seuls cristaux porphyriques. La bronzite manque. La pâte abondante offre un aspect particulier, car dans une masse vitreuse, grenue, gisent un très grand nombre de particules de feldspath, la plupart en agrégats de forme ronde, sphéroïdale, qui présentent parfois, entre nicols croisés, une croix d'interférence peu distincte; il y a ensuite des particules vertes de chlorite, provenant probablement d'une décomposition de la bronzite. Le verre proprement dit est limpide et incolore; mais il renferme des baguettes et des fibres de pyroxène vert-clair extrêmement petits, des grains de minerai bruns et noirs et puis un très grand nombre de très petits corps ronds, bruns par transparence, à bords noirs, et qui sont probablement des pores gazeux. *Andésite quartzifère à mica,* riche en verre. La partie supérieure de ce banc rocheux s'est solidifiée à l'état de verre; elle sera décrite avec les roches vitreuses.

Nos. 108a et **108abis.** Le premier a été recueilli en 1898; le second, en 1904, au versant sud du Gounoung Kërbau, à 269 m. d'altitude; ils sont probablement originaires de brèches grossières. Roche gris blanchâtre à texture parallèle et à bandes vitreuses sombres; contient des lamelles de mica, des cristaux de quartz et quelques feldspaths.

En échantillons, elle est analogue au n°. 107*b*, et elle donne aussi, au microscope, la même image. Cristaux porphyriques de quartz, en partie nettement limités; pour une autre partie, en formes très corrodées; des plagioclases très frais, avec un angle d'extinction maximum de 26° des deux côtés de la ligne de suture; de la biotite, en longues sections, traversées par de l'apatite. La bronzite manque; elle est probablement transformée en chlorite et en grains bruns de limonite qui sont disséminés partout, parfois en formes qui rappellent l'augite. La pâte renferme un verre limpide et incolore, rempli de sphéroïdes arrondis de particules de feldspath, qui sont parfois groupés radialement d'une manière irrégulière, et des fibres de bronzite vert clair extrêmement fines, ainsi qu'un peu de grains de minerai. *Andésite quartzifère à mica, riche en verre.* Se rattache au n°. 107*b* déjà décrit et au n". 107*c* que nous allons décrire plus loin.

Quelques parties, enclavées dans le n°. 108, consistent en une andésite presque entièrement cristalline. Elles renferment du quartz, du plagioclase, de la bronzite, de la biotite, de la cordiérite avec sillimanite et beaucoup de pléonaste vert-foncé, puis du minerai. On peut voir çà et là entre ces éléments un peu de verre avec quelques microlithes de bronzite. C'est aussi *une andésite quartzifère à mica,* avec bronzite et *très peu* de pâte.

N°. **114.** Récifs Batou Bĕdiri, à l'est de Hatourou, à la côte, séparés en prismes. Roche altérée, gris jaunâtre clair, avec mica, quartz, feldspaths ternes et quelques grandes cordiérites. Au microscope, pas de cordiérite. La pâte trouble renferme un verre incolore, rempli de lamelles de pyroxène d'un vert très clair. *Andésite quartzifère à mica.*

N°. **124.** Gros blocs de pierre au sommet de l'arête Hatou Lalikoul, à 648 m. d'altitude. Roche tant soit peu altérée. Dans une pâte gris-clair, à grain fin, du quartz, de la cordiérite, de la biotite et des feldspaths ternes. Au microscope, une *andésite quartzifère à mica* ordinaire.

N°. **126.** Originaire également du Hatou Lalikoul, mais recueilli un peu plus à l'est, à 629 m. d'altitude. En échantillons, gris-clair, compacte, avec de petites biotites noires et quelques quartz. Au microscope, *andésite quartzifère à mica* ordinaire.

N°. **140.** Du Hatou Gĕlĕdihou ou Watou lajar, près de Lariké; roche éruptive séparée en plaques, à la côte (voir fig. 45 de l'annexe IV).

Roche gris-jaunâtre, altérée, à feldspaths ternes, quartz et biotite. Au microscope, beaucoup de pyrite; les bronzites sont totalement décomposées. *Andésite quartzifère à mica*, altérée.

N°. 18c. Du Gounoung Touna, côté est, dans la rivière Wanii, reposant sur de la diabase. Roche gris-clair, à feldspaths ternes, biotite, grenats, et cordiérite. Au microscope, on voit que la roche renferme de la bronzite, mais peu ou point de quartz et un peu de biotite seulement. Les grenats et les cordiérites n'existent pas dans les plaques. *Andésite à bronzite*, biotitifère.

N°. 18f. Du Gounoung Touna, versant sud, dans la rivière Touna, à la maisonnette n°. 2. Roche gris-clair, avec beaucoup de feldspaths ternes, quelques gros quartz, peu de biotite, du grenat et de la cordiérite. Au microscope, *andésite quartzifère à mica*, mais avec peu de mica. Dans les plaques, il n'y a encore une fois ni cordiérite ni grenat.

e. Roches vitreuses des andésites et des dacites.

Plusieurs des roches qui viennent d'être décrites sont plus ou moins riches en une pâte à base vitreuse. Nous ne décrirons à présent que celles qui, déjà à l'œil nu, présentent un éclat vitreux ou résineux plus ou moins net.

N°. 160. Du versant est du Gounoung Kadera (massif du Salahoutou), à 366 m. d'altitude, à proximité du petit lac Télaga Namang. En échantillons, c'est une roche vitreuse, altérée, gris-blanchâtre, très poreuse, avec des morceaux de verre gris-foncé, moins altérés, dans lesquels il y a des feldspaths ternes. Au microscope, on voit un verre ponceux, à cristaux porphyriques de quartz et de plagioclase. Le verre est limpide comme de l'eau; il contient d'abord des baguettes et des filaments très nombreux, extrêmement fins et vert clair, d'un minéral qui fait partie du groupe des pyroxènes. Ensuite, un grand nombre de pores gazeux, la plupart allongés, aigus ou ovales, dont les parois sont parfois enduites d'un pigment brun. Ces pores sont disposés les uns derrière les autres avec leurs grands axes orientés de la même façon; ils donnent à cette roche une texture fluidale nette. *Ponce d'andésite quartzifère.*

N°. 165. Fragment de brèches quaternaires, à la cascade Embouang, dans la rivière Taïsoui; bloc roulé dans cette rivière. Les fragments très riches en verre, de teinte gris-clair, contiennent beaucoup de lamelles de mica et passent, par altération, à une argile sableuse, blanc-jaunâtre. La roche n'a pas été polie. *Verre d'andésite à mica.*

N°. 168. Récif peu élevé «Batou Mètèng», à la côte, pied nord du Salahoutou. Une brèche, composée de fragments d'une roche vitreuse noir terne, dans des débris plus fins des mêmes matériaux. Non taillé en plaque. Brèche de *verre d'andésite à bronzite.*

N°. 169. Roche vitreuse, séparée en bâtons, du même gisement que le n°. 168 et originaire aussi de la même brèche. Le fragment gisait librement sur la plage. La roche a un éclat résineux et contient des feldspaths blanc terne. Au microscope, beaucoup de plagioclase limpide, de petites bronzites et du minerai en cristaux porphyriques dans un verre limpide, tout-à-fait rempli d'un réseau de baguettes et de filaments extrêmement fins d'un pyroxène vert-clair avec granules de minerai adhérents. Toutefois, le verre, inclus dans les plagioclases, est légèrement brun. *Verre d'andésite à bronzite* qu'il faut ranger parmi les *rétinites* (pechstein), car tous les verres de Hitou contiennent de l'eau, et de plus cette roche présente un éclat résineux.

N°. 171. Bloc roulé de la Waï Tomol, au cap Tomol. Brèche avec morceaux de verre gris foncé, comme le n°. 168. N'a pas été polie. Brèche de *verre d'andésite à bronzite.*

N°. 216. Paroi escarpée du Gounoung Setan, au versant nord-ouest; au-dessus de cette roche une petite rivière forme une cascade. Roche vitreuse grisâtre sombre, à cavités où s'est déposé de l'hydroxyde de fer. Au microscope, un verre limpide qui est jaune clair le long des fissures, probablement par dépôt d'un peu d'hydroxyde de fer, et qui est entièrement rempli de filaments de pyroxène excessivement fins et de grains de minerai, forme la pâte de cette roche. Dans celle-ci sont distribués, en petite quantité, quelques quartz, plagioclases, bronzites, minerai et cordiérites; ces dernières en partie en cristaux bien délimités à inclusions de pléonaste, mais en partie aussi en grains irrégulièrement limités et fortement corrodés, riches en sillimanite, qui se sont fondus partiellement dans la masse vitreuse environnante, laquelle est légèrement colorée en jaune dans leur voisinage. *Verre d'andésite à bronzite (rétinite).* Contient, d'après l'analyse de l'ingénieur KOPERBERG, 5.57 pct. H_2O.

N°. **48.** Gros blocs dans de l'argile brune, sur la route de Roumah
tiga à Hitou lama, au nord de la ligne de faîte, à 195 m. d'altitude.
Roche vitreuse tout-à-fait compacte, de teinte gris-clair, mais rendue
brécheuse par des morceaux de verre plus foncés qui sont intimement
unis à la roche principale. Il y existe aussi des morceaux ponceux
et des fragments d'une andésite à bronzite (n°. 48*) terne, gris-clair.
La roche a un éclat vitreux et ressemble à de l'obsidienne, quand
on fait abstraction de sa structure brécheuse. Au microscope, divers
fragments de verre gisent les uns contre les autres et sont intimement
liés par de minces couches d'un minéral limpide. Parmi ces fragments,
quelques-uns sont tout-à-fait limpides, incolores et presque dépourvus
d'interpositions; seulement, on y remarque de très grandes inclusions
liquides, qui ont jusqu'à 29 microns en diamètre, à libelle mobile,
ce qui constitue une inclusion assez rare dans une masse vitreuse. (¹)
D'autres fragments sont dévitrifiés par des microlithes, notamment
des filaments de pyroxène; d'autres encore renferment des pores gazeux, parfois en formes allongées, et sont par là ponceux; d'autres
enfin sont troubles, par un amas de fines particules de feldspath et
de pyroxène, ces derniers parfois en agrégats floconneux, brun-clair,
excessivement ténus; ce sont les fragments n°. 48*. La plupart
renferment des cristaux porphyriques de plagioclase et de bronzite,
ainsi que des cordiérites corrodées à inclusions de sillimanite. Tous
ces morceaux de verre sont entourés d'une bordure limpide étroite,
qui polarise en fibres, et consiste en calcédoine (les fibres ont un
caractère optique négatif), un minéral qui s'est déposé aussi dans
les fissures du verre. *Tuf vitreux silicifié* ou *sable vitreux*.

N°s. 21, 21bis et 22. Mur rocheux à la rive droite de la Waï Loula,
à proximité de son embouchure. En échantillons, la même roche
vitreuse et brécheuse, gris-clair, que le n°. 48; mais les morceaux
de verre sont plus petits. Au microscope aussi, elle est analogue au
n°. 48; quelques éclats de verre sont de teinte jaune-clair. Il existe
aussi dans le verre des inclusions liquides, mais plus petites que
celles du n°. 48. Dans les fissures et autour des fragments, on trouve

---

(¹) Dans les roches de ce gisement (n0. 48) et du „cap Hatelauwé", analogues à nos
numéros 21 et 22 de la Waï Loula, des inclusions liquides ont déjà été signalées antérieurement par SCHROEDER VAN DER KOLK (Mémoire 84. pp. 117 et 119).

de nouveau des bandes étroites de calcédoine polarisant en fibres. Parmi les cristaux porphyriques, du plagioclase et de la bronzite ainsi que quelques cordiérites. D'après l'analyse chimique, elle renferme 5.36 pct. H^2O. *Tuf vitreux silicifié.*

N⁰. **217.** Petite colline, de 11 m. d'altitude, située à 185 m. à l'est de la rivière Waoulou, dans le sentier qui s'étend le long de la côte nord de Hitou. Ce mamelon consiste en un calcaire dolomitique gris-brunâtre, qui fait avec l'acide chlorhydrique une effervescence faible à froid mais forte à chaud. Ce calcaire contient une très forte proportion de gravier fin de roches éruptives, des cordiérites libres, ainsi que de gros morceaux d'un verre brécheux, grisâtre-clair (n⁰. 217), tout-à-fait analogue au n . 21. *Tuf vitreux silicifié*, en fragments dans un calcaire quaternaire.

N⁰. **107c.** Ceci est la croûte vitreuse, de $^1/_3$ m. d'épaisseur, de la roche n⁰. 107*b*, décrite plus haut, du hameau Batou koubour, à l'ouest de Tandjoung Batou koubour. En échantillons, c'est un verre à éclat résineux, gris-verdâtre clair, avec paillettes de biotite, qui devient blanc-jaunâtre et farineux par altération. Au microscope, un verre limpide, alternant avec des traînées de verre jaune et sombre par des interpositions brunes et noires comme au n⁰. 107*b*. Ces interpositions sont en partie des grains de minerai de fer ou d'un composé de fer, en partie des espaces creux, des pores gazeux, à parois brunes. Dans le verre limpide on n'observe pas ces particules brunes, mais uniquement des microlithes de bronzite et des agrégats de feldspath arrondis en spheroïdes irréguliers. Les seuls cristaux porphyriques sont du plagioclase et de la biotite. *Verre d'andésite quartzifère à mica.*

N⁰. **154.** Grosses pierres «Tongkou batou», à 350 m. d'altitude environ, sur la route de Hatiwi à Hila. Roche vitreuse gris-foncé, semblable au n⁰. 21, mais non brécheuse. Au microscope, c'est un verre décoloré par places, mais le plus souvent brun-clair, et tout-à-fait rempli de fins microlithes de pyroxène et de quelques grains de minerai. Cristaux porphyriques de plagioclase, de bronzite et de minerai; hydroxyde de fer secondaire. Les plagioclases ont parfois beaucoup d'inclusions de verre brun. *Verre d'andésite à bronzite (rétinite).*

N⁰. **113.** Fragment d'une brèche, enlevé près du refuge, dans un affluent de droite de la Waï Lawa, à 336 m. d'altitude. Roche vitreuse, à éclat résineux, noir sombre, à feldspaths blancs et ternes. En échantillons et au microscope elle ressemble parfaitement au n°. 18*g* (voir plus bas). Seulement, elle est moins fraîche: dans des fissures ont pénétré de l'hydroxyde de fer et de la calcédoine; ce dernier minéral remplit aussi des cavités de la roche. Le verre brun, que les feldspaths contiennent en petites particules très nombreuses, est brun trouble et parfois fibreux par altération. Le verre brun de la pâte est rempli de baguettes étroites de bronzite, mais le tissu en est moins serré qu'au n°. 18*g*. Voir plus loin la description de cette roche. *Verre d'andésite à bronzite*.

N°. 119. Fragment de couches inclinées (quaternaires ou pliocènes) de grès et de brèches, n°s. 117 et 118, dans la Waï Hatou. Roche vitreuse gris-clair à feldspaths ternes et cordiérites bleues. N'a pas été polie. *Verre d'andésite à bronzite*.

N°. 148. Echantillon de brèches de la Waï Ela, au sud de Lima et au nord du Latoua, à 617 m. d'altitude. Brèche gris-clair à morceaux de verre gris foncé. Au microscope, une pâte trouble avec quelques cristaux porphyriques de quartz et de plagioclase. Le trouble de la pâte est produit par des fibres très fines de pyroxène et des granules bruns; le verre lui-même est incolore. *Verre d'andésite à bronzite*.

N°. 18g. Fragment d'une brèche, recueilli en 1904 au lac Télaga Radja, à 619 m. d'altitude. Cette brèche forme le fond de l'espace cratériforme dans lequel est situé le lac. La roche est noir foncé et à éclat résineux. A l'œil nu on ne voit que de petits feldspaths; dans des cavités, il s'est déposé du gypse. Au microscope, une roche très fraîche. En cristaux porphyriques, du plagioclase, à grand angle d'extinction et un très grand nombre d'inclusions de particules brunes de verre; de la bronzite, avec inclusions de globules de verre et de magnétite. La pâte abondante consiste en un verre brun clair, qui est lui-même bourré de microlithes de bronzite et de plagioclase, les derniers en quantité moindre; il y a aussi un peu de minerai et çà et là quelques granules bruns excessivement fins. *Verre d'andésite à bronzite*.

f. *Mélaphyre et verre.*

Les roches de ce groupe se distinguent, déjà à l'œil nu, par leurs teintes grisâtres foncées, des andésites à bronzite qui ont la plupart une couleur claire. Elles contiennent des cavités qui sont la plupart parfaitement rondes ou à peu près, contrairement aux cavités allongées et irrégulières des andésites à pyroxène. Les parois de ces cavités sont parfois tapissées de calcite et de zéolithes. Ces roches n'ont aucune ressemblance avec les basaltes tertiaires ou plus jeunes de Java et de Sumatra; elles rappellent plutôt les anciens mélaphyres d'Europe.

N°. **218.** Trouvé uniquement en blocs isolés, au même endroit que le n°. 217, la roche vitreuse qui apparaît en fragments dans le calcaire, sur la route de Wakal à Hila, dans la petite colline de 11 m., à 185 m. à l'est du passage de la rivière Waoulou. Il est probable que le n°. 218 existe en fragments non dans du calcaire, mais dans une brèche quaternaire; on n'en a trouvé que des blocs incohérents sans brèche environnante, aussi au versant du mamelon jusqu'à la mer. En échantillons, c'est une roche à grain fin, grisâtre sombre, sans gros cristaux, mais à cavités rondes nombreuses (bulles) qui sont ou vides, ou remplies en tout ou en partie de calcaire spathique. Au microscope, beaucoup de petits cristaux d'olivine, tous transformés en serpentine vert-jaunâtre terne et hydroxyde de fer brun foncé; il n'y existe plus de matière d'olivine inaltérée. Ce sont là les seuls cristaux porphyriques. La pâte est un mélange microgranuleux de plagioclases longs et étroits, de baguettes courtes, vert-clair, de pyroxène, dont les plus grandes sont nettement pléochroïques et à extinction droite, appartiennent à la bronzite, et sont parfois juxtaposées à de l'augite; mais la plupart des baguettes présentent une extinction oblique et appartiennent à l'augite; il y a encore du minerai. Entre ces cristaux on peut voir un verre grenu, noir ou brun foncé. Le caractère de cette roche est tout autre que celui des andésites; elle contient, d'après l'analyse du Professeur S. J. Vermaes à Delft, 50.32 pct. de SiO^2 seulement, tandis que les andésites ont une teneur en acide silicique de 61 à 75 pct. *Mélaphyre.*

N°. **108b.** Du Gounoung Kérbau, à 280 m. d'altitude. En échantillons, gris, à grain fin, avec des taches altérées, jaunes. Pas de sécrétions de cristaux, mais de nombreuses cavités qui, par altération, ont pris une forme irrégulière. Au microscope, la roche n'est plus très fraîche; dans la pâte beaucoup de chlorite, à côté d'augite, de plagioclase et de minerai, ainsi que du verre grenu, foncé, qui contient de petits cristallites courbes (pyroxène?). Quelques gros cristaux, tranformés en serpentine, proviennent d'olivine. *Mélaphyre.*

N°. 108b*. En 1904 on a recueilli encore une fois, en ce point ou peut-être un peu plus haut, à 290 m. d'altitude, du mélaphyre dans lequel on a trouvé un petit fragment d'une roche jaune grisâtre, arénacée et quelque peu schisteuse (n°. 108b*), long de 7 cm. et de 1 cm. d'épaisseur. Au microscope, on a reconnu que c'était une roche clastique consistant en beaucoup de quartz, plagioclase et augite en grains cristallins irrégulièrement délimités, avec minerai de fer titané et de la titanite rouge clair, pléochroïque, en grains allongés et pointus. L'augite verte, de teinte très claire, n'est pas pléochroïque et contient de petits globules de verre et des granules de minerai de fer. On a mesuré des angles d'extinction de 42°. Les plagioclases sont très frais; quelques-uns ont des angles d'extinction de 29 et de 32°; par contre, d'autres n'ont qu'une extinction maxima de 19 et 22°. Entre ces particules cristallines se trouve une masse jaune ou d'un brun très léger, qui parfois ne polarise pas distinctement et pourrait être prise alors pour du verre; en d'autres places, elle offre une polarisation nette en grains fins; il est probable que c'est de l'opale, un minéral qui polarise assez souvent distinctement, ce qu'il faut attribuer à des tensions qui se sont produites lors de la dessiccation de la gelée d'acide silicique. L'opale enveloppe les grains cristallins comme une bordure mince et elle comble aussi partiellement les espaces entre les particules; aux bords de ces espaces, il y a alors de l'opale limpide, tandis que le centre est occupé par des particules brunes, troubles, probablement des particules d'argile ferrugineuse, et par de petits grains noirs de minerai. La forte teneur en quartz rend invraisemblable que ce sable soit un produit d'éruption du Kĕrbau lui-même, que le mélaphyre aurait englobé dans sa masse. Je le tiens pour un morceau de *grès*, qui a été transformé par métamorphisme de contact lorsqu'il a été enclavé dans le mélaphyre, et qu'ainsi il s'est formé du plagioclase et de l'augite, aussi bien que de la titanite rouge. *Bloc de grès transformé par métamorphisme de contact.*

N°. 108c. Du Gounoung Kěrbau, à 319 m. d'altitude. Roche gris-bleuâtre, à grain fin, avec de grandes cavités rondes et une croûte d'altération jaune. Au microscope, cristaux porphyriques de plagioclase, souvent à bords ternes, quelques olivines transformées en serpentine vert-brunâtre, longues bronzites pléochroïques et quelques cordiérites fort corrodées, irrégulièrement limitées, rendues troubles par des amas de sillimanite et renfermant un nombre extraordinairement grand de cristaux de pléonaste. Cette cordiérite a apparemment été englobée dans la roche en fusion et provient d'autres roches plus anciennes, du gneiss (qui toutefois n'apparaît nulle part à Ambon) ou du granite, que le mélaphyre a percées. La pâte est la pâte ordinaire; elle renferme du plagioclase, de l'augite, un peu de bronzite, du minerai et du verre brun ou du verre grenu foncé, ainsi que de la chlorite. *Mélaphyre à bronzite*, avec inclusions de cordiérite.

N°. 108d. Gounoung Kěrbau, à 327 m. d'altitude. En échantillons, tout-à-fait analogue au n°. 108c. Au microscope, encore exactement la même roche que la précédente; elle contient aussi de grands pyroxènes, qui appartiennent à la bronzite, des olivines décomposées, et des fragments, à limites irrégulières, d'agrégats cristallins de quartz et de cordiérite enclavés par fusion dans la roche, qui ont fait monter la teneur en silice jusqu'à 60 pct. à peu près. *Mélaphyre*, avec bronzite, quartz et cordiérite.

N°. 108. Gounoung Kěrbau, à 332 m. d'altitude. En échantillons, la même roche que les deux précédentes, aussi avec des cordiérites bleues et des fragments de teinte gris-jaunâtre, qui sont de la cordiérite, avec inclusions de grains de quartz. Au microscope, les mêmes cristaux porphyriques, olivine (décomposée), plagioclase, bronzite et augite à la fois, minerai et grandes cordiérites corrodées, qui contiennent de nombreux grains de quartz. Les deux derniers minéraux se ressemblent fort, mais sous le rapport optique on peut aisément les distinguer. Quelques cordiérites présentent distinctement des stries de mâcles répétées. Dans la pâte, du plagioclase, de l'augite, du minerai et du verre en grains bruns ou foncés. *Mélaphyre à bronzite*.

N°. 109. De la Waï Lawa, en amont de Tawiri, à 49 m. d'altitude.

Bloc originaire d'une brèche. En échantillons, une brèche formée de morceaux brun-foncé à éclat demi-vitreux, tant soit peu poreux, gisant dans une pâte altérée brun-jaunâtre des mêmes matériaux, mais plus fins. Au microscope, un verre brun de chocolat, transformé dans les fissures en une matière brun-jaunâtre, trouble. Ce verre renferme de très petites baguettes de pyroxène, qui se groupent parfois en étoiles, et des granules de minerai. Grands pores gazeux. Les cristaux porphyriques manquent; la roche a d'ailleurs tout-à-fait le caractère d'un *verre de mélaphyre*, comme on le rencontre en d'autres endroits, avec une teneur nette en olivine et se transformant aussi en un produit hydrofère brun-jaunâtre.

N°. 110. De la Waï Lawa, affleurant dans le lit du ruisseau; roche se séparant en prismes (fig. 41 de l'annexe IV). Roche grise, à grain fin, sans gros cristaux et aussi sans cavités. Au microscope on n'observe, parmi les grands cristaux porphyriques, que quelques bronzites et augites, assez bien d'olivines qui, très exceptionnellement, sont encore inaltérées en partie, et de temps en temps un cristal de quartz corrodé, évidemment une inclusion étrangère. Pâte de plagioclase, pyroxène (le plus souvent de l'augite), minerai et verre grenu, foncé. Comme produits secondaires, de la calcite, de la serpentine et de la pyrite. *Mélaphyre*, quartzifère.

N°. 112. Roche affleurant dans le lit de la Waï Lawa, à 143 m. d'altitude. Gris-verdâtre, altérée, à grain fin. Dans les fissures, du quartz; dans les cavités, du calcaire spathique et de la calcédoine. Au microscope, roche fort altérée; à la place des olivines on trouve de l'opale, entourée de carbonates; l'opale polarise faiblement, en taches irrégulières, ainsi que c'est souvent le cas; pour de la calcédoine la polarisation est beaucoup trop faible. Les carbonates, qui se sont déposés en formes sphériques, montrent, en sections, des anneaux alternativement incolores et bruns: les premiers consistent en calcaire spathique, les autres, en dolomie, peut-être ferrugineuse, ce que l'on constate déjà à leur différence de solubilité et d'effervescence par l'action de l'acide chlorhydrique *à froid*. Dans l'acide chaud, les anneaux bruns aussi se dissolvent rapidement. Les petites augites de la pâte sont en grande partie transformées en calcite et en chlorite. Les rectangles et les baguettes de plagioclase sont encore limpides. Il y a encore du verre brun clair, mais en petite quantité. *Mélaphyre*, altéré.

N°. 125. Du Gounoung Latoua, cime avancée méridionale, à 809 m. d'altitude. Roche gris foncé, à grain fin, avec grandes cavités rondes, dans lesquelles s'est déposée une croûte d'une matière blanche, kaolineuse. Ressemble complètement aux roches du Kĕrbau. Au microscope, de l'olivine, encore une fois transformée entièrement en calcaire spathique, coloré en brun par de l'hydroxyde de fer; du plagioclase; à la fois de la bronzite et de l'augite, parfois juxtaposées; tous ces éléments forment des cristaux porphyriques dans une pâte sombre, dans laquelle il y a des lamelles allongées et étroites de plagioclase limpide, et un verre brun clair, entièrement rempli de petites baguettes d'augite avec granules de minerai adhérents. Selon le Dr. P. H. VAN DER MEULEN, assistant à Delft, la teneur de cette roche en acide silicique est de 50.31 pct. *Mélaphyre.*

N°. 150. Du Gounoung Latoua, pied nord, 660 m. d'altitude. Roche gris-clair, altérée, à cavités, analogue à la précédente. Au microscope, la même roche, avec beaucoup de chlorite dans la pâte et une masse de verre dévitrifiée par des cristallites, avec des baguettes et des filaments vert clair, auxquels sont suspendus des grains et des baguettes de minerai. Parmi les pyroxènes porphyriques, il y a plus d'augite que de bronzite, ces deux éléments sont parfois juxtaposés. *Mélaphyre.*

N°. 149. Roche affleurant dans le lit de la Waï Ela, au confluent d'un petit cours d'eau, la Hatou Koï, à 515 m. d'altitude. Roche grise, à grain fin, avec cavités rondes où se sont déposés du calcaire spathique et de l'hydroxyde de fer. Au microscope, elle ressemble un peu à certaines diabases, mais le feldspath est beaucoup plus frais que dans ces roches anciennes, le n°. 147 p. ex. Quelques formes appartenant nettement à de l'olivine, remplies de spath calcaire et de chlorite; de l'augite, sans bronzite. Pas de gros plagioclases. Les cavités sont comblées par de beaux anneaux de spath calcaire alternativement bruns et ferrugineux ou blancs et purs. Par l'action de l'acide chlorhydrique *froid*, les derniers seuls font effervescense et se dissolvent rapidement; les autres ne se dissolvent que dans l'acide chaud. Outre l'hydroxyde de fer, ils renferment peut-être aussi de la magnésie, de sorte que ce seraient des anneaux de dolomie ferrugineuse alternant avec des anneaux de calcaire spathique. Il n'a pas été fait d'analyse spéciale des anneaux bruns. La pâte contient des baguettes de plagioclase très limpides, de l'augite, des grains de minerai, de la chlorite et du verre grenu, foncé. *Mélaphyre.*

N°. 146. Paroi rocheuse à la rive droite de la Waï Ela, à 2 km. de Lima; à ce qu'il paraît, elle est recouverte de conglomérats et de brèches d'une andésite à biotite. En échantillons, cette roche est tout-à-fait analogue au n°. 149; elle contient des cavités rondes, remplies sur les bords de minerai de fer brun; au centre, des fibres de calcaire spathique, groupées en rayons, qui donnent une croix noire entre nicols croisés. Au microscope, elle contient uniquement quelques gros plagioclases, dans une pâte de baguettes de plagioclase, d'augite, de minerai et de verre sombre, grenu. Comme produits secondaires, du calcaire spathique, de la calcédoine et beaucoup d'hydroxyde de fer. *Mélaphyre.*

N°. 12 (recueilli en 1898) et **n°. 12bis** (recueilli en 1899). Roche de Tandjoung Tapi, décrite en détail plus haut (voir aussi fig. 63). En échantillons, roche de teinte grise ou gris-verdâtre; à proximité de la croûte, elle est cependant plus foncée, par suite de la présence de particules riches en verre. Les parties inférieures de la croûte (c et b, fig. 63) sont ternes, noir foncé, et renferment déjà beaucoup de particules de verre; par suite d'une solidification brusque, la portion extérieure a s'est solidifiée comme du verre; cette couche extérieure, qui d'ordinaire n'a pas plus d'épaisseur que 2 mm., est d'un noir brillant et a l'éclat résineux.

N°. 12, *partie a de la fig.* 63. Croûte de verre extérieure. Au microscope, un verre pur, couleur chocolat, avec cristaux porphyriques d'olivine et des touffes brunes de cristallites. Les olivines, à peu près incolores, sont d'une fraîcheur idéale; dans les fissures seules il y a un commencement de décomposition en une matière brune; elles renferment en inclusions de petits octaèdres bruns, transparents, de picotite et des globules de verre brun-clair avec bulle d'air adhérente. Ces olivines se présentent non seulement en cristaux bien développés, limités par des faces places, mais encore en microlithes incomplets, très élégants, dont l'un d'eux est représenté dans la fig. 64. Le plagioclase et le pyroxène font complètement défaut. Les touffes brunes consistent en filaments excessivement fins, qui sont entremêlés et superposés dans tous les sens et qui, à un fort grossissement, deviennent verdâtres et transparents Il est probable qu'ils se composent de substance pyroxénique (augite) et que la couleur franchement brune des touffes doit être attribuée en partie au verre brun dans lequel elles gisent, et qui est vraisemblablement interposé aussi entre les cristallites les plus fins. Il se peut encore, que la teinte des filaments même soit d'un vert-brunâtre très léger, ce qu'on ne peut pas constater avec certitude au microscope. Le verre brun pur n'est altéré que très localement en une matière jaune terne qui, comme nous le verrons lorsque nous parlerons de la composition chimique, contient beaucoup d'eau et se comporte vis à vis du verre comme la palagonite par rapport à la tachylyte. *Verre de mélaphyre.*

N°. 12. *Parties* b *et* c *de la fig.* 63. Dans une section transversale, faite radialement à travers les sphères de mélaphyre, et par laquelle on coupe successivement *a*, *b*, *c* et *d* dans la même plaque, on remarque que de *a* vers *b* les touffes de cristallites augmentent en nombre, se rapprochent les unes des autres et finissent par être si serrées, que toute la pâte en devient trouble et qu'on ne voit plus nulle part de verre pur. Une section longitudinale par cette roche (*b* et *c* donnent la même image microscopique) fait voir seulement des olivines porphyriques dans le verre dévitrifié; elles sont en grande partie encore fraîches, mais une partie cependant en est déjà transformée et devenue jaune et brune. Les cristallites se sont disposés en forme de peigne ou de brosse autour de microlithes limpides, en forme d'aiguilles, qui paraissent appartenir à l'augite; car l'extinction en est parfois droite, mais le plus souvent oblique, et elles ont une teinte verte très claire, ainsi qu'on le verra mieux dans la roche suivante. *Croûte de mélaphyre.*

N°. 12. *Partie* d *de la fig.* 63. Ceci est la roche principale, car la croûte, *a*, *b* et *c* ensemble, a à peine 3 cm. d'épaisseur; c'est seulement dans la croûte que l'on trouve l'olivine à l'état inaltéré; dans la roche principale toute l'olivine est complètement decomposée. Ici encore la pâte est un verre dévitrifié par des cristallites, qui contient de petits pyroxènes, en baguettes, filaments et grains, des grains de minerai et de longs microlithes de feldspath, en forme d'aiguilles, auxquels se sont fixés, à la façon d'une brosse, des microlithes encore plus petits. Ces longs microlithes de plagioclase sont limpides et incolores, à extinction oblique, et ils ont une disposition radiale irrégulière; entre ces rayons se sont déposés les cristaux de pyroxène et les cristallites. Quelques pyroxènes sont un peu plus grands, vert clair, renferment du minerai de fer et appartiennent à l'augite. En cristaux porphyriques rien que de l'olivine, totalement transformée en un hydroxyde de fer brun foncé, et qui paraît donc appartenir à une variété très riche en fer (hyalosidérite). Cette roche a tout-à-fait le caractère des roches du Kĕrbau et du Latoua, qui, elles aussi, ne contiennent plus d'olivine inaltérée. *Melaphyre.*

N°. **12bis** de la *collection* de 1899. La roche n°. 12bis, recueillie en 1899 à Tandjoung Tapi, est tout-à-fait analogue au n°. 12 de 1898. Les plaques préparées de la croûte vitreuse du n°. 12bis sont identiques à celles du n°. 12, partie *a*. Elles contiennent, à côté de grands cristaux d'olivine, de nombreux microlithes incomplets d'olivine, dont on a représenté deux spécimens dans la fig. 65. En outre, cette roche renferme quelques plagioclases et augites porphyriques. Les cristallites s'y sont réunis en partie sous forme de masses sphériques ou spheroïdales, dans lesquelles les filaments sont groupés plus ou moins radialement; quelques-uns de ces sphéroïdes contiennent au centre un cristal de feldspath.

Composition chimique des Ambonites.

Les analyses chimiques suivantes de diverses Ambonites de Leitimor et de Hitou, j'en suis redevable à la bienveillance toute spéciale du Prof. Dr. Cl. Winkler (actuellement décédé), du Prof. Dr. O. Brunck à Freiberg en Saxe, et de mon ancien collègue S. J. Vermaes, à présent professeur à Delft, lesquels ont fait en partie ces analyses eux-mêmes et ont fait exécuter les autres, sous leur direction, dans les laboratoires de chimie de l'Académie des mines à Freiberg en Saxe et de l'Ecole Polytechnique à Delft.

En ce qui concerne la composition des andésites, il importe de faire observer que certains éléments, notamment le quartz, la cordiérite et le grenat, qui sont *en partie* d'origine étrangère, sont distribués

16

dans ces roches d'une manière tellement irrégulière, que non seulement des échantillons différents d'un même gisement, mais parfois même des parties différentes d'un seul et même échantillon contiennent des quantités variables de ces minéraux, et doivent donc nécessairement présenter une composition différente. C'est pourquoi, on a toujours réduit en poudre fine des morceaux volumineux et aussi frais que possible, et de cette poudre on a pris un échantillon pour le soumettre à l'analyse.

Quant aux mélaphyres, il faut faire une distinction entre deux groupes: d'abord ceux de Tandjoung Nousaniwi, Tandjoung Tapi, du Gounoung Latoua et de la Waï Ela, qui ne renferment ni quartz ni cordiérite; en second lieu, ceux de la Waï Lēleri, à Leitimor, du Gounoung Kĕrbau et de la Waï Lawa à Hitou, qui contiennent ces minéraux en formes très corrodées, lesquelles doivent être considérées comme des inclusions étrangères, enlevées à du gneiss ou à du granite, lorsque ces roches ont été percées par le mélaphyre. Ce dernier groupe est naturellement beaucoup plus acide que les mélaphyres sans quartz, de sorte que leur teneur en acide silicique peut se rapprocher de celle de certaines andésites à bronzite. Toutefois, ce mélaphyre se distingue nettement, dans ce cas, de l'andésite à bronzite, par la teneur beaucoup plus faible en alumine et la proportion plus forte de chaux et de magnésie.

La sécrétion de cordiérites dans les andésites à bronzite, qui sans doute avait lieu partiellement dans le magma lui-même, est une conséquence d'une sursaturation de ce magma par de l'alumine, probablement à la suite de la fusion de schiste argileux ou de fragments à cordiérite provenant de roches anciennes (granite ou gneiss), suivie d'une recristallisation dans le magma de cordiérite avec sillimanite et pléonaste, par suite d'une modification dans les conditions chimiques et physiques. Il me semble aussi qu'une partie du grenat, savoir les cristaux qui ont une forme cristalline franche et qui ne présentent pas de bord trouble de kélyphite, s'est cristallisée dans l'intérieur du magma.

		N°. 164.	N°. 191 (a).	N°. 191 (b)
SiO^2	$=$	75.62	76.51	78.01
Al^2O^3	$=$	11.50	12.37	12.10
Fe^2O^3	$=$	—	0.48	0.77
FeO	$=$	1.39	1.58	0.93
MgO	$=$	0.39	traces	0.20
CaO	$=$	1.95	0.95	0.70
K^2O	$=$	4.68	4.96	3.66
Na^2O	$=$	3.17	4.21	2.82
H^2O	$=$	1.65	1.43	0.65
			$TiO^2 = 0.03$	$TiO^2 =$ traces
Total	$=$	100.35	102.52	99.84

Le n°. **164** est la liparite de la cascade Embouang, dans la rivière Taïsoui, à Hitou; elle a été analysée par M. D. FUNK, premier assistant au laboratoire de l'Académie des mines à Freiberg, en Saxe.

Le **n°. 191** est la liparite de la Waï Polang, à Leitimor; (a) a été analysée par le Prof. S. J. VERMAES, à Delft, et (b) par M. D. FUNK à Freiberg en Saxe.

La composition de ces deux roches est à peu près la même. La forte teneur en potasse montre qu'on a affaire à des liparites et non à des dacites, bien que le plagioclase prédomine parmi les cristaux porphyriques. La comparaison de ces analyses avec celles des anciens porphyres quartzifères n°s. 1 et 64, données plus haut, fait voir que les premières roches présentent non seulement une teneur plus forte en alumine et en chaux, mais surtout en soude; pour le reste, elles correspondent assez bien. Le morceau du n°. 191 analysé à Delft, provenant d'une roche *très pauvre* en biotite, paraît ne pas avoir contenu de biotite du tout, car on n'y a trouvé que des traces de magnésie.

N°. 16. *Andésite à bronzite,* du flanc ouest du mont Touna, à Hitou; enlevée à de gros blocs dans la petite rivière Tamboro, à 369 m. d'altitude. Renferme de la cordiérite avec inclusions de sillimanite et de pléonaste, du grenat, ainsi qu'un peu de quartz. Quelques échantillons contiennent de gros cristaux de quartz, longs de 20 mm.; mais ces morceaux là n'ont pas été choisis pour l'analyse.

Poids spécifique $= 2.524$.

$Si O^2$ . . . . $= 60.94$.

$Al^2 O^3$ . . . . $= 17.80$.

FeO . . . . $= 5.20$ (et $Fe^2 O^3$).

MgO . . . . $= 2.33$.

CaO . . . . $= 3.35$.

$K^2 O$ . . . . $= 4.88$ (2.46).

$Na^2 O$ . . . . $= 1.29$ (2.77).

$H^2 O$ . . . . $= 3.21$.

Total . . . $= 99.00$.

Analysée par M. ERNST CURT SIEBER de Schneeberg, en Saxe.

La teneur en potasse (4.88) m'a paru trop élevée, car, d'après l'analyse microscopique, il n'existait pas de sanidine dans la roche, ou du moins il n'y en avait que fort peu. Aussi, une nouvelle analyse, faite par M. F. A. UNGER, candidat-ingénieur des mines à Delft, a-t-elle donné $K^2 O = 2.46$, $Na^2 O = 2.77$, chiffres dont on a fait usage dans le calcul ci-dessous.

Il importe d'examiner si nous avons encore affaire ici à un magma sursaturé d'alumine, ainsi qu'on l'a déjà fait voir pour diverses andésites contenant de la cordiérite.

Dans le mémoire très remarquable de JOZEF MOROZEWICZ, *Experimentelle Untersuchungen über die Bildung der Minerale im Magma* (Tschermak's Mineralogische und Petrographische Mittheilungen, XVIII 1899, S. 1—90 und 105—240) l'auteur donne, à la page 69, trois analyses de roches à cordiérite qui sont en même temps riches en acide silicique et qui, d'après les rapports moléculaires de $K^2 O + Na^2 O + Ca O$, $Mg O$, $Al^2 O^3$ et $Si O^2$, sont toutes les trois sursaturées d'alumine relativement aux bases de silicate d'alumine. Un calcul analogue, fait pour notre roche n°. 16, fait voir qu'elle fait tout-à-fait partie du même groupe. Je réunis ici les quatre analyses.

		I	II	III	IV
SiO^2	=	60.14	64.54	63.75	60.94
TiO^2	=	—	0.79	—	—
Al^2O^3	=	18.10	19.16	17.62	17.80
Fe^2O^3 + FeO	=	6.80	7.23	6.26	5.20
CaO	=	5.80	2.47	2.50	3.35
MgO	=	5.15	3.39	3.41	2.33
K^2O	=	1.18	1.13	2.40	2.46
Na^2O	=	2.39	0.57	1.75	2.77
H^2O	=	—	2.25	2.77	3.21
Total.	.	99.56	101.53	100.46	98.06

I est un produit artificiel de fusion, où s'est séparé de la cordiérite (MOROZEWICZ).

II est une vitrophyrite à cordiérite de l'Afrique du Sud, d'après
MOLENGRAAFF (Neues Jahrb. f. Min. 1894 1, p. 79).

III est une andésite à mica, à cordiérite et riche en verre, de la
colline Hoyazo (Cabo de Gata), d'après OSANN. (Zeitschr. d. d.
geol. Gesellschaft XL, 1888, S. 701).

IV est notre andésite à bronzite n°. 16 du mont Touna à Ambon,
renfermant de la cordiérite et du grenat (les alcalis, d'après
M. UNGER).

Les rapports moléculaires de ces roches sont:

$$K^2O + Na^2O + CaO : MgO : Al^2O^3 : SiO^2$$

I	0.87	: 0.72 :	1	: 5.62 ([1])
II	0.35	: 0.45 :	1	: 5.70 ([1])
III	0.57	: 0.49 :	1	: 6.12 ([1])
IV	0.75 ([2])	: 0.33 :	1	: 5.80

On voit donc, que dans ces quatre roches le magma était
sursaturé d'alumine par rapport aux bases de silicate d'alumine. Dans
un tel magma il se peut que, dans diverses circonstances, dépendant

[1] Les chiffres trouvés pour I, II et III présentent de légers écarts avec ceux donnés
par MOROZEWICZ, probablement parce que, en reprenant les calculs, j'aurai fait usage de
poids atomiques un peu différents. Je me suis servi de ceux admis par F. W. CLARKE
(The constants of nature. Part V. 1897).

[2] Quand on se sert des quantités d'alcali trouvées par M. SIEBER, ce chiffre se
change en 0.76.

principalement des proportions relatives de MgO et de SiO² données par Morozewicz, il cristallise un ou plusieurs des minéraux : spinelle (pléonaste) $\left(\left|\begin{smallmatrix} MgO \\ FeO \end{smallmatrix}, Al^2O^3\right)\right.$, sillimanite ($Al^2O^3$, SiO^2), et, en présence de MgO, FeO et beaucoup d'acide silicique, aussi de la cordiérite ($2\,RO$, $SiO^2 + 2\,R^2O^3$, $3\,SiO^2$, où $R = Mg$, avec plus ou moins de Fe).

No. **21.** *Roche vitreuse et brécheuse*, ressemblant à de l'obsidienne ; tuf vitreux silicifié ou sable vitreux d'andésites, de la Waï Loula, côte nord de Hitou. Poids spéc. $= 2.296$.

Acide silicique	= 75.84
Oxyde d'aluminium . .	= 9.96
Oxyde de fer	= 0.49
Oxydule de fer	= 1.71
Oxyde de calcium . .	= 1.11
Oxyde de magnésium . .	= 0.18
Oxyde de potassium . .	= 2.26
Oxyde de sodium . . .	= 1.82
Eau	= 5.36
Total . . .	= 98.73

L'analyse a été faite par le Prof. Dr. Otto Brunck, à Freiberg en Saxe.

N°. **101.** *Melaphyre* de la côte de Leitimor, au nord-est du cap Nousaniwi. Séparée en formes sphériques et présentant des croûtes de verre, que l'on enleva avec soin avant de pulvériser l'échantillon.

Poids spécif. $= 2.404$.

Acide silicique	= 47.03
Oxyde d'aluminium . .	= 16.10
Oxyde de fer	= 5.55
Oxydule de fer	= 3.03
Oxyde de calcium . . .	= 9.60
Oxyde de magnésium .	= 7.08
Oxyde de potassium . .	= 0.98
Oxyde de sodium . . .	= 3.79
Eau	= 7.16
Total . . .	= 100.32

Analysé par M. Franz Jaronski, de Kielce en Russie. La teneur en eau doit être mise sur le compte de la serpentine et de la chlorite de cette roche.

N°. 102. *Croûte vitreuse foncée du mélaphyre n°. 101.*

Poids spécif. = 2.642

Acide silicique . . . . = 50.18
Acide titanique . . . . = 1.53
Oxyde d'aluminium . . = 16.19
Oxydule de fer . . . . = 8.47
Oxyde de calcium . . . = 10.56
Oxyde de magnésium . = 7.41
Oxyde de potassium . . = 0.59
Oxyde de sodium . . . = 2.43
Chlorure de sodium . . = 0.08
Acide sulfurique. . . . = 0.17
Eau . . . . = 2.60

Total . . . = 100.21

Analysée par M. Theodor Döring, Assistent-Hütteningenieur à Freiberg.

Cette croûte vitreuse a donc, en général, la même composition que le mélaphyre n°. 101; elle est seulement un peu plus acide et contient beaucoup moins d'eau, parce que les minéraux du verre sont encore très frais.

N°. 102*. *Produit de décomposition jaune du verre n°. 102.*

Poids spécif. = 2.258.

Acide silicique . . . . = 40.00
Acide titanique . . . . = 1.65
Oxyde d'aluminium . = 15.53
Oxyde de fer . . . . . = 3.54
Oxydule de fer . . . . = 1.27
Oxyde de calcium . . . = 7.76
Oxyde de magnésium. . = 0.58
Oxyde de potassium . . = 3.39
Oxyde de sodium . . . = 3.97
Acide carbonique . . = 3.37
Eau . . . . = 19.44

Total . . . = 100.50

La matière se décompose en grande partie par l'acide chlorhydrique. Analysé par M. Theodor Döring, Assistent-Hütteningenieur à Freiberg.

N°. 103. *Mélaphyre* de Tandjoung Nousaniwi, couche supérieure, sans croûtes vitreuses.

Poids spécif. = 2.576

Acide silicique	=	48.48
Oxyde d'aluminium . .	=	15.68
Oxyde de fer.	=	4.13
Oxydule de fer	=	3.29
Oxyde de calcium . . .	=	11.00
Oxyde de magnésium. .	=	7.17
Oxyde de potassium . .	=	0.63
Oxyde de sodium . . .	=	3.55
Eau	=	6.05
Total . . .	=	99.98

Analysé par M. Johann Sigismund von Winarski, à Jekaterinoslaw, en Russie.

La composition ne diffère que fort peu de celle du mélaphyre n° 101. Ici encore la teneur en eau doit être attribuée en grande partie aux produits de décomposition de l'olivine et du pyroxène.

N°. 108d. *Mélaphyre* du Gounoung Kërbau, à Hitou, avec quartz et cordiérite fondus dans la roche et provenant de roches plus anciennes.

Poids spécif. = 2.596

Acide silicique	=	59.01 ([1])
Oxyde d'aluminium . .	=	12.93
Oxyde de fer.	=	2.77
Oxydule de fer	=	6.36
Oxyde de calcium . . .	=	6.32
Oxyde de magnésium. .	=	4.78
Oxyde de potassium . .	=	2.50
Oxyde de sodium . . .	=	0.92
Acide phosphorique . .	=	traces
Eau	=	4.48
Total . . .	=	100.07

Analysé par M. Iwan Balbareff de Tatar-Baurtschi, en Bessarabie.

Bien que par suite de la fusion de fragments acides dans la masse, la teneur de la roche en acide silicique soit à peu près

---

([1]) Dans un autre échantillon, la teneur en acide silicique était de 59.88 pct., d'après la détermination du Dr. P. H. van der Meulen, assistant à l'Ecole polytechnique de Delft.

aussi forte que celle de l'andésite à bronzite n°. 16 du Touna, nous avons néanmoins affaire à une tout autre roche. C'est ce que montre la proportion bien plus faible d'alumine et la teneur beaucoup plus forte en chaux et en magnésie; ce qui a pour conséquence que les rapports moléculaires $K_2O + Na_2O + CaO : MgO : Al_2O_3 : SiO_2$ sont tout à fait différents de ceux de la roche n°. 16. En effet, nous trouvons ici 1.22 : 0.94 : 1 : 7.73, de sorte que le magma n'est pas sursaturé d'alumine par rapport aux bases de silicate d'alumine. Il ne pouvait donc cristalliser, dans ce magma, ni cordiérite, ni sillimanite, ni spinelle (pléonaste). La cordiérite, qui existe dans la roche, appartient exclusivement à des fragments plus anciens, d'origine étrangère; et il en est de même du quartz.

N°. **125.** *Mélaphyre* du contrefort méridional du Gounoung Latoua, à 809 m. d'altitude.

$SiO_2 = 50.31$ pct.

Détermination du Dr. P. H. van der Meulen, assistant à l'Ecole polytechnique de Delft.

N°. **218.** *Mélaphyre* en gros blocs à la côte nord de Hitou, à 185 m. à l'est de la petite rivière Waoulou.

$SiO_2 = 50.32$ pct.

Détermination du Prof. S. J. Vermaes, à Delft.

N°. **69.** *Liparite* de la rivière Taïsoui, sur la route de Waë au Salahoutou. Deux échantillons de cette roche ont été analysés au point de vue de leur teneur en acide silicique.

$SiO_2 = 74.15$ pct. d'après le Prof. S. J. Vermaes à Delft.

$SiO_2 = 73.58$ pct., après dessiccation à 110° C., d'après le Dr. F. Beijerinck à la Haye.

IV. Dépôts tertiaires supérieurs et quaternaires.

Sur la carte n°. 1, on peut voir la *répartition* des jeunes sédiments à Hitou. Ils forment une grande partie de la surface de l'île, et recouvrent et environnent toutes les autres formations, à l'exception de l'alluvium. La limite avec les brèches et conglomérats éruptifs, qui par altération ressemblent souvent fort à de jeunes sédiments, n'a pu être indiquée qu'imparfaitement à cause de la végétation épaisse et des dénudations rares; elle ne pourrait être déterminée exactement que par une exploration détaillée, faite avec beaucoup de soin.

La *hauteur* à laquelle arrivent ces sédiments est très considérable à Hitou, et peut être évaluée à plus de 500 m.; en quelques points elle est plus grande, en d'autres moins grande, car le soulèvement s'est produit d'une manière irrégulière. Les parties supérieures du Touna (875 m.), du Walawaä (815 m.) et du Loumou loumou (748 à 782 m.), nous ne les rangeons plus parmi les sédiments, mais nous les considérons comme des projections incohérentes, altérées, d'un ancien point d'éruption. A Hitou, le calcaire corallien n'atteint pas l'altitude de 500 m., mais il s'en rapproche cependant; dans la partie occidentale, le calcaire jeune arrive jusqu'à 423 m., dans la partie orientale, jusqu'à 465 m. d'altitude. Le long de la côte, entre Asiloulou et Saïd, on trouve du calcaire jusqu'à 10 m. d'altitude; entre Saïd et Hila, à 90 m.; à Alang, dans la rivière Alang lama, à 42 m. et au-dessus de Hatou, en deux couches, respectivement de 130 à 135 et de 202 à 225 m. Dans la couche supérieure existe la grotte «Liang liawat». Dans le sentier qui conduit à la roche «Batou douwa», la couche inférieure n'atteint qu'une altitude de 89 m., ce qui indique un écart de la position horizontale.

Toute la partie centrale de Hitou consiste en matériaux incohérents et en calcaire corallien, entre lesquels la roche éruptive n'apparaît que dans le lit des rivières et en quelques autres points encore. Le mélaphyre du Kĕrbau se recouvre aussi de matériaux meubles jusqu'à 414 m. du côté nord-nord-ouest; une partie de ces matériaux a glissé jusqu'en bas lors du tremblement de terre de 1898.

Le plus haut point de cette portion moyenne est le Gounoung Damar, à 469 m. d'altitude, sur la route de Hatiwi bĕsar à Hila. A proximité de ce point, le calcaire corallien forme deux couches, entre 410 et 423 m. d'altitude, séparées par des brèches d'une roche vitreuse; une troisième couche est située dans le même sentier, mais plus au sud, à l'altitude de 176 à 180 m., tandis que près de la côte du nord le calcaire corallien ne se rencontre pas à plus de 90 m. au-dessus du niveau de la mer.

La position des couches sur la route de Roumah tiga à Hitou lama mérite une description spéciale. Cette route est représentée dans la

fig. 8 A, annexe II, à l'échelle 1 : 20000, d'après notre nouveau relèvement. La fig. 8 B donne un profil de cette route suivant la ligne
nord-sud; les distances et les altitudes sont à la même échelle
1 : 20000, tandis que dans le profil fig. 8 C les hauteurs ont été
agrandies 4 fois relativement aux longueurs, afin de mieux faire
ressortir les différences d'altitude. Enfin, la fig. 8 D donne une section
transversale des couches à proximité de la rivière Maspaït, dans la
petite cime située au sud du passage de ce cours d'eau, que quelques-
uns nomment G. Maspaït et qui atteint 217 m. d'altitude.

En arrière de la plaine alluviale de Roumah tiga, large de 1200 m.,
la route monte immédiatement, en pente raide, sur des brèches incohérentes, du sable avec enclaves de fragments d'andésite; cette
montée a lieu en terrasses, mais celles-ci ne sont ni aussi belles
ni aussi bien limitées qu'en arrière d'Ambon. La première couche
de calcaire corallien atteint l'altitude de 56 à 60 m.; à 85 m. on
rencontre des blocs d'une brèche compacte de roche vitreuse; de
119 à 136 m. vient une deuxième couche de calcaire, épaisse;
de 156 à 168 m. la troisième couche calcaire. La route monte à
présent très légèrement, sur du gravier de matériaux éruptifs, et
arrive à une terrasse faiblement inclinée jusqu'à 180 m. d'altitude.
En cet endroit commence une marne calcaire, tendre, argileuse,
blanche par altération, qui continue jusqu'à l'altitude de 207 m. et
se recouvre ensuite, jusqu'à la cime du monticule Maspaït (217 m.),
de calcaire corallien ordinaire, compacte et dur.

En descendant vers la rivière Maspaït, on reste sur ce calcaire
corallien jusqu'à 187 m.; plus bas, il fait place au calcaire marneux
tendre, qui affleure aussi dans le lit de la rivière Maspaït, à 158 m.
d'altitude. La roche s'est déposée en couches peu distinctes, dont
D = 355°, I = 9 à 12° vers l'ouest; elle contient beaucoup de gravier
ainsi que des fragments d'une andésite riche en verre (n°. 45), que
nous avons décrite plus haut, et on peut la suivre, tant en aval
qu'en amont du pont jeté sur la rivière, dans le lit de celle-ci A la
montée sur la rive droite, on reste sur le calcaire tendre jusqu'à
189 m. d'altitude; au-delà, il ne se recouvre pas de calcaire corallien,
mais d'argile rouge avec de petits fragments de roche éruptive; et
c'est seulement à l'altitude de 227 à 233 m. qu'on observe de nouveau

du calcaire corallien reposant sur l'argile brune; c'est en même temps le dernier calcaire situé de ce côté de la ligne de faîte. C'est probablement la même couche que celle du mamelon Maspaït, qui a été enlevée partiellement par la rivière Maspaït; cette couche aurait ainsi une inclinaison très faible de 0° 50′ vers le sud (voir fig. 8 C). Jusqu'à la ligne de faîte, qui se trouve à 283 m. d'altitude, et qui se nomme G. Tanah Tjoupak ou Pohon pisang, on ne voit sur la route que de l'argile brun rouge, parfois avec un petit morceau de roche vitreuse. A la descente vers la côte nord, on passe par la petite cime Helat (264 m); puis on descend rapidement jusqu'à 230 m. et l'on arrive à une terrasse, qui a une pente légère vers le nord et se prolonge jusqu'à 210 m. A 195 m., on rencontre de nouveau des blocs de la roche vitreuse et brécheuse (n°. 48), décrite plus haut, à laquelle succède la couche de calcaire corallien la plus haute, de 169 à 142 m., divisée en 5 parties, entre lesquelles apparaît de l'argile brune, par suite de l'altération et de l'affouillement du calcaire, qui peut d'ailleurs s'être déposé sur une surface inégale. L'inclinaison de cette couche est de 2° 36′ au nord; elle est exactement de même grandeur que la pente de la terrasse, de 230 à 210 m., dont il vient d'être question (voir fig. 8 C), ce qui indique bien un soulèvement du terrain. En dessous de cette première couche calcaire, depuis 141 jusqu'à 54 m., vient une couche très épaisse, ou plutôt une série de couches calcaires, alternant avec des débris de coraux en branches et de coquilles, et un peu de sable de roches éruptives; puis vient la 3e, de 42 à 38 m.; la 4e, depuis 31 jusqu'à 26 m. et enfin la 5e couche de calcaire corallien, depuis 17 jusqu'à 9 m. Ces couches sont séparées par de l'argile brune et du gravier quaternaires, auxquels on ne peut reconnaître aucune inclinaison. Là commence la plaine alluviale de Hitou lama.

On peut donc constater ici, du côté nord de la ligne de faîte, une inclinaison des couches supérieures de 2½° environ dans une direction sud-nord; du côté sud, le redressement est plus faible, et n'atteint pas même 1°.

Comme le calcaire corallien du monticule Maspaït occupe ainsi une position sensiblement horizontale, et que par contre le calcaire marneux, tendre, sous jacent présente une inclinaison de 9 à 12° vers l'ouest, la première roche repose en stratification *discordante* sur la seconde; nous avons peut-être affaire ici de nouveau à du calcaire pliocène recouvert de calcaire quaternaire, distinction que nous avons pu faire aussi à Leitimor. S'il en était ainsi, le calcaire quaternaire s'élèverait, à Hitou, jusqu'à 233 m.; les terrasses quaternaires, du côté du nord, aussi jusqu'à 230 m., tandis qu'à Leitimor l'altitude de ces dernières ne dépasse pas le plus souvent 170 m.; cependant, en arrière de Lata, elles montent jusqu'à 211 m. Ces différences sont si faibles qu'on peut les expliquer aisément par une différence dans le degré de soulèvement et une différence d'inclinaison des dépôts, qui ne sont pas parfaitement horizontaux.

Lors du tremblement de terre de janvier 1898, il s'était produit, dans la paroi abrupte quaternaire au sud-est de Wakal, un grand éboulement qui permit de bien observer la composition de ce mur. La fig. 37 de l'annexe IV donne une représentation de cet éboulement. La partie supérieure k b consistait, pour les 10 à 15 m. les plus élevés, en une couche massive de calcaire corallien, correspondant à la couche supérieure au-dessus de Hitou lama, sur la route de Roumah tiga (de 169 jusqu'à 142 m.); la partie supérieure de l'éboulement est à 166 m. d'altitude. Sous cette couche calcaire viennent des couches alternatives de gravier, principalement des débris de branches de corail et de coquilles, entremêlées d'un peu de sable et de gravier plus grossier de roches éruptives; ces couches doivent correspondre à celles qui existent au-dessus de Hitou depuis 141 jusqu'à 54 m. d'altitude, que nous avons décrites ci-dessus, et qui se composent aussi de couches alternatives de calcaire et de débris de calcaire. Le mur escarpé, haut de 46.5 m., s'est éboulé et a recouvert d'une avalanche de pierres le versant de la montagne, de b en a, depuis 119 5 jusqu'à 63.7 m. De gros blocs calcaires forment, avec des fragments d'une brèche de coraux en branches et de coquilles, la masse principale des décombres. Entre cet éboulis et la côte, il y a de nouveau des brèches de coraux et aussi des couches compactes de calcaire; le long de la côte existe une bande étroite d'alluvium.

Nous continuons maintenant notre route vers l'est, et nous rencontrons le premier calcaire corallien des hauteurs sur le sommet du G. Eri, à l'altitude de 438 à 465 m.; ce sont peut-être deux couches calcaires voisines, séparées par des brèches, ce dont on ne

pouvait s'assurer à cause d'un éboulis de blocs de calcaire et par
la végétation. Une deuxième couche se trouve plus bas, de 218 à
222 m. d'altitude. Il est tout naturel d'admettre que ces deux couches
sont les mêmes que les 2 couches de calcaire du sentier de Batou
loubang à Hila, qui se trouvent respectivement aux altitudes de
176 à 180 m. et de 410 à 423 m. Si l'on considère les dernières
comme le versant gauche, et les premières comme le versant droit
d'un pli synclinal (fig. 62), il suffit d'une inclinaison *très faible*
pour mettre les deux couches calcaires supérieures en rapport
avec la couche la plus haute, qui affleure à 233 m. (au nord de la
Waï Maspaït), sur la route de Roumah tiga à Hitou lama. J'ai
calculé qu'une inclinaison de 1° 53' du G. Damar au calcaire de
233 m., et de 2° 7' depuis ce calcaire jusqu'au G. Eri, est suffisante.
Ces valeurs sont si faibles, et une légère inflexion des dépôts, en
forme de bassin, est, d'après la configuration du terrain, si vraisemblable, que je n'hésite pas à considérer ces divers calcaires comme
appartenant à une seule et même couche. Une grande partie de
cette couche a été enlevée dans la suite des siècles; on en trouvera
peut-être encore d'autres parties que celles qui sont indiquées sur
notre carte, quand le terrain sera relevé et exploré géologiquement
dans tous ses détails. La couche calcaire située plus bas, de 176 à
180 m., au-dessus de Batou loubang et de 218 à 222 m., adossée au
G. Eri, peut correspondre à l'une des trois couches plus basses situées
au-dessus de Roumah tiga; on ne sait pas au juste avec laquelle,
car les deux autres manquent aux versants droit et gauche. Si l'on
admet qu'elle correspond à la couche calcaire la plus basse, qui,
au nord de Roumah tiga, se trouve à 60 m. d'altitude, la pente devient
1° 7' au versant ouest et 1° 12' au versant est, valeurs *moindres*,
comme on voit, pour cette jeune couche que pour la couche plus
âgée située plus haut. Nous avons observé la même chose à Leitimor,
et il en doit-être ainsi, si notre théorie des soulèvements périodiques
est exacte. Les chiffres donnés pour les inclinaisons des couches sont
naturellement approximatifs, puisqu'il a été admis que l'érosion a
été également active en divers points de la même couche; une
hypothèse qui ne peut pas s'écarter beaucoup de la réalité, mais
qui toutefois peut ne pas être tout-à-fait exacte. On doit se rappeler

aussi que dans la partie la plus basse du pli, qui coïncide sensiblement avec la route de Roumah tiga à Hitou lama, les couches ne sont pas complètement horizontales, mais qu'elles forment un pli anticlinal fort peu prononcé, ainsi qu'on l'a vu plus haut.

Le long de la côte du nord-est il n'apparaît que fort peu de calcaire corallien; à Tandjoung Morela, il y a une couche calcaire reposant sur des brèches, à peu près de 90 à 100 m. d'altitude; à la côte même on trouve çà et là un peu de calcaire, entre autres à Tandjoung Hatou mémanou et à Tandjoung Moki.

A partir de Roumah tiga, en allant vers l'est, on rencontre, en arrière de la plaine alluviale, le plus souvent immédiatement du calcaire corallien, qui parfois arrive jusqu'à la mer, p. ex. entre les petites rivières Gourou gourou kĕtjil et Gourou gourou bĕsar, où le sentier fort inégal monte jusqu'à l'altitude de 35 m. sur du calcaire; plus loin, à Dourian patah (13 à 17 m. d'altitude); à l'ouest de Souli, où la route s'étend sur une 1e terrasse, formée par la surface de la couche calcaire la plus basse (23 m. d'altitude); enfin, à l'ouest de Tial, où la route monte sur du calcaire jusqu'à 30 m., et à Tandjoung Tial, où le calcaire corallien descend dans la mer par un mur escarpé, de 5 m. de hauteur.

A Tĕngah tĕngah, on trouve des parois abruptes de conglomérats d'andésite à bronzite, et là-dessus diverses bordures de calcaire qui, plus au nord, arrivent à la côte. Le rocher «Batou anjout», où jaillit une source thermale, consiste aussi en conglomérats et non en calcaire.

Les deux pointes, dans lesquelles Hitou se termine à l'est, se composent tout-à-fait de jeunes sédiments, conglomérats et brèches, ainsi qu'un gravier fin d'andésites avec de nombreuses bordures de corail, dont quelques-unes, vues de la mer, se reconnaissent distinctement comme des terrasses; elles ont d'ailleurs été observées déja par différents voyageurs, entre autres par Forbes et Semon.

Dans le monticule situé au sud-est de Liang, à proximité du cap Batou itĕm, on peut reconnaître 5 bordures différentes de corail, depuis l'altitude de 50 m. jusqu'au sommet, qui s'élève jusqu'à 213 m.; et au-dessous de 50 m. on peut en observer encore quelques-unes, mais le nombre en est variable, car elles sont séparées par des couches de brèches et de conglomérats d'épaisseur inégale et se réunissent de temps en temps. Les contreforts du Gounoung Lapiarouma (511 m.) présentent aussi des bordures de corail jusqu'à 160. m. d'altitude environ et des brèches incohérentes à peu près jusqu'à 250 m. Si l'on observe de la mer cet angle nord-est de Hitou, c.-à-d. du nord-ouest, la structure en forme de terrasses saute immédiatement aux yeux, ainsi qu'on peut le voir à la fig. 51 de l'annexe IV, où 4 degrés sont nettement reconnaissables.

A l'angle sud-est de Hitou sont situées les deux montagnes cal-caires Eri wakang (263 m.) et Houwé (348 m.), avec la cime avancée Paoung au sud-est. Elles sont représentées dans la fig. 52 de l'an-nexe IV. Entre l'Eri wakang et le Houwé passe le sentier qui con-duit de Souli à Toulehou, et qui, au point le plus haut, n'atteint que 77 m. d'altitude. On peut distinguer ici 7 couches calcaires, al-ternant avec des conglomérats de blocs éruptifs; les sommets des deux montagnes se composent entièrement de calcaire.

En ce qui concerne la position de ces couches, je n'ai pu obtenir des données suffisantes; le tout *paraît* être horizontal. Néanmoins, je considère comme probable que les couches de l'Eri wakang et du Houwé, ainsi que celles du Lapiarouma et du cap Batou itém forment de faibles plis synclinaux; qu'elles tournent donc leurs têtes vers la mer; et, qu'à la côte est de Hitou il existe une faille, tout comme à la côte orientale de Leitimor, à Touwi sapo. Cependant il faudrait des mesures et des explorations faites avec beaucoup de soin pour l'éta-blir avec certitude.

Les *îles* près d'Asiloulou, Ela, Hatala et Laïn, consistent en pro-duits quaternaires, principalement en calcaire corallien; néanmoins, du côté de l'est, il y a aussi çà et là des conglomérats et des brèches de roches éruptives. Poulou Pombo, à la côte orientale, est un banc de sable qui s'élève peu au-dessus de la mer; mais au-dessous de lui il y a probablement du calcaire corallien ou de la brèche, à une faible profondeur.

La *composition* des dépôts pliocènes et quaternaires à Hitou est tout-à-fait la même qu'à Leitimor; la roche prédominante est formée par des conglomérats, des brèches et du gravier incohérent d'andé-sites et de mélaphyres, renfermant aussi çà et là des fragments de granite, de diabase et de péridotite, là où ces roches existent à proximité. Il vient s'y joindre des calcaires, en partie tendres, marneux, avec fragments d'andésite, en partie des calcaires durs, parfois du vrai calcaire corallien, et d'autres fois, plutôt du calcaire à foraminifères; ces calcaires renferment aussi des fragments et du gravier de roches éruptives.

Nous avons déjà traité plus haut de la *direction* et de l'*inclinaison* des couches; bien que les brèches et les calcaires ne se soient jamais nettement déposés en couches, et donnent d'ordinaire l'impression d'être en position horizontale, il faut cependant considérer comme probable qu'ils présentent ici aussi une inclinaison de quelques degrés. Ce n'est que localement, et sur une étendue fort restreinte, que l'ingénieur KOPERBERG a pu observer une stratification évidente et une inclinaison relativement forte, notamment dans des grès tendres très fissiles (n°. 117) de la Waï Hatou, où $D = 43°$ et $I = 37°$ au sud-est; ces grès alternent avec des couches de brèches (n°. 118), renfermant des fragments de verre andésitique (n°. 119); viennent ensuite, en stratification concordante, des couches brécheuses plus dures à ciment arénacé. Ces couches n'apparaissent que sur une distance de 3 m.; la forte inclinaison pourrait bien être ici la conséquence d'un affaissement ou d'un glissement local.

J'ai constaté moi-même, en 1899, une inclinaison dans les conglomérats quaternaires de la Waï Loï. A ³/₄ km. de Kaïtetou la vallée, large de 200 m., se rétrécit et des deux côtés apparaissent des terrasses qui, bien que coupées à peu près horizontalement vers le haut, se composent cependant de couches *inclinées* de cailloux roulés, alternant avec du gravier fin. Elles ont une inclinaison de 23° vers le nord; et plus au nord, il vient s'y rattacher des dépôts de cailloux roulés plus jeunes et sensiblement horizontaux. Les terrasses inclinées, qui contiennent des fragments roulés des andésites nᵒˢ. 19*b* et 19*c*, décrites plus haut, sont évidemment des dépôts de l'ancien delta de la Waï Loï, qui ne doivent pas leur inclinaison à un soulèvement ultérieur, mais qui ont été formés là à proximité de l'embouchure de la rivière. D'après le levé, la hauteur de la terrasse à la rive gauche de la Waï Loï est de 12.86 m.; cette terrasse est représentée fig. 39 de l'annexe IV.

A 3³/₄ km. de Kaïtetou, là où apparaît le porphyre quartzifère

17

nº. 19h, on peut voir à la position de petits bancs de cailloux roulés, aux troncs d'arbres et aux branches des bords escarpés de la rivière, que ce cours d'eau, large à peu près de 10 m., monte encore à présent, à l'époque des pluies, de 5 à 6 m. au-dessus du niveau ordinaire (voir fig. 40 de l'annexe IV). Mais, dans la période actuelle, l'eau ne s'élève plus jusqu'à la face supérieure des terrasses quaternaires (13 m.).

L'épaisseur de la formation est partout différente et il est difficile de l'indiquer exactement, car le noyau des montagnes se compose d'autres roches, autour desquelles s'est déposée une croûte de matériaux incohérents, non en une seule fois, mais successivement, en même temps que le fond de la mer se soulevait lentement et périodiquement. Au centre de Hitou, p. ex., on trouve des matériaux meubles depuis la côte jusqu'au point le plus élevé (283 m.). Mais en deux points apparaît, sous l'argile rouge, une roche de verre brécheuse, et il est fort bien possible que cette roche existe, à une faible profondeur, à l'état de roche massive, en quel cas l'épaisseur des dépôts meubles serait naturellement bien inférieure à 283 m. Au G. Touna, on trouve des brèches jusqu'à plus de 400 m. d'altitude; et au G. Eri, des brèches et du calcaire corallien jusqu'à 465 m. Mais ici encore on est dans l'incertitude, si on doit considérer ces brèches entièrement comme sédimentaires ou bien en partie comme éruptives. Toutefois, les brèches de la pointe sud-est, à Těngah těngah, semblent appartenir en majeure partie aux dépôts sédimentaires, et l'épaisseur des dépôts du G. Houwé paraît donc atteindre au moins 350 m. Une épaisseur de 400 m., en quelques endroits, me paraît être le maximum pour ce terrain.

Description de quelques roches.

Les n^{os}. **217** et **218** ont déjà été décrits plus haut. Le premier est un *calcaire dolomitique* avec fragments et gravier fin d'une roche vitreuse à cordiérite; le second est un *mélaphyre*, probablement enlevé par les eaux à des brèches; les deux roches proviennent du même gisement, à proximité de la côte du nord, à 185 m. à l'est de la rivière Waoulou.

Nⁿ. **13.** Fragment d'une brèche, du pied septentrional du Touna, à 24 m. d'altitude et à 1 km. environ de Saïd. Roche gris-brunâtre, à éclat vitreux faible, avec des fragments de cordiérite. A la loupe, on voit que la roche est brécheuse, car il y a des particules diversement colorées, et que çà et là elle présente des cavités irrégulières qui la rendent poreuse. Au microscope, on reconnaît en effet une brèche fine, consistant essentiellement en petits morceaux de verre andésitique, clairs ou troubles, avec ou sans microlithes, en éclats de quartz, cordiérite, grenat, biotite, minerai et pyrite. Il s'y trouve aussi des fragments d'andésite, avec bronzite, plagioclase et une base vitreuse avec microlithes. Entre ces morceaux de verre, on observe non seulement une masse limpide de calcédoine, mais encore des particules calcaires troubles, gris-brunâtre, qui présentent des sections de globigérines et de radiolaires. Quelques globigérines atteignent un diamètre de 0.7 mm. Les fragments de calcaire font voir qu'on a affaire à une brèche sédimentaire ordinaire, qui contient beaucoup de matériaux riches en verre, un sable vitreux *Brèche de roche vitreuse et de calcaire.*

N°. 139. Fragment de la brèche qui forme les bords verticaux de la rivière Lariké. Les fragments sont grisâtre clair, vitreux et gisent dans une pâte fine, non altérée, des mêmes matériaux. N'a pas été poli *Brèche d'andésites riches en verre.*

Nos. 117, 118 et 119. Ce sont là les couches inclinées de grès gris-jaunâtre tendre, tuffeux (n°. 117) et de brèche fine (n°. 118) de la Waï Hatou, près de Hatou, dont il a déjà été question plusieurs fois. Les gros fragments (n°. 119) consistent en une roche vitreuse à cordiérite et ont déjà été décrits ci-dessus. Les nos. 117 et 118 sont trop friables pour en faire des préparations; ils consistent en un sable fin du n°. 119 et ne font pas effervescence avec les acides. *Grès et brèches de matériaux de verre andésitique.*

N°. 111. Argile ou argilolite tendre, gris-clair, du lit de la Waï Lawa, à 4 km. environ de Tawiri et originaire probablement d'une diabase altérée qui affleure plus haut dans la vallée, fort décomposée et pyritifère. L'épaisseur de cette argile non stratifiée est insignifiante. *Argilolite.*

Nos. 46 et 47. Calcaire de teintes gris-clair, du lit de la rivière Maspaït, enlevé à deux couches différentes en amont du pont, sur la route de Roumah tiga à Hitou lama, à 158 m. d'altitude. Apparaît en couches inclinées qui ont une inclinaison vers l'ouest. Ces couches enclavent des fragments de la roche n°. 45, que nous avons décrite plus haut comme une andésite quartzifère à mica, riche en verre et avec cordiérite. Le n°. 46 est plus tendre et plus argileux que le n°. 47; tous les deux d'ailleurs se transforment, par altération, en une argile blanche, gluante. Au microscope, le n°. 46 offre une pâte trouble, consistant essentiellement en particules fines de calcite et qui renferme des foraminifères, principalement des globigérines; puis, des radiolaires et des spicules d'éponges. Le n°. 47 renferme les mêmes fossiles et quelques morceaux de verre, des lamelles de mica, ainsi que de petits fragments de feldspath, de quartz et de pyroxène. *Calcaire*, avec débris de roches éruptives.

N°. 212. De la couche calcaire supérieure du Gounoung Eri (depuis 438 m. jusqu'à 465 m. au sommet), détaché à 455 m. d'altitude. Calcaire dur, compacte, blanc brunâtre, à cavités nombreuses où se sont déposés de petits cristaux de calcaire spathique. Au microscope, une masse microcristalline de calcite, avec restes de coraux, foraminifères, radiolaires et lithothamnium. *Calcaire corallien.*

N°. 211. De la couche inférieure de calcaire du Gounoung Eri, à 222 m. d'altitude. Calcaire fin, blanc-grisâtre, avec quelques cavités. Au microscope, un calcaire à foraminifères, avec un très grand nombre de globigérines, moins de rotalinides, des miliolites, des amphistégines et du lithothamnium. Particules de chlorite et quelques petits fragments de feldspath et de quartz. *Calcaire à foraminifères.*

N°. 175. Fragments roulés de la rivière Tonahitou, à Negri lama, en aval de son confluent avec la Lingouaboukou, affluent de gauche. Calcaire blanc, poreux, avec restes de coraux et empreintes de quelques coquilles. Provient probablement du Gounoung Eri. Au microscope, foraminifères, coraux, radiolaires et lithothamnium dans une masse microcristalline de calcaire spathique. Ressemble au n°. 212. *Calcaire corallien.*

N°. 176. Couches horizontales dans la Waï Sělamou, petit affluent de gauche de la Waï Tonahitou, à Negri lama. Calcaire arénacé, blanc-grisâtre. Au microscope, tout-à-fait rempli de globigérines et quelques autres foraminifères, et contenant en outre des particules de chlorite.

Appartient aux calcaires très jeunes, car les couches s'élèvent tout
au plus de 25 à 30 m. au-dessus de la mer. *Calcaire à globigérines.*

N°. 209. Calcaire de la couche située dans le cours inférieur de la
Tonahitou, à l'endroit appelé «Batou sousou». Faute de temps, nous
n'avons pu visiter ce gisement. C'est probablement la même couche
qui est à nu en aval dans la Sělamou (n°. 176). Un échantillon du
«Batou sousou», qui me fut remis par les indigènes, fut reconnu,
non pour un calcaire, mais pour un tuf calcaire blanc, poreux, probablement récent (n°. 209); c'est peut-être du calcaire que la rivière
elle-même a enlevé, par dissolution, à la couche et qui s'est déposé
de nouveau plus en aval. Ce tuf ne renferme pas de coquilles récentes
d'eau douce. *Tuf calcaire.*

N°. 32. Calcaire corallien de Tandjoung Tial, à 6 m. d'altitude.
Roche jaune-clair, poreuse, avec fragments de coraux. Au microscope,
il renferme des restes de coraux, des globigérines et autres foraminifères, ainsi que quelques radiolaires. *Calcaire corallien.*

N°. 4. Calcaire blanc, poreux, à moules de gastéropodes; on y a
encore trouvé une petite tridacne. Détaché de la cime de 179 m.
d'altitude, au-dessus de l'éboulement blanc, à la rive droite de la
Waï Ami, à Nipa, marquée n°. 2 sur notre carte n°. IV et fig. 34 de
l'annexe IV. Au microscope, on voit des restes de coraux, des foraminifères et du lithothamnium. *Calcaire corallien.*

N°. 135. Récif sur la plage, tout près de Hatou nousa, au sud-
ouest d'Alang, et à l'ouest de là Waï Holou (ou Holloh?). Calcaire
grenu, blanc-jaunâtre, avec moules de petites coquilles et grains
de quartz. Au microscope, pâte microcristalline de calcaire spathique
avec globigérines, amphistégines et beaucoup de lithothamnium. Puis,
beaucoup de débris de toutes sortes de roches éruptives, du quartz
à bulles liquides, provenant de granite, des fibres vert-jaunâtre de
serpentine, originaires de péridotite, des particules de pâte d'andésites avec verre brun, parfois grenu, et des microlithes de feldspath; ensuite, des morceaux libres d'augite, de biotite et de plagioclase; du minerai de fer et de la limonite. La nature arénacée de
ce calcaire doit être attribuée aux particules de quartz. *Calcaire.*

N°. 137. Gros blocs à Tandjoung Titiroa, au nord-est de Tandjoung
Tapi. Roche calcaire microcristalline, gris-clair, à veines de calcite;

à la loupe, on peut voir de nombreux petits grains de quartz. Au microscope, une pâte cristalline de spath calcaire, avec quelques fora-minifères peu nets, qui sont très apparents par leur teinte foncée. Puis, un très grand nombre de grains de quartz avec bulles liquides, originaires très probablement de granite. La roche donne l'impression d'une roche plus ancienne; mais néanmoins c'est probablement un *calcaire quaternaire* à grains de quartz. La teneur en quartz est si grande qu'on pourrait tout aussi bien appeler la roche un *grès calcarifère*.

N°. 141. Blocs de la Waï Soulah, au-dessus d'Asiloulou. Roche gris-clair, dure, compacte, à grain fin et gréseuse, avec de petits quartz et de petites lamelles de mica blanc. Ressemble au n°. 137 et produit aussi une forte effervescence avec les acides. Au microscope, une pâte calcaire, trouble, gris-brunâtre, avec petits fragments de quartz à bulles liquides, feldspath trouble, muscovite blanche ou vert-clair, minerai de fer avec leucoxène et pyrite. C'est donc encore un *calcaire avec gravier de granite* ou, si l'on veut, un *grès calcarifère*. Cette roche aussi pourrait être parfaitement une roche plus ancienne.

N°. 20. Plateau situé entre la Waï Loula et la Waï Maloua ([1]), sur la route de Wakal à Hila; affleure à l'altitude de 6 m. environ. Calcaire gris-clair, tendre, sans fossiles. Au microscope, il consiste en un agrégat de petits cristaux de calcaire spathique avec quelques petits morceaux de quartz, sans traces de fossiles, sauf quelques spicules d'éponges. *Calcaire*.

VII. Dépôts novaires.

A Hitou, les formations alluviales sont d'une faible étendue, parce que les collines quaternaires et le calcaire corallien s'étendent le plus souvent jusque près de la côte.

Les *principales plaines* sont celles de Waë, de Paso, de Roumah tiga et de Laha. La plaine de Waë commence au cap Batou douwa, atteint une largeur de 1500 m. à la hauteur de la Waï Routoung, se rétrécit ensuite vers Toulchou pour se terminer au cap Batou lompat. Au sud de ce cap, les brèches et le calcaire corallien arrivent immédiatement à la côte jusqu'au cap Tial. A Tial et à Souli, il y

---

([1]) Ne pas confondre avec la Waï Mamoua, qui coule à l'ouest de la Waï Maloua, à une distance de 1000 m., mesurée le long de la route.

a des plaines plus petites; celle qui existe à l'embouchure de la
Jari bĕsar est un delta de cette rivière. Nous avons déjà pris connaissance de la plaine de Paso à propos de Leitimor; au nord de
Paso, elle a une largeur de 1500 m.; elle contient de nombreux
fragments roulés d'andésites, et se rétrécit vers l'est en passant par
Negri lama, Nania et Waï Hérou, pour finir à Dourian patah. La
plaine de Roumah tiga commence déjà au nord de Poka, où elle a
une largeur de 1200 m. et elle se raccorde à l'ouest, par une bande
étroite le long de la côte, avec la plaine qui commence à Tawiri et
qui, par Laha, s'étend jusqu'à Hatourou; elle a une largeur moyenne
de 1000 m. et est bornée par les collines quaternaires, hautes de
67 m., situées en arrière de Laha. Plus à l'ouest encore, il n'y a plus
qu'une bande étroite d'alluvium le long de la côte jusqu'à Liliboï,
interrompue seulement au «Hatou Poroh» par des conglomérats qui
émergent de la mer à la hauteur de 42 m. L'alluvium qui s'étend
tout le long de la côte ouest, depuis le cap Alang jusqu'au cap
Tapi, est de peu d'importance. A Asiloulou commence une bande
étroite d'alluvium qui, avec quelques interruptions par des conglomérats et du calcaire corallien, peut se suivre jusque derrière Morela;
cette bande ne s'élargit qu'à Lima, par le delta de la Waï Ela, à
Kaïtetou et à Hila, par les atterrissements de la Waï Loï, et au
nord de Hitou lama, où l'élargissement doit-être attribué aux dépôts
d'une rivière, qui se nomme également Waï Ela. Entre le cap Morela
et le cap Tomol, les murs de conglomérat et de brèche se dressent,
presque partout, à pic dans la mer, de sorte que les relèvements
n'ont pas pu s'effectuer à l'aide de la chaîne d'arpenteur, et que
d'un cap à l'autre on a pu uniquement faire usage de l'appareil
pour la mesure des distances. Au Batou mètèng commence de
nouveau une bande étroite de sable marin, que l'on peut suivre, par
Liang, jusqu'au cap Batou itĕm.

Sources thermales.

En divers points de Hitou apparaissent des sources, chaudes ou
froides, avec ou sans dégagement de gaz hydrogène sulfuré. Si avec
ce gaz il se dégage aussi de la vapeur d'eau, il en résulte des décom-
positions et des dépôts de croûtes de soufre, ainsi que la formation

de pyrite, que l'on rencontre surtout dans les diabases et tufs diabasiques altérés, et aussi dans certaines Ambonites.

La *source d'hydrogène sulfuré* au versant ouest du Touna a déjà été mentionnée plus haut; il s'y échappe aussi de la vapeur d'eau, ce qui fait que les objets voisins, notamment les rameaux et les feuilles qui couvrent le sol, sont revêtus d'une mince croûte de soufre jaune grisâtre (n°. 17), résultant de la décomposition de l'hydrogène sulfuré Le gaz se dégage entre des fragments d'andésite blancs, incohérents, et fort altérés.

Nous avons aussi fait mention déjà de la *source d'eau froide* qui vient au jour à un bon kilomètre et demi au nord de Lariké, à proximité de la rive gauche de la rivière Bouaja. Autour de l'ouverture s'est deposée de l'ocre ferrugineuse, de sorte que cette eau paraît être fortement chargée de fer, mais on n'y reconnaît aucune odeur d'hydrogène sulfuré.

Une autre source existe dans la négorie Lariké même, tout près du pont en pierres sur la rivière Lila, à la rive droite. Il jaillit ici, par une petite ouverture, de l'eau chaude, qui a une forte odeur d'hydrogène sulfuré.

Dans la rivière Waloh ou Alang lama, au-dessus du calcaire corallien qui affleure à l'altitude de 42 m., il suinte à la rive gauche, sous un amas de pierres, de l'eau froide qui présente distinctement l'odeur et la réaction de l'hydrogène sulfuré. Au jugé, cet endroit se trouve 2 à $2\frac{1}{2}$ km. de la plage; la rivière Alang lama n'a pas été levée.

A Tawiri et à Lata, d'après une communication des indigènes, on doit observer parfois une odeur d'hydrogène sulfuré en divers points de la plage; toutefois, nous ne l'avons pas constaté nous-mêmes.

Aux environs de Toulehou existent trois sources: la première apparaît comme source thermale aux recifs de conglomérat Batou anjout; la seconde jaillit du sable de la plage, à 1200 m. à l'est de Toulehou; elle est encore thermale et a une odeur d'hydrogène sulfuré. La troisième se trouve à l'ouest de Toulehou, à l'embouchure de la Waï Touni; elle donne aussi de l'eau chaude; à marée haute, cette source est submergée.

Dans le Natuurkundig Tijdschrift voor Nederlandsch Indië, Deel XXVIII, 1865, pp. 215 à 223, le Prof. S. A. BLEEKRODE Jr. donne les

analyses de l'eau de deux sources thermales, Batou anjout et Amantawari, près de Toulehou, à Ambon; la dernière se trouve «tout près
de Toulehou», de sorte qu'il peut avoir eu en vue la source à 1200 m.
à l'est de cette localité; mais il se peut aussi que ce soit celle qui
est située à l'embouchure de la Waï Touni, car toutes deux sont à peu
près à la même distance de Toulehou. Le nom de la première source
correspond à celui qui m'a été donné pour le récif de conglomérat.
L'analyse chimique a donné:

Batou anjout (sur 1000 grammes d'eau):

Chlorure de sodium	= 23.74160
Chlorure de potassium . . .	= 1.37073
Chlorure de magnésium . .	= 0.44520
Chlorure de calcium	= 1.63213
Sulfate de chaux	= 1.08460
Carbonate de soude (anhydre)	= 1.14760
Carbonate de chaux	= 0.12666
Carbonate de magnésie . .	= 0.05546
Acide silicique	= 0.09666
Matières fixes	= 29.70064

150 grammes d'eau ont donné 4.457 gr. de matières fixes, ce qui
fait 29.71 gr. pour 1000 gr. d'eau.

Amantawari (sur 1000 grammes d'eau):

Chlorure de sodium	= 0.56880
Chlorure de potassium . . .	= 0.07113
Chlorure de magnésium . .	= 0.01680
Chlorure de calcium. . . .	= 0.01106
Sulfate de chaux	= 0.01346
Carbonate de soude (anhydre)	= 0.08120
Carbonate de chaux	= 0.42666
Carbonate de magnésie . .	= 0.04033
Acide silicique	= 0.08000
Matières fixes	= 1.30944

150 gr. d'eau ont donné 0.2040 gr. de matières fixes, ce qui fait
1.36 gr. pour 1000 gr. d'eau.

La composition de ces deux eaux est très surprenante; car celle de l'eau du Batou anjout correspond assez bien à la composition de l'eau des sources qui, à Java, apparaissent dans les marnes miocènes, mais nullement à celle de l'eau qui jaillit des roches volcaniques. Cette dernière ne renferme que de 1 à 5 pct. de matières fixes, ce qui concorde avec la teneur de l'eau de la seconde source. Cependant, je ne puis m'expliquer la grande *différence de composition* de l'eau de deux sources aussi rapprochées.

Les petits lacs et les sources de Souli sont connus depuis longtemps; ils se trouvent dans le terrain plat, quaternaire, au nord-nord-ouest de cette localité, de 80 à 90 m. d'altitude. On y trouve d'abord le «Télaga Tihou», grande flaque d'eau, peu profonde, de 300 m. de diamètre environ, qui contient de l'eau froide. Au bord sud apparaît un peu de calcaire corallien; aucun phénomène n'y indique une origine volcanique. Le fond est formé probablement d'argile, gisant dans un de ces enfoncements peu prononcés qu'offrent si souvent les couches de calcaire corallien. Le lac est situé au pied sud-ouest du mont Eri wakang. Plus au nord se trouve le «Télaga birou», lac beaucoup plus petit, à proprement parler une petite mare, qui a à peine 50 m. de diamètre, avec une bordure de blocs blancs, poreux, consistant en tuf siliceux (nos. 155, 156) et qui dégagent une odeur d'hydrogène sulfuré.

A l'ouest-sud-ouest de ce lac, dans un petit ravin peu profond, on voit un autre amas de tufs siliceux, formant en partie la croûte d'une liparite altérée (nos. 158 et 213), ainsi que des rameaux et des feuilles sur lesquels il s'est déposé du soufre jaune grisâtre (n°. 157), précisément comme au Touna (n°. 17). Un peu plus en aval, ce petit ruisseau, qu'on nomme Mělirang et qui est un affluent de la Waï Wasia, s'élargit en forme de bassin allongé, à fond plat, sablonneux et peu profond, dans lequel bouillonne en divers points de l'eau chaude qui dégage une forte odeur d'hydrogène sulfuré.

En d'autres points encore, des blocs de tuf siliceux sont disséminés dans la plaine, de sorte qu'il est probable qu'autrefois de l'eau thermale à hydrogène sulfuré apparaissait encore en divers autres endroits. Il n'est pas impossible que ce fait soit en rapport avec des failles qui, à partir d'Ambon, se prolongent jusqu'en ces lieux, et par les·

quelles l'eau chaude et le gaz trouvent une issue facile. La ligne, le long de laquelle existent la plupart des sources, coïncide sensiblement avec le prolongement de la côte nord de Leitimor ; celles de Toulehou et de Lariké peuvent se trouver dans des fissures parallèles aux côtes est et ouest de Hitou, tandis que l'apparition de sources thermales au Touna est tout-à-fait isolée.

Nos. 155, 156 et 213. Roche de la source «Télaga birou». En échantillons, le n°. 155 est blanc-grisâtre, terne, et porte à la surface quelques cristaux de gypse. Le n". 156 est blanc et très poreux. Le n". 213 ressemble au n" 155 et porte aussi, à la surface, quelques cristaux de gypse Mais son noyau est une liparite très altérée, à cristaux de quartz, entourée d'une croûte de tuf siliceux.

Le n°. 155 montre, au microscope, une pâte incolore, un peu trouble ; c'est une opale qui devient sombre entre nicols croisés, mais dans laquelle se montrent de nombreux petits points et aussi de grandes particules limpides, qui consistent en quartz. A un fort grossissement, on voit que le trouble de l'opale est produit par de petits grains bruns, les uns de vrais corps à couleur brune, les autres des pores gazeux. La roche contient aussi de l'hydroxyde de fer, qui est cause de la teinte jaune ou brune de certaines de ses parties. *Tuf siliceux.*

G. LA BAIE D'AMBON.

(Carte n°. IV et profils figg. 9 à 11 de l'annexe III).

Afin de compléter l'image géologique d'Ambon, nous devons, pour finir, jeter encore un coup d'œil sur la baie d'Ambon, cette anse profonde qui sépare les deux presqu'îles Hitou et Leitimor.

L'anse fait partie de la mer de Banda, particulièrement profonde, qui entoure Ambon au sud. En avant de l'entrée de la baie, au sud-sud-ouest de Tandjoung Alang, et à une distance de 7 km. (3.8 milles marins) seulement de ce cap, la mer a encore une profondeur de 1782 m. (990 brasses de 1.8 m.); un peu plus loin de la côte, 11 minutes plus à l'ouest, la carte marine donne une profondeur de 1905 brasses ou 3429 m ; et la Siboga a observé par des sondages, à 11 minutes de la côte près Kilang (15 minutes au sud de Tandjoung Tial), une profondeur qui n'était rien moins que de 4489 mètres.

A l'ouest d'Ambon, on connaît également une grande profondeur, à une distance de 23 minutes; elle est de 1802 brasses ou 3244 m. La baie de Pirou, qui borne Ambon vers le nord et la sépare de l'île de Céram, offre probablement aussi des profondeurs considérables, bien que moins fortes que les précédentes; mais je ne connais pas de sondages effectués au milieu de la baie, et il est probable qu'ils n'ont pas encore été exécutés.

Les anciennes déterminations de profondeur dans la baie d'Ambon, entre Ambon et Alang, se sont bornées à quelques sondages le long des côtes; on a constaté ainsi que des profondeurs de 60 brasses et au-delà existent déjà près de la côte; la partie de la baie au nord d'Ambon jusqu'au rétrécissement au cap Martafons, et toute la baie Intérieure ont été complètement explorées à la sonde; la plus grande profondeur rencontrée au nord d'Ambon est de 70 brasses (126 m.); à partir de là elle diminue jusqu'à 9 m., en un point situé

entre Roumah tiga et Hatiwi kĕtjil; elle remonte ensuite à 46 m.
à l'est du cap Martafons, pour redescendre dans la baie Intérieure
jusqu'à des valeurs comprises entre 25 et 36 m. La profondeur moyenne n'est pas supérieure à 25 m.

Avant 1898, on ne savait rien encore des plus grandes profondeurs
du milieu de la baie, entre Ambon et Alang. A ma demande, l'état-
major de l'«Arend», un bateau à vapeur du gouvernement, commandant N. M. VAN DER HAM, a effectué de nombreux sondages entre
Ambon, Tandjoung Benteng, Batou loubang et Nipa, aussi dans le
but de s'assurer si l'on pourrait constater une différence de profondeur
des deux côtés de la faille, qui doit probablement exister entre
Ambon et Wakal, d'après l'étendue de la commotion produite par
le tremblement de terre de janvier 1898. Comme on pouvait s'y
attendre, pareille différence ne put être signalée, ainsi qu'on peut le
voir sur la carte nᵘ. IV, où tous les sondages récents ont été con-
signés et où les profondeurs depuis Roumah tiga jusqu'à Paso ont
été empruntées à la carte marine n°. 151: «Kaart van de baai van
Amboina door H. A. MEYER, 1840», à l'échelle de 1:30.000 (réim-
primée en 1895 à l'échelle de 1:40.000).

Entre Ambon et Sahourou, la plus grande profondeur atteint 240 m.;
entre Tandjoung Benteng et Batou loubang, elle est de 325 m. Suivant
les deux lignes, j'ai construit une section transversale de la baie, à
l'échelle 1:20.000 pour les longueurs, alors que les profondeurs ont été
indiquées aussi bien à la même échelle qu'à une échelle 4 fois plus
grande; les profils sont dessinés dans les figg. 9 et 10 de l'annexe III.

Plus à l'ouest, on n'a pu déterminer la profondeur qu'en 3 points
seulement, car nous n'avons eu ni le temps ni l'occasion de faire
une série complète de sondages entre Ambon et Alang. Le premier
point est situé sur la ligne qui relie Hatou avec le cap Batou anjout,
à 3 km. de ce dernier; le second se trouve à 2400 m. à l'ouest
d'Eri; le troisième point est sur la ligne qui joint Hatou au cap
Nousaniwi, à 3100 m. de Hatou. En ces trois points, qui sont indiqués
sur la carte n°. IV, on a sondé des profondeurs respectives de 450,
500 et 575 m. Ensuite, la Siboga a trouvé en 1898, entre Alang et
Tandjoung Nousaniwi, une profondeur de 634 m. Bien que ces points
ne se trouvent pas dans la partie la plus profonde de la baie, ils

indiquent cependant que vers l'ouest les profondeurs augmentent très régulièrement jusqu'à la ligne de jonction du cap Alang avec le cap Nousaniwi; au-delà de cette ligne il en est tout autrement, car déjà au sud-sud-ouest de Tandjoung Alang se trouve le point dont il vient d'être question, où les cartes marines accusent une profondeur de 990 brasses ou 1782 m., très probablement la conséquence d'une faille considérable. Au moyen de nos nouveaux sondages, j'ai tracé pour la baie, de 50 en 50 m., des lignes de niveau qui sont représentées sur la carte n°. IV ; elles ne peuvent être considérées comme exactes que pour la partie comprise entre Batou loubang et Ambon, car dans la partie occidentale les sondages ont été trop peu nombreux. Mais, des profondeurs que nous connaissons, il ressort avec une certitude suffisante, que le fond de la baie d'Ambon ne descend pas en pente régulière vers la mer de Banda; au contraire, à l'extrémité elle présente un seuil ou degré, où le fond de la baie descend brusquement, en pente très raide, de 1000 m. environ vers le fond de la mer de Banda. Ce seuil ou ce degré est produit par une grande faille, qui s'étend au sud de Leitimor et se prolonge probablement le long de la côte sud de l'île de Nousa laut. C'est une des fissures concentriques qui entourent la mer de Banda, et au sujet desquelles j'ai déjà fait quelques remarques dans mon «Voorloopig Verslag over eene geologische reis door het Oostelijk gedeelte van den Indischen Archipel» (mémoire n°. **44**).

En ce qui concerne maintenant les bords de la baie d'Ambon, ils doivent aussi être considérés comme des lignes de fracture, suivant lesquelles s'est affaissée la partie intermédiaire, pour former ainsi la baie d'Ambon. Nous nous rappellerons ici ce qui a été dit dans la description géologique, qu'en divers points d'Ambon les couches tertiaires récentes et les quaternaires présentent, le long de la côte nord de Leitimor, une faible inclinaison au sud-est, par exemple au nord de Tandjoung Batou merah et en arrière de Halong, et que par suite cette côte du nord est un bord de fracture. Ensuite, qu'à Tandjoung Nousaniwi la position du mélaphyre indique un point d'éruption, qui se trouvait quelque part dans la baie, au nord-ouest du cap Nousaniwi, et qui doit avoir disparu par effondrement. Le long de la côte du sud, la pente des flancs des montagnes est si

grande, p. ex. au nord de Tandjoung Hati ari et entre Seri et le
mont Siwang, qu'il est impossible que la péridotite, dont se composent
ces montagnes, ait pu se constituer sous cette forme; celle-ci ne
peut résulter que d'un détachement du terrain situé plus au sud,
qui est maintenant enseveli sous la mer Le long de la côte orientale,
à Touwi Sapo, il existe probablement aussi une faille, car, ainsi
que nous l'avons montré plus haut, les couches calcaires y ont une
légère inclinaison vers le sud-ouest. Il n'est donc pas doûteux que
Leitimor tout entière ne soit bornée, de tous les côtés, par des failles.
La ligne qui s'étend le long de la côte nord passe par les sources
d'hydrogène sulfuré Tělaga Birou et Touni; et il n'est pas impossible
que ces gaz se dégagent précisément en ces endroits-là, parce qu'ils ont
pu se frayer le plus facilement une issue par la crevasse.

A Hitou, les fissures le long de la côte sont moins distinctes qu'à
Leitimor. Toutefois, les parois nombreuses, escarpées, parfois presque
verticales, qui se montrent à la côte ou très près de celle-ci, rendent
très vraisemblable que Hitou est également limitée de toutes parts
par des failles; je nommerai seulement les parois abruptes de conglomérats à Lariké, où il y a même une source d'hydrogène sulfuré;
le mélaphyre de Tandjoung Tapi qui finit brusquement à la mer;
le granite et la péridotite interrompus à Alang; le mur abrupt de
calcaire et de gravier en arrière de Wakal; les parois de brèche et
de conglomérat entre Tandjoung Setan et Tandjoung Tomol, qui parfois descendent d'aplomb dans la mer; les couches calcaires de Tandjoung Batou itěm, les sources d'hydrogène sulfuré le long de la côte,
à Toulehou; les monts très escarpés de brèche et de calcaire à Tēngah
těngah, Tandjoung Tial et Souli; les pieds abrupts des couches de
brèche en arrière de Roumah tiga et de Kěmeri. Tous indiquent des
soulèvements le long de crevasses qui sont très rapprochées de la
côte actuelle.

Quant à *l'âge* de ces failles, il importe d'abord de faire remarquer
que, d'après les observations faites à l'île de Saleyer, résumées dans
mon mémoire n°. **44** et aussi au n°. **43**, la formation de la mer
profonde de Banda remonte tout au plus *au début de l'époque miocène
supérieure* (notre étage m₂ de Java); *elle doit peut-être dater de plus tard*,
notamment, du *début de l'epoque pliocène*. L'âge de la baie d'Ambon,

272

qui fait partie intégrante de la mer de Banda, doit donc être probablement le même Il est vrai que nous avons mentionné plus haut, que même les couches quaternaires les plus récentes ont été soulevées à la côte du nord; mais cela ne prouve naturellement pas que les failles elles-mêmes soient plus jeunes que le quaternaire; cela signifie seulement que le long des mêmes fissures se sont produits des mouvements *reitérés*, qui ont continué jusque dans la période quaternaire, un phénomène qui a été observé en un très grand nombre d'endroits (notamment dans les bassins houillers de l'Europe).

Il est d'ailleurs probable que toutes les failles d'Ambon ne sont pas également anciennes; ainsi par exemple nous avons déjà parlé ci-dessus de la faille au sud d'Ambon. Celle-ci a atteint le granite et les grès et se recouvre de matériaux quaternaires; sa formation peut donc remonter à toute période comprise entre les périodes permienne et quaternaire; et il n'est pas impossible qu'elle se soit produite relativement vite après la formation du grès. Nous verrons plus loin, en décrivant le tremblement de terre de 1898, que même à l'époque actuelle il se produit encore des mouvements le long de cette faille.

Afin de donner un aperçu des variations de la profondeur de la baie d'Ambon, entre Alang et Paso, nous avons tracé encore, dans la fig. 11 de l'annexe III, un profil longitudinal de cette baie, non pas suivant une ligne droite, mais suivant une ligne brisée qui suit les plus grands fonds, dont la situation, dans la partie occidentale de la baie, n'est pas très certaine, pour les raisons données plus haut. L'échelle des longueurs est de 1 : 100000; les profondeurs sont indiquées de deux façons: d'abord à la même échelle, et puis on les a prises 4 fois plus fortes.

La baie de Bagouala, qui commence à Paso, est très peu profonde et est remplie de récifs coralliens. On n'y a pas encore pratiqué de sondages. Les grands fonds ne commencent que hors de la ligne qui réunit les caps Houtoumouri et Tial.

H. GÉOLOGIE TECTONIQUE.
RÉSUMÉ DES RÉSULTATS.

Dans mon mémoire n⁰. **44** («Voorloopig verslag»), j'ai déjà donné un aperçu succinct de la situation et de la constitution des îles qui entourent la grande mer de Banda; je traiterai cette matière d'une façon plus étendue lors de la description de la partie orientale de l'Archipel.

J'ai déjà fait voir que la région, où se trouve actuellement la mer de Banda, était occupée jadis, en tout ou en partie, par la terre ferme, et que la mer doit son existence à un effondrement, ou plus probablement à plusieurs. Le bord du terrain effondré s'observe encore dans un grand nombre d'îles, dont les plus grandes sont Jamdena, Wetar, Bourou et Céram. La ligne de cassure passe très près des îles Kour, Téor, Manawoko, puis par toute la côte sud-est de Céram, coupe plus à l'ouest quelques parties de Céram et s'étend probablement le long de la côte sud-est de Bourou. Sur cette première crevasse, extérieure ou *périphérique*, s'est produit le 30 septembre 1899 un violent tremblement de terre, accompagné d'une commotion de la mer, un ras de marée, produit par l'effondrement de parties de la côte à Paulohi et à Téhoro, qui a englouti totalement ces deux localités, en même temps qu'Hatousoua fut complètement inondée et Amahei en grande partie. (¹)

A une très courte distance de la série des îles, dont font partie Bourou, Manipa, Kelang, Boano et Céram, il y en a une seconde, comprenant Amblau, Ambon, Haroukou, Saparoua et Nousa laut, dont les deux dernières ne sont distantes de Céram que de 5 km.,

---

(¹) R. D. M. Verbeek. Kort verslag over de aard- en zeebeving op 30sten September 1899. Annexe au *Javasche Courant* du 13 mai 1900, n⁰. 21.

et qui consistent en partie en roches éruptives jeunes (crétacées?), notamment en andésites, liparites et mélaphyres. Ambon possède en outre des granites et des péridotites, qui apparaissent aussi à Céram, tandis que les roches qui correspondent le mieux à nos andésites à bronzite (elles ne contiennent cependant pas de pyroxène rhombique et Schroeder van der Kolk les appelle des andésites à augite) ne paraissent exister, d'après Martin (mémoire n°. **47**) que dans la partie méridionale de Houamoual, la presqu'île occidentale de Céram. Il est fort probable que ces îles étaient jadis liées plus étroitement les unes avec les autres et avec Bourou et Céram, et même qu'elles constituaient un ensemble ininterrompu; elles furent détachées de Céram par des effondrements, qui formèrent en même temps les baies de Pirou et d'Elpapouti. Il n'est pas douteux que ces îles ne soient comprises entre des failles, dont les deux principales ont été dessinées sur les cartes qui sont annexées à mon «Voorloopig Verslag» (n°. **44**) et à mon «Kort verslag over de aard- en zeebeving op Ceram»; cela ressort d'ailleurs entre autres de l'allure de la côte sud de Céram, entre les baies de Pirou et d'Elpapouti. On a reconnu en outre l'existence d'une faille à la côte sud d'Ambon, à la forte profondeur de 1782 m. qui s'y manifeste brusquement. Ce sont encore là des crevasses périphériques, dont les n°s. 2 et 3 sont en grands traits concentriques à la 1e cassure dont il a été question plus haut. Quant à la configuration du fond de la mer de Banda plus au sud, ce n'est que dans ces derniers temps que nous avons appris à la connaître, par les belles recherches de l'expédition de la Siboga. (1) On a constaté qu'en allant des bords vers le milieu de la baie les profondeurs n'augmentent *pas* graduellement, mais que les plus grands fonds, jusque près de 5700 m., se trouvent à l'est de Banda, bien qu'on connaisse aussi de très grandes profondeurs, de près de 5000 m., plus à l'ouest, p. ex. au sud-est des îles Lucipara. Ensuite, une arête relativement peu profonde (2000 à 2600 m.) s'étend des îles Lucipara jusqu'à proximité des îles Banda, de sorte que le fond de la mer de Banda doit être bien plus irrégulier qu'on ne le soupçonnait auparavant.

(1) *Bulletins* de l'Expédition de la Siboga n°s. 1 à 12, 1899 et 1900. M. Weber. Die Niederländische Siboga-Expedition etc. Petermanns Geogr. Mitteilungen 1900, Heft VIII. G. F. Tydeman. Hydrographic Results of the Siboga-Expedition. Leiden 1903.

Après l'effondrement, divers volcans se sont formés au milieu de la baie, depuis Gounoung Api, au nord de Wetar, jusqu'à Banda; ils sont situés sur une ellipse, que j'ai indiquée dans mon «Voorloopig Verslag» et dont le contour est de nouveau parallèle aux crevasses *concentriques* mentionnées ci-dessus. Les volcans se trouvent dans la partie sud-est de cette ellipse; dans la partie du nord-ouest il semble qu'il n'y en a pas; pourtant ils y existent peut-être, mais cachés sous la surface. Malheureusement, on n'y a pas encore effectué de sondages en mer profonde.

Ambon est donc séparée de Céram par une faille; et, comme nous l'avons vu plus haut, cette île est probablement limitée de toutes parts par des failles existant à proximité de la côte. De plus, l'île est traversée par une cassure qui, elle aussi, a déjà été signalée plus haut et qui a été reconnue comme une faille à la position du granite et du grès au sud d'Ambon. Plus au sud, cette crevasse ne peut plus se reconnaître, à défaut de couches sédimentaires; mais il est très probable qu'elle se dirige vers la Labouhan Roupang, par dessus ou le long des montagnes de péridotite Loring ouwang et Eri samau, pour déboucher ensuite dans les profondeurs de la mer de Banda. Du côté du nord, sous Hitou, l'allure de cette crevasse ne peut plus être constatée à la surface, par suite de la couverture de matériaux très récents. Mais ici le tremblement de terre de janvier 1898 nous est venu en aide; il est plus que probable que le prolongement septentrional de notre ligne s'étend par Nipa vers Wakal; d'abord, les plus grands éboulements des massifs montagneux se trouvent dans cette direction; et puis, de toutes les négories de la côte nord de Hitou, la localité Wakal a été le plus fortement éprouvée par la commotion. On est donc en droit d'admettre que notre faille suit cette direction; et si nous jetons encore un coup d'œil un peu plus au nord, vers la baie de Pirou et l'arête de communication, étrange et étroite, qui relie Klein-Ceram (la petite-Céram ou Houamoual) à Groot-Ceram (la grande Céram), il est naturel d'admettre que la faille se prolonge jusqu'à cet isthme et constitue, avec les effondrements, une des causes du rétrécissement particulier de cette langue de terre. Les roches que j'y ai trouvées consistent toutes en schistes argileux fort disloqués (n°. 23), à filons de quartz (n°. 24), où l'on a mesuré toutes sortes de directions (20°, 65°, 70°, 75° jusqu'à 80°, 88° et même 110°); D = 88°, I = 90° sont bien les chiffres les plus admissibles; mais on n'a pu y découvrir aucune faille, du moins aux points que j'ai visités.

La faille d'Ambon susnommée, ainsi que celles de la côte occidentale de Hitou, à Lariké, de la côte orientale de Leitimor, à Touwi sapo et d'autres encore, sont à peu près perpendiculaires aux cassures périphériques de tantôt, et elles doivent être considérées comme des crevasses *radiales* par rapport à l'effondrement.

Ambon n'est donc pas une île qui s'est formée isolément; c'est le restant d'un terrain beaucoup plus étendu, dont la plus grande partie a été engloutie par un affaissement de terrain et qui, très probablement, communiquait jadis avec Céram. Une comparaison des roches qui apparaissent dans les deux îles n'est pas encore possible, parce que nous savons encore trop peu de chose de la constitution géologique de Céram, et que même l'âge des sédiments de cette île nous est totalement inconnu. Les schistes argileux qui affleurent à Klein-Ceram ont un tout autre aspect que ceux qui, à Ambon, alternent avec les grès; d'ailleurs, d'après MARTIN, les premiers communiquent avec les schistes micacés. Il est probable que ces schistes appartiennent à une formation paléozoïque ou azoïque très ancienne, qui n'existe pas à Ambon. Par contre, les granites et les péridotites apparaissent dans les deux îles; la diabase, de nouveau à Ambon seule, ainsi que le terrain gréseux qui, d'après les recherches du Professeur G. BOEHM, est probablement d'âge paléozoïque supérieur; un terrain calcaire ancien de Céram, que MARTIN a placé provisoirement dans la période jurassique, fait aussi défaut à Ambon. Le grand groupe des andésites n'est connu, à son tour, qu'à Ambon seule et à l'extrémité méridionale de Klein-Ceram. Il semble donc que seules les deux roches éruptives, péridotite et granite, existent à la fois dans les deux îles et que les andésites ont apparu exclusivement entre nos 1re et 3e failles, nommées plus haut. Il est donc probable que ces crevasses, et les affaissements qui les ont accompagnés, se sont formés *après* le grès et *avant* les andésites, donc, pas plus tard que dans la période crétacée, mais peut-être plus tôt; et comme la position des couches dans l'île de Saleyer, au sud de

Célèbes, indique que l'effondrement à la partie orientale de cette île ne peut être plus ancien que le tertiaire supérieur, il s'ensuit que *la mer de Banda et les mers voisines ne se sont pas formées en une fois, mais à des périodes géologiques différentes, par des effondrements réitérés.* C'est probablement là la cause des profondeurs si variables de la mer de Banda dans ses diverses parties.

A ces effondrements ont succédé les éruptions des mélaphyres, des liparites et des andésites; à en juger d'après le nombre des roches vitreuses qui accompagnent ces premières, les éruptions doivent avoir eu lieu en grande partie *sous la mer.* Il est probable que les andésites sont un peu plus jeunes que les liparites et les mélaphyres, mais on n'a pu l'établir partout avec certitude. Des soulèvements doivent avoir élevé ces roches au-dessus des eaux, avec les brèches, les conglomérats et les tufs qui les accompagnent; ces soulèvements ont continué jusque dans la période quaternaire et ils s'y sont produits périodiquement, ainsi qu'il ressort de la structure en terrasses des couches de gravier et de calcaire corallien du tertiaire supérieur et du quaternaire. La disposition de quelques-uns de ces calcaires, en couches superposées et non les uns à côté des autres en forme de terrasses, prouve enfin que ces soulèvements ont parfois alterné avec des affaissements du sol.

Les jeunes couches de calcaire et de gravier ne sont pas parfaitement horizontales; ces roches se présentent à Ambon en couches très faiblement inclinées, qui forment des plis synclinaux et anticlinaux; leur mise à sec ne doit donc pas être attribuée à un abaissement du niveau de la mer, mais à un exhaussement et à un plissement faible de la croûte terrestre.

K. TREMBLEMENTS DE TERRE À AMBON.

(Figures 53 de l'annexe III et 54 à 56 de l'annexe IV. Figures
67 à 72 d'après des photographies, dans le texte.)
Carte n°. IV.

On ne connaît que peu de chose des nombreux tremblements de
terre qui ont eu lieu à Ambon à des époques reculées; ce n'est que
sur les violentes commotions, qui ont été accompagnées de la dévastation des localités habitées par les Européens, que l'on possède des
rapports quelque peu détaillés, qui permettent de déduire la direction
de ces secousses.

Ces rapports m'ont appris qu'il faut distinguer à Ambon deux
espèces de tremblements de terre; dans la première, les secousses
sont dirigées sensiblement du nord-est au sud-ouest, dans la seconde,
les commotions ont une direction à peu près perpendiculaire à la
première.

Les *premières* secousses ne sont généralement pas très fortes à
Ambon; elles ont leur origine à Haroukou, Saparoua ou Céram, et ne se
manifestent à Ambon que par des ondulations faibles; on ne mentionne
des dégâts importants au chef-lieu que pour une seule de ces commotions. Au contraire, les *secondes* sont beaucoup plus énergiques;
le centre des mouvements paraît se trouver tout près de l'île, et la
propagation des oscillations a lieu suivant un plan, transversal à la
direction longitudinale d'Ambon.

Qu'il me soit permis de présenter tout d'abord quelques considérations générales sur les méthodes employées pour déterminer la
direction des tremblements de terre et sur les différentes observations
que l'on peut faire lors de ces commotions. Je m'occuperai ici exclusivement des Indes Néerlandaises où, sauf à Batavia, il n'existe
nulle part des instruments pour observer les ébranlements sismiques.

Si l'on place sur une table, reposant sur un seul pied, quelques objets longs et étroits, p. ex. des flacons à eau de cologne oblongs ou d'autres objets pareils, et que l'on donne un grand coup au pied de cette table, la plupart de ces corps tombent *en sens inverse du choc*; d'autres, plus pesants, se mettent à *vaciller* et, à une nouvelle secousse, ils tombent soit *en sens inverse du choc*, soit dans le *sens même*; mais, dans les deux cas, dans le *plan vertical* où ce choc s'est produit. Si donc plusieurs objets sont tombés p. ex. vers l'ouest, on sait que le choc ne venait *ni* du nord *ni* du sud, mais que la direction de l'ébranlement se trouvait dans un plan dirigé ouest-est; souvent il est impossible de constater si le choc était dirigé de l'ouest à l'est, ou bien de l'est à l'ouest. Mais, après un *violent* tremblement de terre, la *plupart* des objets sont certainement tombés à *l'encontre du choc*; et de plus, ces commotions sont presque toujours accompagnées de *bruits*, qui précèdent immédiatement la secousse et qui renseignent sur la direction où se trouve le foyer. D'autre part, la direction de la secousse peut-être bien constatée quand on peut déterminer le sens des oscillations d'objets librement suspendus, tels que des lampes à suspension, ce qui cependant n'est possible qu'exceptionnellement après cessation du phénomène.

Dans les tremblements de terre volcaniques, l'ébranlement part d'ordinaire d'un seul point, et les points situés dans le voisinage sont, en règle générale, atteints plus tôt ou plus tard par la commotion, suivant qu'ils sont plus ou moins rapprochés de ce centre.

Au contraire, dans les tremblements de terre tectoniques — et ce sont les seuls auxquels nous ayons affaire à Ambon, eu égard à l'absence de volcans — les mouvements émanent le plus souvent de plusieurs points, ou d'un plan, car ils sont la conséquence d'affaissements et de dislocations le long de failles. Dans ce cas, des points différents de la surface. qui se trouvent dans le plan du choc, peuvent être atteints simultanément, soit verticalement, soit sous un certain angle, selon qu'ils sont situés verticalement au-dessus des centres du mouvement ou bien à côté. D'après la direction et la violence de l'ébranlement, le mouvement sera perçu à la surface, dans ce dernier cas, comme un choc vertical ou horizontal. Pour des chocs à peu près verticaux, le mouvement sera essentiellement vertical;

s'ils ont une faible inclinaison, le mouvement sera surtout horizontal; mais, comme dans les deux cas la force dirigée obliquement peut être décomposée en une composante verticale et une autre horizontale, dans les violents tremblements de terre tectoniques, les *deux* mouvements se manifesteront généralement ensemble, et tel a été nettement le cas à Ambon, dans la commotion de janvier 1898.

Dans divers tremblement de terre on a observé dans les monuments des mouvements rotatoires, ou des déplacements de la partie supérieure relativement au pied; ce que quelques auteurs ont attribué à des mouvements excentriques. Sans vouloir contredire en général cette opinion, je dois déjà faire observer qu'en 1898 on a constaté à Ambon aussi un pareil déplacement rotatoire, que l'on doit cependant interpréter tout autrement, notamment par la forme même de la tête du monument, qui tend à prendre une position d'équilibre par rapport au plan dans lequel le mouvement a lieu. Nous revenons plus loin sur ce fait.

Au sujet de la vitesse de propagation des secousses, on ne doit guère s'attendre, en général, à trouver des données pour les tremblements de terre de l'Inde, parce que ces déterminations exigent des observations de temps très précises, et que dans l'Inde les horloges diffèrent assez souvent de plusieurs minutes, surtout dans les îles, telles qu' Ambon, qui ne sont pas encore reliées télégraphiquement avec Batavia.

Dans la liste suivante, j'ai réuni tous les tremblements de terre qui me sont connus par la bibliographie. Les sources sont les mêmes que celles que j'ai mentionnées dans ma liste des tremblements et éruptions à Banda, dans le «Jaarboek van het Mijnwezen in Nederlandsch Oost-Indië 1900, p. 17», ce sont: Valentijn. Beschrijving van Oud- en Nieuw Oost-Indiën, deel II en III; le *Maandelijksche Nederlandsche Mercurius*, 1764, 1766, 1774 et 1778; les *Nederlandsche Jaarboeken* 1755; les *Nieuwe Nederlandsche Jaarboeken* 1766 et 1767; Junghuhn. Chronologisch Overzicht der Aardbevingen en uitbarstingen van vulkanen in Nederlandsch Indië. Tijdschrift voor Nederlandsch Indië, VIIde Jaargang, 1ste deel 1845, blz. 30—68; le *Natuurkundig Tijdschrift voor Nederlandsch Indië*, depuis la 1re année 1850 (imprimée en 1851) jusqu'à ce jour; et quelques données disséminées dans divers autres écrits.

Liste des tremblements de terre et de mer observés à Ambon.

1629. Un tremblement de terre et de mer qui a eu lieu à Banda, et qui, d'après VALENTIJN II, 2. p. 80, s'est fait sentir aussi, mais *faiblement*, à Ambon.

1644. Commotion assez forte, le 12 mai, depuis le matin jusqu'à 8 heures du soir, «la plus violente que, de mémoire d'homme, on eût observée dans cette province; elle était accompagnée de pluie, de tonnerre et d'éclairs; elle dura toute la nuit. Des murs se sont lézardés dans la maison du gouverneur». VALENTIJN II, 2, p. 145.

id. 17 mai. Encore un tremblement de terre, dans lequel «les deux façades de la maison du gouverneur se sont écroulés. De 8 à 10 jours, le sol ne fut pas en repos.» Il n'y eut pas mort d'homme, mais le 17 «beaucoup de constructions s'effondrèrent, un soldat périt et un enfant d'esclave eut la jambe cassée.» Cette commotion fut ressentie aussi à Houamoual (VALENTIJN écrit Hoewamohel), mais plus faiblement. VALENTIJN II, 2, p. 146.

1648. 29 février. Violente commotion «qui ne causa toutefois aucun dégât, bien qu'elle arrivât avec grand bruit». VALENTIJN II, 2, p. 155.

1671. Entre le 17 et le 18 octobre. Principalement à Saparoua. Légèrement à Ambon.

1673. 12 juin. (¹)

1674. 17 février. Commotion très forte. Pour celle-ci et les deux précédentes, voir VALENTIJN II, 2, pp. 230 à 237.

1683? JUNGHUHN (Java, édition allemande, II pp. 838 et 920) signale dans cette année un tremblement de terre à Ambon. D'après VALENTIJN (Banda, III, II, 2, p. 17) il y a bien eu un tremblement de terre à Banda, mais pas à Ambon.

1687. 19 février. Violente commotion. VALENTIJN II, 2, p. 248. Les secousses ont duré jusqu'au 4 avril 1687.

(¹) WICHMANN (**39,** p. 2 et p. 2 note 3) donne par erreur le 12 juillet.

1689? Junghuhn, dans Overzicht p. 36, rapporte cette année et la date du 19 janvier d'après Valentijn; ce sera sans doute une faute d'impression, au lieu de 1687, car pour 1689 Valentijn ne fait mention d'aucun tremblement de terre à Ambon; et il ne parle pas de février, mais dit seulement «le 19 du mois suivant» (c'est-à-dire le mois qui a suivi le violent incendie à Ambon du 11 janvier 1687).

1705. En octobre «il y eut ici aussi divers tremblements de terre, les plus violents qu'on eût observés de longtemps, et ressentis principalement à Houwamohel et à Hitou». Valentijn II, 2, p. 261. W. Funnell aussi rapporte un tremblement de terre à Ambon, qui a duré deux jours, dans la description de son voyage avec Dampier, à la mer du Sud, en 1705 (Wallace, The Malay Archipelago, 1869, I, p. 460).

1708. 28 novembre, le soir entre 10 et 11 heures, crue des eaux à Ambon, mais *sans* tremblement de terre. Valentijn II, 2, p. 271.

1710. 15 au 17 février. «Le 15 février 1710, au matin, il s'est produit ici un violent tremblement de terre, consistant en 3 secousses; de même le 16, encore le matin, à 4 heures, ainsi que le 17, où il y en eut deux, à midi, suivis encore de deux autres. Le 16, le sol n'est pas demeuré en repos à Haroukou». Valentijn II, 2, p. 275. Il paraît donc que ce fut un tremblement de terre venant du côté de Haroukou.

1711. «Le 5 septembre, la nuit, entre 10 et 11 heures, il y a eu un soulèvement de la mer comme il y en a eu encore un de mon temps; mais cette fois il a duré jusqu'à huit heures et demie du matin. En une demi heure, les eaux se sont trois fois soulevées et abaissées très rapidement de 4 pieds; deux maisons ont été emportées à Hative et 2 enfants ont été noyés. Tous les puits de Mardheika étaient à sec. La hauteur était la plus plus forte au côté sud de l'anse; les effets se sont pourtant fait sentir aussi aux trois maisons (Roumah tiga, Verb.), mais non à Poka.»

«On apprit encore que le même jour il y eut un violent tremblement de terre à Oma (Haroukou, Verb.), et au même moment où les eaux ont commencé à monter ici. Il y eut

283

aussi un tremblement de terre à Honimoa (Saparoua, VERB.) et à Noussalaout, et les eaux s'élevèrent aussi autour de ces deux îles, ainsi qu'à Oma (13 à 14 fois) et à l'isthme de Baguwala.»

«Peu après, on apprit encore qu'à la même heure il y avait eu un violent tremblement de terre à Banda, qui avait été indubitablement la cause principale de cette crue des eaux.» VALENTIJN II, 2, p. 280. Ce fut donc là encore un mouvement sismique venant de l'est, de Haroukou ou de Banda. Il ne paraît pas y avoir eu un tremblement de terre effectif à Ambon.

1754. 18 août. Violent tremblement de terre, fort surtout à Haroukou. De nombreuses secousses, moins fortes, se sont fait ressentir durant tout le mois d'août et même jusqu'au 10 septembre. Le mouvement venait encore de l'est, ainsi que nous le verrons plus en détail ci-après. Nederlandsche Jaerboeken. Negende Deels, Tweede Stuk. Te Amsteldam, 1755, pp. 814 à 831. Pour cette commotion JUNGHUHN, dans son Chronologisch Overzicht (Tijdschr. v. Nederlandsch Indië VII, I, p. 36), cite VALENTIJN comme source, ce qui n'est évidemment pas exact, car VALENTIJN a quitté Ambon en 1712, et son grand ouvrage, Beschrijving van Oud- en Nieuw Oost-Indiën, a paru de 1724 à 1726 ([1]).

1777. Dimanche 30 mars (1er jour de Pâques), à 9 1/2 h. du matin, différentes secousses assez vives, accompagnées de bruits venant du nord-ouest. Pas de victimes. Des ébranlements plus faibles ont suivi jusqu'au 9 juin. Maandelijksche Nederlandsche Mercurius XLIV, 1778, p. 205. A proximité de Liliboï il s'est formé dans le sol, à la suite d'une des commotions, une crevasse de 12 pieds de long et tellement profonde qu'on n'en put trouver le fond (?). A Alang, un quartier de roc de 4 toises de long et 2 toises de large tomba à la mer; et de la montagne de grandes masses de pierres sont tombées dans la vallée.

1781. Mentionné par JUNGHUHN, qui cite de nouveau à tort VALENTIJN comme source; mentionné aussi incidemment dans une lettre

([1]) VALENTIJN est parti d'Ambon, en mai 1712, par le navire Ouwerkerk; le 8 juin il arrivait à Batavia „où il ne débarqua que le 12 de ce mois, un dimanche, parce que les 363.000 livres de girofles, que le navire contenait, devaient être d'abord déchargées"! VALENTIJN II, 2, p. 281.

officielle du gouverneur des îles Moluques A. A. Ellinghuysen, du 4 novembre 1835, par laquelle il fait savoir que, d'après les rapports des plus anciens habitants d'Ambon, le tremblement de terre de 1835 était beaucoup plus violent que ceux de 1781 et de 1830.

C'est peut-être le même tremblement de terre que celui dont parle Labillardière, quand il communique que, 12 ans avant son arrivée à Ambon, en 1792, il s'était produit dans cette île un tremblement de terre. Mais, comme je ne trouve nulle part mention d'un tel phénomène en 1780, je suppose qu'on devra lire 11 ans au lieu de 12. M. Labillardière. Relation du voyage à la recherche de la Pérouse, Tome I, Paris, An VIII, édition in 4°, p. 324.

1815. Junghuhn (Java, édition allemande II, pp. 826, 839 et 923) parle d'un tremblement de terre à Ambon, dans lequel le sol s'ouvrit en divers endroits et vomit de l'eau, et qui accompagna la violente éruption du Tamboro à Soumbawa; il cite comme source: Raffles. History of Java I, p. 25. Toutefois, dans la description que cet auteur donne de l'éruption du Tamboro, il n'est question nulle part d'Ambon.

D'après Wichmann (Tijdschrift van het Koninklijk Nederlandsch Aardrijkskundig Genootschap, XV, 1898, p. 18) la source est: G. A. Stewart. Description of a volcanic eruption in the Island of Sumbawa. The Edinburg Philos. Journ. 1820, III, p. 392; il y est fait mention d'un violent tremblement de terre à Ambon le 11 ou le 12 avril 1815, pendant lequel de l'eau jaillit d'une crevasse dans le sol.

1823. 19 octobre. Lesson. Voyage autour du monde sur la corvette la Coquille. (Trésor historique et littéraire) Bruxelles 1839, III, p. 164.

Les rapports qui suivent sont empruntés pour la plupart au Natuurk. Tijdschrift voor Ned. Indië.

1830. 28 mars, 10 heures du matin; mouvement horizontal de l'est à l'ouest, assez violent; quelques maisons se sont écroulées. De petits mouvements ont continué jusqu'au 7 avril 1830.

1835. 1 novembre, à 3 h. du matin. Violent tremblement de terre,

dont il est question dans deux lettres du gouverneur ELLING-
HUYSEN, que nous citerons plus loin, et dans un rapport du
1er lieutenant JANSSEN dans «de Oosterling», IIIde jaarg., 1e stuk,
p. 135. Les mouvements ont duré jusqu'à la fin de l'année.

1836. Dans cette année on a ressenti des secousses à diverses reprises,
principalement du 22 au 25 février, le 3 septembre, et violentes
le 16 septembre. «De Oosterling», IIIde jaarg., 1e stuk, p. 139.
Communication de JANSSEN.

1837. Le 21 janvier, à 9 h. du soir. Violent à Haroukou, Saparoua
et Nousa laut. Ressenti aussi dans toute l'île d'Ambon, «Konst-
en Letterbode» 1837, II, p. 207.

1841. 16 décembre, à 2 h. du matin. Faible commotion; ¼ d'heure
plus tard tremblement de mer; l'eau monta de 4 à 5 pieds
au-dessus de son niveau le plus élevé. A Bourou, entre 1 et 2 h.
du matin, tremblement de terre plus violent qu'à Ambon;
et à Amblau forte commotion de la mer. Il n'est pas impossible
que pour Ambon le mouvement fût venu de l'ouest.

1843. 18 janvier, 18 février, 15 mars, 14 avril, 15 mai, 3 et 8 août,
16 septembre.

1845. 20 juillet, dans l'après-midi, entre 1½ et 2 h. et le 21 juillet,
de 6½ à 7 h. du soir. Secousses venant de l'est.

1849. 28 mai, le soir. Ce fut un tremblement de terre à Saparoua,
qui s'est propagé faiblement jusqu'à Ambon.

1850. 18 et 20 mars. (JUNGHUHN, Java II, p. 839, édition allemande),
7/8 (la nuit du 7 au 8) octobre. Et le 8 octobre, à 11½ h.
du matin, une secousse violente.

1851. 4 février, 7 et 24 juillet, 18 octobre, 20 novembre à 11 h. 55 m.
du soir.

1852. 26 novembre. Rien qu'un faible mouvement ondulatoire, mais
de longue durée, à 7 h. du matin. Il a duré 3½ minutes et
fut suivi, à 8 h. 35 m. d'une commotion très sensible de la
mer. Les tremblements sur terre et sur mer furent très violents
à Banda, ainsi qu'à Céram et à Saparoua, et se sont même
fait sentir à Bourou, Batjan et Ternate. Dr. J. HARTZFELD.
Militair summier ziekenrapport van Amboina over de jaren
1851 en 1852. Geneeskundig Tijdschrift voor Nederlandsch-

Indië III, 1854, p. 249. On a probablement affaire ici à un tremblement de terre tectonique, venant de Céram.

1853. 12 avril, à 4 h. 10 m. du matin, direction est-ouest; 13 et 16 avril; 30/31 décembre.

1854. 18 et 24 novembre.

1855. 12 mai, 5 octobre, 4 décembre.

1856. 10 mai.

1857. 8 février, 13 mai (tremblement de mer).

1858. 23 octobre, 9 novembre.

1859. Pas de tremblements de terre.

1860. 27 mai.

1861. 29 décembre. Leger tremblement de terre? Probablement des vibrations aériennes dues à l'éruption qui eut lieu à Makian, car à cette date, et aussi le 30 décembre, on a entendu des bruits violents, comme des coups de canon, venant du nord-nord-ouest (VERB.).

1862. 17 octobre, 17 et 25 novembre.

1863. Aucun tremblement de terre.

1864. 22/23 mai, 26 mai; 6, 7 et 18 septembre, 2 octobre.

1865. 1 et 28 janvier; 23 et 30 juillet; 29 août; 13, 22 et 23 décembre.

1866. 5 janvier.

1867. 21 mai, 20 décembre.

1868. 13 janvier.

1869. Pas de tremblements de terre.

1870. 13 février, 30 décembre. La dernière commotion s'est fait sentir aussi à Hila, Saparoua, Amahei et Bourou.

1871. Aucune commotion.

1872. 11 avril.

1873. 2 mars, 4 novembre.

1874. 25 mars.

1875. Pas de tremblement de terre; le 13 août, à Hila.

1876. 11 avril; 28 mai (aussi à Hila), et à Bourou violentes commotions sur terre et sur mer; 27 et 28 juillet; 13 octobre.

1877. 6 juin (dans la nuit du 5 au 6 juin, à 12 h. 15 m.). De Banda on rapporte une secousse dans la nuit du 6 au 7 juin, à 12 h. 20 m. Ces heures sensiblement concordantes font pressentir qu'il s'agit ici de la même secousse, et que la date 6/7 est fautive (voir Javasche Courant 1877, nᵒˢ. 56 et 78).

1878. 9 et 16 juin; 5 juillet; 17 et 18 octobre; 9 décembre.

1879. 22 mars; 2, 10 et 11 décembre.

1880. Pas de commotions.

1881. 13 janvier.

1882. 21 septembre, 10 octobre. L'un et l'autre aussi à Banda.

1883. 15 août, 26 novembre.

1884. 12 et 24 mars, 10 décembre.

1885. 30 mars, 2 avril et 30 avril; le dernier a été ressenti aussi à Banda et à Ternate; 1, 17, 22 et 29 mai (secousses presque quotidiennes du 15 au 31 mai); 11 juin, 15 octobre, 9 décembre.

1886. 29 et 30 juillet, 4 août, 18 septembre et 12 décembre.

1887. 7 février, 18 juin, 8 et 15 juillet.

1888. Pas de commotions.

1889. 17 novembre.

1890. 24 décembre.

1891. 22 février et 10 août.

1892. 12 avril, 4 juin, 30 et 31 octobre. Ce dernier à midi; n'est donc *pas* celui qui eut lieu à Banda, le 31 octobre à 9 h. 30 m. du matin. 18 novembre et 24 décembre.

1893. 20 avril, 27 août.

1894. 9 et 12 juin, 4 septembre.

1895. Pas de tremblements de terre.

1896. 2 janvier, 12 avril, 10 novembre et 17 décembre.

1897. 28 octobre.

1898. 6 janvier, à $1^1/_4$ h. de l'après midi. Tremblement de terre très violent. Dans ce mois, du 6 au 31, il y eut des secousses presque quotidiennes, qui, en comparaison du choc principal, étaient toutes très faibles et n'ont pas causé de dégâts. Le choc du 22 janvier, à 7 h. 15 m. du soir, a seul fait tomber quelques pierres des murs déjà lézardés de l'hôpital. D'après les observations qui ont été faites, du 22 janvier à fin mai, par le personnel de l'hôpital et qui m'ont été communiquées par le lieutenant-colonel J. A. B. Masthoff, on a ressenti des secousses aux dates qui suivent. Je n'ai pas regardé comme

tremblements de terre ce qui figure dans le rapport sous le
nom de «gerommel en dreuningen» (bruits sourds et trépida-
tions), mais je l'ai considéré comme des ébranlements de l'air
dus à un tonnerre éloigné; il est possible cependant qu'il y
ait eu aussi de légers tremblements du sol.

Janvier. Du 6 au 21, tous les jours, d'après les habitants d'Ambon.

Janvier. Du 22 au 31; journellement, à l'exception des 23, 24 et
29 janvier, dates auxquelles on n'a pas ressenti de secousses
sensibles; des roulements souterrains sont signalés le 24. Il
y a donc eu des commotions dans **23** jours, en janvier.

Février. Du 1 au 28. Pas de tremblement de terre les 2, 6, 9, 10,
13, 15, 21, 23, 25 et 26 de ce mois; le restant du mois, journellement. Donc **18** jours de commotions.

Mars. Du 1 au 31. Tremblements les 5, 6, 7, 8, 14, 16, 17, 18, 19,
24, 25, 26 et 30; donc dans **13** jours.

Avril. Du 1 au 30. Seulement le 4 et le 5 (le matin à 5 h. 25 m.,
la seule commotion que j'aie observée moi-même au chef-lieu
entre le 14 mars et le 28 mai, et qui fut très faible), les 10,
12, 13, 19, 20, 24, 27 avril; donc dans **9** jours.

Mai. Du 1 au 31. Du 1 au 29 mai, rien. Le matin du 30 mai, à
12 h. 25 m. (nuit du 29 au 30) 3 secousses; les deux premières
étaient faibles et de courte durée; la troisième, encore plus
faible.

Juin. Du 1 au 30. Rien.

Juillet. Du 1 au 22. Rien.

Juillet. 23. A 11 h. 14 m. du matin une secousse sensible, mais
faible. Cette commotion n'appartient plus au tremblement de
terre de janvier; les mouvements qui étaient la conséquence
de la forte commotion du 6 janvier ont pris fin le 27 avril,
donc environ 4 mois après le choc principal.

Après le 23 juillet, on ne mentionne plus qu'une seule
secousse à Ambon pour le reste de l'année 1898, notamment
le 21 novembre; elle a été ressentie aussi à Saparoua, et elle
y a produit quelques dégâts en crevassant les murs de la prison.

1899. 11 et 13 février; 16 mars; 21 et 22 avril; 14 et 15 juillet;
9 août; 30 septembre (c'est là le grand tremblement de terre

et de mer de Céram, qui s'est fait sentir aussi à Ternate et à Banda); 7 et 24 octobre (le dernier aussi à Banda); 5 novembre; 5 décembre.

1900. 24 octobre et 10 novembre.

1901. 11 février, 20 mars.

1902. 24 février.

1903. 13 octobre.

Parmi les secousses que nous venons d'énumérer, il y en a quelques-unes qui ont été ressenties simultanément à Ambon et à Banda. Ce sont les suivantes:

Août 1629 (violente à Banda, faible à Ambon).

17 février 1674 (violente à Ambon, très faible à Banda).

*26 novembre 1852 (violente à Banda, faible à Ambon).

(?) 6 juin 1877 (pas trop certain, car les dates ne correspondent pas).

21 septembre 1882.

10 octobre 1882.

*30 avril 1885.

*30 septembre 1899.

24 octobre 1899.

Ensemble 9 tremblements de terre, dont 3, marqués d'un *, ont été ressentis en même temps à Ternate, et dont le foyer était probablement à Céram. En laissant de côté la secousse un peu douteuse du 6 juin 1877, il n'y a, parmi les 250 secousses ressenties à Ambon et dans plus de 350 pour Banda, pas plus de 5 commotions communes aux deux îles, chiffre qui certes est d'une insignifiance imprévue. L'indépendance des secousses dans ces deux îles se manifeste encore plus clairement quand on considère les *violents* tremblements de terre qui suivent, lesquels n'ont été ressentis que dans l'une des îles ou qui ne l'ont été que faiblement dans l'autre:

12 et 17 mai 1644. Violent à Ambon, non ressenti à Banda.

17 février 1674. Violent à Ambon, faible à Banda.

18 août 1754. Violent à Ambon, nul à Banda.

1 novembre 1835. Violent à Ambon, très faible à Banda.

23 novembre 1890. Violent à Banda, nul à Ambon.

6 janvier 1898. Très violent à Ambon, non ressenti ou ressenti à peine à Banda.

Les années qui suivent se caractérisent par des secousses particulièrement nombreuses dans l'une des îles, mais qui n'ont presque jamais été ressenties dans les deux à la fois.

	Ambon.	Banda.
1853	4	25 secousses.
1857	2	13 »
1859	—	17 »
1860	1	14 »
1861	—	12 »
1863	—	12 »
1867	2	17 »
1877	1	45 »
1885	10	1 »
1898	48	3 »
1899	13	23 »
1901	2	42 »

Cela montre une fois de plus que, pour Ambon et pour Banda, nous avons affaire à deux centres d'activité tout-à-fait distincts. En laissant de côté les secousses tectoniques venues d'ailleurs, qui se sont propagées jusqu'à Banda, les commotions dans cette île sont produites par l'activité du volcan Gounoung Api, tandis qu'à Ambon les tremblements de terre sont de nature exclusivement tectonique.

Sur les 5 tremblements de terre les plus violents, ceux des années 1644, 1674, 1687, 1754 et 1835, nous possédons des notions quelque peu étendues, dont nous donnerons ici un extrait avant de passer à la description de la commotion de 1898, la plus violente de toutes.

Tremblement de terre des 12 et 17 mai 1644.

Nous avons sur ce phénomène un rapport de VALENTIJN, dans Oud-en Nieuw Oost-Indiën II, 2, pp. 145 et 146; nous l'avons déjà communiqué en partie plus haut. Par la première secousse du 12 mai, les murs furent lézardés et ils s'écroulèrent au second choc, celui du 17 mai, probablement plus fort. La montagne en arrière d'Ambon était crevassée en divers points, et les redoutes de Bagonala (c'est-à-dire Paso Verb.), Hila et Oma (Haroukou) avaient beaucoup souffert. La commotion fut ressentie aussi à Houamoual (Klein-Ceram), bien qu'elle y fût moins violente qu'à Ambon. Il n'y est pas fait mention de la direction des secousses; mais, comme Haroukou aussi avait été fort éprouvée, ce qui me paraît le plus vraisemblable, c'est que cette direction était de l'est à l'ouest. Il y eut un mort et un blessé.

Tremblement de terre du 17 au 18 octobre 1671.

Ce fut une violente commotion à Saparoua, qui fut ressentie aussi à Haroukou, à Paso et au chef-lieu Ambon. VALENTIJN II, 2, p. 230, a fait à ce sujet la communication suivante: «Entre le 17 et le 18 octobre un fort tremblement de terre à Honimoa (Saparoua Verb.). Non seulement la redoute Velzen, à Hatouwana, fut renversée et la forteresse Hollandia à Sirisorri démantelée, mais même le terrain et les montagnes éprouvèrent en général de grands dégâts par l'éboulement de divers fragments d'un poids incroyable, par les crevasses qui se sont formées dans le sol, etc. . . . La plage de Hatouwana s'était par suite affaissée de plus d'un pied; le récif qui se trouve en avant de la négorie de Papero, encore bien davantage . . . . Et cependant (bien qu'on eût ressenti des secousses effroyables) il ne périt que peu de personnes (leur nombre n'a pas été relevé, soit par négligence, soit par ignorance). Depuis ce jour et cette heure, cette commotion a bien duré encore un mois à Honimoa; la terre n'était absolument pas en repos; puis elle a continué par intervalles toute l'année, et à la même heure que les fortes secousses avaient lieu, elles furent ressenties aussi à l'île d'Oma (Haroukou Verb.), à l'isthme de Bagouala (Paso Verb.) et au fort Victoria (bien que moins violentes). La seule secousse importante au fort a eu lieu le 12 juin 1673, le soir vers 6 heures». Dans le tremblement de terre de 1671, l'ébranlement est donc venu de Saparoua et s'est dirigé par Haroukou vers Ambon; par conséquent, sa direction doit avoir été, pour Ambon, de l'est à l'ouest, bien que cette circonstance ne soit pas mentionnée d'une manière formelle.

Tremblement de terre du 12 juin 1673.

Celui-ci se rattache probablement aux précédents, car, après le mois d'octobre 1671, des secousses se sont fait sentir «pendant plus d'une année», mais par intervalles. D'après VALENTIJN II, 2, p. 230, il a eu lieu le soir à 6 heures environ; «alors on a observé diverses secousses violentes qui ont disloqué quelques-uns des murs intérieurs du fort et quelques autres bâtiments en pierre.»

Grand tremblement de terre du 17 février 1674 (¹).

Le récit de cette commotion vient, dans le travail de VALENTIJN, immédiatement après celui des deux précédentes, l. c. II, 2, pp. 230 à 237 (d'après LEUPE, ce récit proviendrait de RUMPHIUS, bien que VALENTIJN n'en fasse pas mention. Voir P. A. LEUPE, dans les Verhandelingen der Kon. Akademie van Wetenschappen, Afd. Natuurkunde, XII(²), 1871, pp. 17 et 61. Néanmoins, dans aucun des documents anciens je n'ai pu trouver le nom de RUMPHIUS comme auteur de ce récit). J'en fais suivre ici les parties les plus importantes.

«Le samedi soir, entre huit heures et demie et huit heures, par un beau clair de lune et un temps calme, sans aucun bruit avant-

(¹) Il est fait pour la première fois brièvement mention de ce tremblement de terre dans une lettre adressée le 14 avril 1674 par le gouverneur d'Amboine. ANTONI HURDT, au gouverneur général à Batavia. Un deuxième rapport, plus étendu, figure dans une lettre du même au même, en date du 17 juin 1674. Ces deux rapports ont été cités dans le „Dagh Register gehouden int Casteel Batavia" Anno 1674, pp. 121 et 122 et pp. 173 à 175" édité en 1902. Le deuxième rapport est assez étendu; et il est probablement déjà un extrait du „Cort Verhaal etc.", bien détaillé cependant; ce dernier n'existe pas dans les Archives de l'Etat à la Haye, comme annexe à la lettre du 17 juin 1674. Il a été transmis d'Amboine à Batavia, par lettre du 18 septembre 1674, et il en existe une copie aux Archives de l'Etat. Le titre de cette pièce est: „Cort Verhaal van de schrickelijcke aartbevingen eenigen tijdt herwaarts en voornaementlijk op den 17 february dezes jaars 1674 met d' ongehoorde watervloedt mitsgaders droeve ongelucken ende wonderlijcke bysonderheden ontrent deselve ten dien dagen in d'eylanden van Amboina voorgevallen, gelyck sulcx in het dagregister neerstig en omstandig aangeteeckent en daaruit getrocken is". Ce rapport a été imprimé aussi sous un titre un peu modifié: „Waerachtig Verhael etc.". Gedruckt naer de Copye van Batavia. In 't Jaer onses Heeren 1765.
Aux Archives de l'Etat il existe aussi une copie du Dagregister van Amboina over 1674.
On trouve toutes ces pièces dans Batavias Inkomend Briefboek 1675. N°. 3 (s'occupant de 1674; et non dans le Briefboek de 1674, ainsi que le mentionne WICHMANN, 39 p. 3, note 2).
Le récit de VALENTIJN II, 2, pp. 230 à 237, est presque identique au „Cort Verhaal".
(²) Et non XIII, ainsi qu'il est imprimé par erreur sur le travail.

coureur, toute la province, savoir les régions de Leytimor, Hitou, Noussatelo, Céram, Bourou, Manipa, Amblauw, Kelang, Bonoa, Honimoa, Noussalaout, Oma et autres localités voisines (principalement les deux premières) ont été éprouvées par des secousses et un tremblement de terre si violents, que beaucoup de personnes croyaient que le grand jour du Seigneur était arrivé . . . . 75 des «petakken» ou habitations des Chinois, ainsi qu'une grande maison, se sont écroulées dès la première secousse, qui était excessivement violente: sous les décombres furent ensevelies 79 personnes, parmi lesquelles la femme du Koopman (marchand-administrateur) GEORGIUS EVERHARDUS RUMPHIUS, avec la plus jeune de ses filles et encore deux personnes de sa maison; puis, la veuve du secrétaire JOHANNES BASTING (¹) et 4 autres Européens; en outre, 35 personnes furent grièvement blessées à la tête, aux bras et aux jambes . . . . . on entendait continuellement un vacarme, analogue à des coups de canon, qui venait de loin, le plus souvent du nord et du nord-ouest (donc, un mouvement venant du nord VERB.); d'où l'on pouvait conclure suffisamment que quelques montagnes se déchiraient ou que des fragments s'en détachaient, ainsi qu'on a pu le constater au point du jour sur le terrain de Hitou, principalement aux montagnes de Wawani et de Ceyt. Le violent ébranlement a duré toute la nuit, de sorte qu'on n'avait pas une demi-heure de repos. Toutefois, les chocs les plus forts venaient d'en bas, comme si l'on heurtait nos pieds avec de grosses poutres. On pouvait aussi, en écoutant bien, entendre faiblement un clapotement des eaux souterraines(!) . . . . . L'église malaise fut tout-à-fait disloquée; le pilier du sud avait dévié en dehors (ceci indique aussi un choc venant du nord VERB.) . . . . . La maçonnerie neuve non encore parfaitement sèche du fort, était renversée depuis l'entrée principale jusqu'à la cambuse de l'administrateur en chef; les cheminées avaient percé le toit; quelques-unes avaient culbuté par dessus le toit . . . . . La maison en pierre à l'«Eléphant» (Batou gadjah VERB.), servant de buanderie, s'est aussi totalement écroulée; elle est devenue un amas de décombres; mais (grâce à Dieu, dans toutes ces ruines on n'a trouvé qu'une victime, une femme mise en prison pour adul-

(¹) Au Dagregister van het Kasteel Victoria il y a „la veuve de l'ancien Secrétaire du Conseil de Justice, JOANNES BASTINCK."

tère; et même, personne n'a été blessé, sauf la petite fille du seigneur Gouverneur, qui, en s'enfuyant du fort, reçut une blessure latérale au front (le crâne était percé).»

«Dans les montagnes de Leytimor, ainsi qu'on l'a appris quelque temps après l'évènement, le tremblement de terre a été aussi ressenti très fortement. A Nakou, 7 maisons étaient démolies, et plusieurs grosses pierres, détachées de la montagne, ont passé en roulant à côté de quelques personnes, mais sans produire de dégâts . . . . La route entre Oma (faute d'impression: il faut Ema, car Oma est l'île d'Haroukou, et ici il est question du village d'Ema VERB.) et Soya (Soja di atas VERB.) était crevassée sur une étendue d'au moins 23 toises; en certains endroits cette crevasse avait 2 à 3 pieds de largeur, en d'autres elle était comme entaillée».

Vient ensuite le récit des évènements à la côte nord de Hitou, où des courants de boue et une commotion de la mer ont occasionné beaucoup de désastres.

Au même moment que le tremblement de terre fut ressenti au fort, on le constata depuis Louhou jusqu'à Ceyt, c.-à-d. s'étendant du sud au nord; il fut suivi bientôt d'une épouvantable «montagne de mer» (comme on l'a appris plus tard de personnes dignes de foi) aux environs de oud- (vieux) Lebelehou (au-dessus de Saïd VERB.). Surgissant du sol elle s'éleva brusquement à pic, se porta un peu du côté de la mer, puis se sépara en 3 parties, dont 2 se sont dirigées vers l'intérieur de l'île et la 3e vers la mer, enlevant sur leur passage, arbres, maisons, hommes, en un mot tout ce qu'elles rencontraient. Les dégâts causés à cette côte seront mentionnés plus loin; certainement 2243 personnes périrent, dont 31 Européens, ce qui fait avec les 79 qui précèdent un total de 2322 victimes».

La suite du récit fait voir qu'il y a eu non seulement des torrents de boue, mais un véritable tremblement de mer, par lequel le fond de la mer devint visible entre Noussatelo (les trois îles près d'Asiloulou) et Ourien (Ouring).

«A Noussatelo, l'eau s'était en un instant écoulée si loin du côté d'Ourien, qu'on ne voyait plus que le fond, sur lequel on reconnaissait à peine encore un peu d'eau; puis, elle est revenue, et 3 fois de suite elle coula ainsi d'un côté à l'autre de la partie la plus basse de l'île, au centre de laquelle les vagues venaient s'entrechoquer avec violence . . . . A Hitoulama, on estime que l'eau a monté de 10 pieds plus haut que d'habitude . . . . A Mamalo, environ 40 maisons de la négorie ont été emportées, mais aucun homme n'a péri . . . . Il est à présumer, que la montagne liquide dont nous venons de parler est sortie de dessous la localité mentionnée, oud-Lebelehou, ou du moins que l'eau est venue de la terre ferme même de Hitou, parce que plusieurs personnes qui se trouvaient dans des bateaux, à peu de distance du rivage, n'ont observé d'autre mouvement qu'une légère agitation. Cette colonne liquide, après s'être dirigée un instant vers la mer, s'est divisée en 3 parties; l'une est allée à l'est, vers Ceyt, une autre à l'ouest, vers Negri Lama et Ourien; la troisième a pris son cours directement vers la côte de Céram, ou du côté du cap «drooge rijst-hoëk». Cette eau avait une si mauvaise odeur, que les gens qui se trouvaient dans des bateaux, à une faible distance de la côte, se sentaient mal à l'aise ou tombaient faibles; elle était si sale, que ceux qui y étaient tombés paraissaient sortir de la boue . . . . Les deux hautes montagnes de Wawani et de Manisau, en arrière de Ceyt, ont jeté dans les vallées voisines des fragments de roche tels, que le cours de la rivière qui coule entre les deux en a été bouché; il s'est formé ainsi en haut un lac intérieur qui, non sans danger, menace de se déchaîner un jour ou l'autre. La vague qui traversa le «drooge rijst-hoek», ou passa à côté de lui, causa aussi des dégâts à Klein-Ceram ou pays d'Houwamohel. La plage, à l'ouest du récif, fut changée en sable et un grand fragment du cap Way, du côté de l'est, fut englouti. La négorie près de la forteresse Over-burg, à Louhou, fut totalement emportée avec tous ses canots, car l'eau s'y éleva à un niveau qui dépassa de 3 brasses le niveau ordinaire».

Il est impossible d'attribuer cette dernière catastrophe au torrent de boue venant de la rive opposée; elle doit avoir été produite par une commotion de la mer qui, ainsi que nous l'avons vu, a été ressentie aussi beaucoup plus à l'est, à Hitou lama et à Mamala, donc bien loin des torrents de boue de Saïd, et qui y a fait monter le niveau de la mer de 10 pieds.

«On a aussi ressenti les secousses à Bourou, à Amblauw et à Manipa, à Kelang et à Bonoa; et à Manipa on a observé aussi le soulèvement des eaux .... Le tremblement de terre a été également violent à Oma, à Honimoa et à Noussalaout .... De Banda on reçut la nouvelle, que le même jour et à la même heure, aussi par un clair de lune et un temps calme, il y a eu quelques légères secousses et une faible crue des eaux; mais il n'y a pas eu de dégâts .... Le dimanche six mai, lorsque le phénomène avait déjà diminué pendant une quinzaine de jours, on a de nouveau ressenti 2 fortes commotions».

Telles sont les parties les plus importantes de ce rapport relativement détaillé. On y a quelque peu entremêlé les effets des torrents de boue et des commotions de la mer; mais il montre clairement qu'on avait affaire à un tremblement de terre et de mer, et que le dernier s'est fait ressentir principalement à la côte du nord de Hitou; mais il n'y est pas question d'un mouvement quelque peu important des eaux de la baie d'Ambon. Puis, on y voit encore que l'ébranlement venait du nord, et que les torrents de boue étaient produits par les eaux des rivières, qui, mélangées au sable et à l'argile provenant de l'éboulement des montagnes, sont descendues du flanc nord du Touna; l'une de ces rivières paraît même avoir été endiguée totalement pendant quelque temps, de manière à former un petit lac ou une mare bourbeuse. Mais à aucun endroit ce rapport ne donne lieu de croire à une éruption du Wawani ou d'une autre montagne d'Ambon, pendant la grande catastrophe de 1674.

Les dernières secousses dont il soit fait mention, ce sont celles du 6 mai 1674; elles sont donc arrivées 2½ mois après le choc principal.

Tremblement de terre du 19 février 1687.

Il a été décrit par VALENTIJN, qui était venu à Ambon à peu près ¾ d'année auparavant (¹) et qui, en qualité de témoin oculaire, rapporte ce qui suit (l.c. II, 2, p. 248): «Le 19 du mois suivant on a eu ici un tremblement de terre si violent qu'on n'en avait pas ressenti de pareil depuis l'année 1674. Il commença un certain soir ..... à peu près

(¹) VALENTIJN est arrivé à Ambon le 30 avril 1686, avec la flûte Voorschoten (VAN TROOSTENBURG DE BRUIJN. Biographisch Woordenboek van Oostindische Predikanten, pp. 436 et 437).

à six heures et demie . . . . . De toute la journée on n'avait rien ressenti qui pût faire croire à un tremblement de terre; mais j'avais à peine reconduit sa Seigneurie et Madame son épouse (le gouverneur PADBRUGGE et sa femme VERB.) qu'il arriva une forte secousse, et puis un mouvement si violent de la terre que je ne savais ce qu'il m'arrivait; car j'avais vraiment des nausées, comme une personne atteinte du mal de mer; je voyais et je sentais au-dessous de moi le sol s'élever et s'abaisser comme les vagues de la mer; et le mouvement était si violent, que les branches des arbres de la route, près de notre habitation, se recourbaient jusqu'à terre. C'était effrayant à voir, et personne ne pouvait se tenir sur ses jambes; tout le monde était obligé de s'asseoir par terre pour ne pas tomber . . . . . Le premier choc et les secousses suivantes ont bien duré un quart d'heure; mais vers huit heures et demie, il survint un nouveau choc si violent, suivi de mouvements si intenses, que nous n'avons pas osé nous aventurer dans la maison de toute la nuit . . . . . Après cette date, nous avions tous les jours un léger bercement, ou bien une faible commotion, qui ont continué jusqu'à l'arrivée de Monsieur DIRK DE HAAS (lequel parut ici le 4 avril avec le vaisseau Sumatra); de sorte que ce jour même il y eut encore un tremblement de terre . . . . . bien que je n'aie pas appris qu'il eût causé d'autres dégâts que la chute de 4 ou 5 maisons dans la montagne et de nouvelles crevasses qui se sont produites dans les murs du fort.»

Tremblement de terre du 18 août 1754.

On trouve un rapport sur ce tremblement de terre dans le Dagverhaal van Amboina ten Kasteele Victoria, Anno 1754, reproduit dans les Nederlandsche Jaarboeken, Negende Deels Tweede Stuk, bdz. 814—831. Amsteldam 1755.

Ce rapport débute ainsi «Le *dimanche* 18 *août* il a plu à Jéhovah d'envoyer dans ce pays, l'après-midi un peu avant quatre heures, par un temps calme et un ciel serein, un tremblement de terre si violent, *venant de l'est*, que de mémoire de personnes vieilles, et même d'un âge très avancé, on n'en avait jamais ressenti de pareil; l'ébranlement fut si fort qu'il semblait que la terre allait être mise en pièces avec tout ce qu'elle portait; ce qui fait que les personnes qui se trouvaient à l'église ou dans les maisons, ainsi que les militaires qui étaient au fort, devaient en toute hâte s'enfuir pour éviter le danger imminent de l'effondrement de ces lourds bâtiments.»

On a reconnu bientôt que ce mouvement venait en réalité de l'est, par les rapports reçus de l'île d'Haroukou, située à l'est d'Ambon, où la commotion a été la plus forte; le choc principal y a eu lieu à $3^1/_2$ h.; il fut suivi bientôt d'une crue des eaux de la mer; et entre le 18 et le 20 août on a ressenti 64 secousses, 38 du 21 au 23 août et 20 du 24 au 31 août; ce qui fait ensemble 122 secousses; le 7 septembre, de grand matin, il survint encore une secousse, presqu'aussi violente que le choc principal du 18 août, accompagnée aussi d'une élévation des eaux.

Les piliers du hangar du marché, à Ambon, n'étaient pas couchés vers le nord ou le sud, mais vers l'ouest. Le rapport dit à ce sujet: «On a eu dans cette épreuve un témoignage manifeste de la miséricorde divine, car elle est arrivée précisément un dimanche, avant la troisième sonnerie des cloches; si elle s'était produite un autre jour de la semaine, des centaines de personnes y auraient perdu la vie; un jour de marché p ex., où trois à quatre cents personnes viennent ici pour leur commerce; et si la catastrophe avait eu lieu juste avant ou après l'heure du service divin, il y aurait eu aussi plus de victimes, car le «passer» (hangar du marché), qui reposait sur soixante quatre piliers en maçonnerie et était recouvert d'une toiture en tuiles, était tellement ravagé que la vue en faisait frémir; tous les piliers étaient par terre, tournés *vers l'ouest*, et démolis jusqu'à la base». De plus, l'hôpital et l'hôtel de ville s'effondrèrent en partie; et le fort, le quartier, le chantier, les églises hollandaises, le moulin à poudre et l'église malaise furent endommagés. Par l'effondrement du hangar du marché et la chute des murs, 6 personnes furent tuées, savoir 5 femmes esclaves et 1 enfant. Le rapport dit encore: «Au chantier de l'Equipage de la Compagnie, au «Roodenburg», et en d'autres endroits encore, l'eau a jailli du sol comme d'une fontaine, mêlée à une espèce de sable bleuâtre, comme si c'était de la boue, avec dégagement d'une vilaine odeur de soufre; de plus, en beaucoup d'endroits, il s'est produit dans le sol des déchirures larges de deux doigts et plus».

A Ambon il y a eu le 18 août 14 secousses; le 19, 21; le 20, 9; le 21, 3; le 22, 7; le 23, 3; le 24, 1; le 25, 2; le 27, 1; le 28, 1; le 30, 2 et le 31 août 1 secousse; ensemble donc 65 commotions. Puis il y a eu encore une secousse le 6 septembre, 2 le 8 septembre et 1 commotion faible le 10 septembre.

Le tremblement de terre à été également violent à Saparoua; les secousses y ont duré du 18 août au 3 septembre; mais elles n'ont occasionné aucun dégât. Après le choc principal du 18 août, il y a eu ici également une crue de la mer.

A la redoute, au corps de garde et à l'habitation du sergent, à l'isthme de Bagouala, il y a eu des dégâts considérables; à Hitou lama, à Hila et à Lariké on a ressenti aussi de nombreuses secousses.

Enfin, le phénomène a été ressenti fortement à l'île de Manipa. Il n'existe pas de rapports en ce qui concerne les îles Kelang et Amblau.

Le foyer de cet ébranlement paraît s'être trouvé près d'Haroukou; et le mouvement s'est propagé de cet endroit vers l'ouest et vers l'est.

Tremblement de terre du 1ʳ novembre 1835.

Il est fait mention de cette commotion dans deux lettres officielles, du 4 novembre 1835 et du 2 mars 1836, adressées par le gouverneur des îles Moluques A. A. ELLINGHUYSEN au gouverneur général, et qui reposent dans les archives du bureau de la résidence à Ambon. Il y est rapporté, que le phénomène eut lieu de bonne heure, dans la matinée du 1 novembre, à 3 heures. Une caserne bâtie en pierres, à deux (!) étages, s'est effondrée, tuant 21 soldats et 9 femmes et enfants. D'autre part, par l'effondrement de maisons et de murs, 12 hommes et 17 femmes et enfants périrent encore ailleurs, ce qui fait en tout 59 victimes. 66 personnes furent blessées. La direction des premières secousses, les plus violentes, était incertaine; mais les commotions suivantes, qui ont continué encore pendant $2\frac{1}{2}$ mois après le 1ʳ novembre, venaient la plupart du nord et du nord-ouest, exactement comme pour le tremblement de terre de 1674. Les montagnes de Hitou, vis-à-vis d'Ambon, du côté de l'isthme de Bagouala (Paso), étaient crevassées çà et là, et les terres meubles s'étaient éboulées en divers points. Les dégâts se sont élevés à 300 000 fl. environ. Quant aux effets de ce tremblement de terre à la côte nord de Hitou, ces missives ne fournissent pas de données à cet égard, et il n'y est pas davantage question d'un mouvement des eaux.

Dans la publication «De Oosterling», 3e deel, 1ste stuk, 1837, on trouve aux pages 137 à 139 quelques communications sur cette commotion, données par le 1r lieutenant H. H. C. A. JANSSEN, en 1835 commandant civil et militaire de Saparoua. D'après lui, le choc a eu lieu la nuit, à 2½ h. Le nombre des morts, communiqué par lui, s'élevait à 149; et le 16 novembre il y en avait encore 6; ces chiffres ne concordent donc pas avec ceux du rapport officiel du gouverneur ELLINGHUYSEN, probablement parce que JANSSEN ne se trouvait pas à Ambon durant la catastrophe, et qu'il a reçu ces chiffres d'autres personnes.

Tremblement de terre du 6 janvier 1898.

Cette commotion très violente a eu lieu l'après-midi, à une heure et quart. Aux jours qui précédaient le 6 janvier, il n'y avait pas eu de secousses à Ambon; mais ce jour même, à midi et demi, on ressentit quelques secousses verticales, d'après les uns 4, d'après d'autres 6 ou 7; elles n'ont pas donné beaucoup d'inquiétude, car de pareilles secousses faibles se produisent très souvent à Ambon. Toutefois, elles étaient pour les instituteurs une raison de fermer les écoles un peu plus tôt que d'habitude. Le choc principal survint brusquement, sans avoir été annoncé par un roulement souterrain; il y avait cependant des personnes qui croyaient avoir entendu certainement de pareils bruits, mais non séparément, car ils coïncidaient entièrement ou presque entièrement avec le vacarme des maisons qui s'effondraient, des meubles qui se renversaient et des verreries qui se brisaient. D'autres au contraire prétendent avoir entendu des bruits sourds venant du nord (probablement dans une direction nord un peu ouest).

Les renseignements que l'ingénieur KOPERBERG, qui m'a été adjoint pour l'exploration, et moi-même nous avons reçus après le 14 mars, donc plus de deux mois après le cataclysme, de la part de témoins oculaires, laissent beaucoup à désirer au point de vue de la précision et des détails, comme c'est le cas d'ordinaire dans de pareilles catastrophes. Cependant, en les combinant avec nos observations locales, nous avons pu nous former de ce phénomène imposant une idée assez exacte, que nous allons exposer dans les pages suivantes.

Les effets du tremblement de terre furent très différents dans les diverses parties de l'île d'Ambon; on peut y distinguer trois terrains; un premier terrain, où les dévastations étaient fortes; un second, où elles étaient faibles et un troisième, où il n'y a eu pour ainsi dire aucun dégât.

I. *Le premier terrain* est naturellement le plus important; il a la forme d'une bande relativement étroite, qui s'étend au travers d'Ambon. Les localités Wakal, à la côte nord de Hitou, et Ambon, à la côte nord de Leitimor, ont le plus souffert; et la ligne qui joint ces deux points est celle où l'action a été la plus violente. Plus on s'éloigne de cette ligne, vers l'ouest ou vers l'est, plus la secousse était faible. Toute cette bande n'a pas plus de 4 à 4$^1/_2$ km. de largeur, car la négorie Hitou lama p. ex., à l'est de Wakal, n'a été que fort peu éprouvée.

Cette zone contient, outre Wakal, tout le terrain à la côte sud de Hitou, entre Sahourou, Nipa et Roumah tiga. Ensuite, toute la partie de Hitou comprise entre ces localités et Wakal, une contrée totalement inhabitée, mais où se sont produits de grands éboulements de terrain. De l'autre côté de la baie vient le chef-lieu Ambon; puis, le terrain qui s'étend jusqu'à la baie Roupang, à la côte du sud. Ici encore de grandes portions du terrain quaternaire et du granite fortement désagrégé se sont éboulées, de sorte que les routes étaient devenues impraticables en partie. Toutefois, la dévastation était ici beaucoup plus faible que plus au nord, ce que l'on doit attribuer sans doute à la nature du sous-sol, qui se compose d'un massif granitique.

Causes du tremblement de terre. Le terrain le plus fortement éprouvé, ce qu'on appelle «*le domaine pleistoséiste*», n'a donc pas ici la forme d'un cercle ou d'une ellipse, comme pour tant d'autres tremblements de terre, mais celle d'une longue bande, relativement étroite, ce qui montre clairement qu'on a affaire ici à un *tremblement tectonique*; or, comme nous avons constaté plus haut, lors de la description géologique, l'existence, au sud d'Ambon, d'une faille qui se prolonge au nord par Ambon et au sud, probablement par les monts de péridotite Loring ouwang et Eri samau, vers la Labouhan Roupang, à la côte du sud, il est tout naturel d'attribuer le tremblement de terre à une nouvelle dislocation le long de cette crevasse ou faille dans la croûte terrestre. Depuis la formation de cette crevasse, qui est au moins d'âge pré-crétacé, il s'est produit sans doute très souvent des mouvements, qui se continuent encore de nos jours et se manifestent par des vibrations de la surface, occasionnées par des secousses plus ou moins obliques, qui peuvent produire des ondulations horizontales aussi bien que des secousses verticales. Comme le nombre des maisons écroulées verticalement est relativement plus élevé à Wakal qu'à Ambon, le choc parait s'être produit plus d'aplomb à Wakal qu'à Ambon, c'est à dire dans une direction se rapprochant davantage de la verticale.

Comme Hitou se compose, dans sa partie centrale, de gravier meuble et de calcaire corallien, la faille n'a pu y être constatée; mais l'effet du tremblement de terre vient nous éclairer sur ce point et nous montre que la crevasse s'étend, depuis Ambon, dans la direction de Wakal et probablement plus loin encore, par la baie de Pirou vers l'étroite langue de terre qui relie Céram à Houamoual (Klein-Ceram).

Je parlais tantôt d'une dislocation et non d'un déplacement ou d'un glissement le long de cette faille, parce qu'un tel déplacement, si tant est qu'il ait eu lieu, doit avoir été de peu d'importance, car nulle part on n'a pu constater à la surface un changement de niveau qui se serait produit pendant le tremblement de terre.

Le foyer des mouvements souterrains, que nous devons nous représenter ici non comme un point, mais plutôt comme une ligne ou même comme un plan sensiblement vertical, d'une notable étendue, doit avoir été situé en-dessous de Wakal, ou un peu au nord de cette localité, puisque cette négorie a eu tant à souffrir de secousses verticales. Il parait que lors des tremblements de terre antérieurs tel ne fut pas toujours le cas; il en fut bien ainsi en 1835, mais non en 1674, car alors il y eut en même temps un tremblement de mer, de sorte que le fond de la baie de Pirou a dû être atteint plus fortement à cette époque qu'en 1835 et en 1898. A propos de la violente commotion de 1898, on fait à peine mention d'un mouvement sismique de la mer à la côte nord de Hitou; et dans la baie d'Ambon, les mouvements de la mer n'étaient pas non plus très violents; on rapporte seulement que les navires amarrés dans la rade ont éprouvé une forte houle, et qu'un bateau à vapeur amarré près du hangar au charbon a buté contre le quai. Mais dans ce tremblement de terre, on n'a pas eu affaire à un tremblement de mer proprement dit, c'est à dire à une suite d'oscillations; ce qui prouve que le fond de la baie d'Ambon n'a pas pu être ébranlé tout entier et que les mouvements ne se sont pas propagés de l'ouest ou de l'est vers Ambon, car dans ce dernier cas on a toujours constaté des mouvements de la mer tout autour de cette île. C'est uniquement grâce à l'absence d'un mouvement considérable des eaux que le nombre de victimes a été beaucoup plus petit en 1898 qu'en 1674, bien que la commotion la plus récente ait été incontestablement la plus violente qu'on ait jamais éprouvée à Ambon.

C'est par Ambon que nous commencerons la description des localités dévastées, parce que c'est pour cet endroit que nous avons pu rassembler le plus grand nombre de données. En effet, non seulement la plupart des personnes qui pouvaient nous renseigner demeurent à Ambon, mais d'autre part il y avait là, malheureusement, de nombreux édifices en *pierre*, dont la chute dans une direction déterminée indiquait la direction du choc. Mais, en s'écroulant, ces bâtiments ont fait de nombreuses victimes; les murs en pierre se rompent à la base et, le plus souvent, se renversent immédiatement en écrasant les habitants. Les lourds toits couverts de tuiles en pierre doivent également être condamnés. Si dans ce terrain, exposé aux ébranlements sismiques, on n'avait, comme de raison, construit que des bâtiments en matériaux légers, en planches ou en gaba-gaba (petioles des feuilles du palmier sagou), avec une toiture légère en atap, alors, même dans un tremblement de terre aussi violent que celui de 1898, le nombre des victimes aurait été peu élevé.

1. *Ambon.*

Un plan d'Ambon, à l'échelle 1:5000, est représenté fig. 54 de l'annexe V ('). On y a indiqué les maisons qui se sont effondrées

(¹) Lors de ma visite à Ambon, en 1904, je me suis aperçu que les noms de certaines ues avaient été changés depuis 1898. La Doodenstraat et la Groenegeuzenstraat s'appellent à présent toutes deux Groenegeuzenstraat. Seblah graaf est devenu Ellinkhuizenstraat

complètement, celles qui n'ont été démolies qu'en partie, les bâtiments
dont les murs sont seulement lézardés, les habitations légèrement
endommagées et enfin celles qui n'ont rien souffert. Les flèches
indiquent dans quel sens les murs se sont renversés.

Un coup d'œil sur ce plan fait voir, que la très grande majorité
des flèches sont dirigées sensiblement au nord-ouest ou au sud-est,
et que par conséquent la direction de la commotion doit se trouver
dans un plan orienté du nord-ouest au sud-est. Toutefois, cette détermination ne peut être très précise, car les murs tombent toujours
perpendiculairement à leur orientation; et comme le front des maisons n'est pas toujours en parallélisme, la direction dans laquelle
les murs du nord se sont renversés ne peut pas être constamment
la même. D'autre part, comme les murs orientés dans le *sens* du
choc ne peuvent pas se renverser dans cette direction, ils auront
pris une position tout-à-fait différente. Effectivement, on a rencontré
différents murs de bâtiments, ou de petites clôtures de propriétés,
qui étaient couchés vers le sud-ouest, entre autres dans la Paradijs·
straat. Et même on a constaté que pour une seule et même maison
le mur du nord était tombé au nord-ouest et celui de l'est au sud-ouest.

Dans la partie occidentale d'Ambon, nombre de murs se sont renversés non seulement dans la direction normale ± nord-ouest, mais
encore dans une direction perpendiculaire à celle-là, savoir à peu
près vers le nord-est; tel est le cas pour les entrepôts (plan n°. 38)
à l'embouchure de la rivière Titar; par contre, dans la partie orientale, p. ex. à la maison de M. Moorrees (plan n°. 8), beaucoup de
murs sont tombés vers le sud-ouest. Je crois ne pas devoir attribuer
cette circonstance à la cause que je viens de citer, mais à un second
mouvement, sensiblement perpendiculaire à la secousse principale,
et qu'on a constaté aussi ailleurs. La faille dont nous avons parlé
plus d'une fois, où le choc était le plus violent, longe à peu près
la Prinsenstraat; elle s'étend sous la prison (n°. 48), qui s'est écroulée

et Moordenaarsstraat est devenu Pretoriastraat. La partie nord de la Prinsenstraat s'appelle
maintenant Kleine Olifantsstraat. Le chemin qui conduit de la maison de la résidence
à Batou merah, en longeant le côté est d'Ambon, se nomme à présent Batou gadjah-laan,
depuis la maison de la résidence jusqu'à la Prinsenstraat; il porte le nom de Batou medja-
straat jusqu'à la Hospitaalstraat, et plus loin, jusqu'au pont sur la rivière Batou merah,
celui de Bélakang Soja-straat.

d'aplomb, et sous l'école moyenne (burgerschool) (n°. 45) en se diri-
geant vers la mer. Tout ce qui se trouve à gauche de cette faille
semble avoir éprouvé, outre le choc principal, une secousse vers le
sud-ouest; ce qui se trouve à sa droite, une commotion vers le nord-
est; de sorte que dans ces parties de la ville beaucoup de murs se
sont renversés perpendiculairement au choc principal, et la plupart
même à *l'encontre de la secousse secondaire*, c.-à-d. au nord-est pour
la partie occidentale d'Ambon et au sud-ouest pour la partie orientale.

A la grande église protestante (n°. 35), il a été possible de déterminer d'une manière précise la direction suivant laquelle le choc
s'est produit. Les 8 lampes à vernis noir, suspendues dans ce temple,
se sont mises à osciller sous la secousse; par le mouvement régulier
des poutres auxquelles les lampes étaient fixées, ces oscillations ont
constamment augmenté d'amplitude, jusqu'à ce que finalement, par
un écart de 45°, les lampes ont frappé contre les murs de l'église et
y ont laissé des taches ou marques noires, qui ont permis de déterminer très exactement pour chacune d'elles le point de rencontre
avec le mur. En joignant ce point au point de la lampe à 3 branches
qui a frappé le mur, on a naturellement obtenu avec précision la
direction de la secousse; on a trouvé ainsi, tant pour les 4 lampes
du sud que pour les 4 lampes du nord, 310° vers 130°, donc une
différence de 5° seulement avec la direction du nord-ouest au sud-
est. En d'autres points d'Ambon la direction paraît avoir été de
315° et même de 320°; des crevasses dans les carrelages des maisons
du fort sont c. a. perpendiculaires à la direction de 320°.

Il est donc clair que nous avons affaire ici principalement à un mouvement ondulatoire; et ce mouvement a même été vu et senti distinctement par certaines personnes qui se trouvaient dehors, à tel point
qu'elles étaient obligées de s'asseoir au plus vite pour ne pas tomber.
Nous citerons plus loin des faits qui prouvent qu'il s'est produit
également des chocs suivant la verticale.

La maison de la résidence, construite en planches (plan n°. 1), a
peu souffert. Toutefois, les murs d'une nouvelle bâtisse, accollée à
la galerie de derrière, étaient crevassés; et, des annexes en pierre
(n°. 2), l'une était totalement effondrée et l'autre partiellement.
La maisonnette de bains (avec une tête d'éléphant en pierre, d'où

le nom «batou gadjah») était aussi fort endommagée. Ainsi qu'on peut le voir au plan, ces bains recevaient l'eau par une conduite qui communique avec la rivière Batou gadjah; l'eau s'écoule dans un étang du jardin du résident, et de là, sous le nom de Waï Titar, vers la mer en passant par le quartier des Chinois.

Le n°. 4 est ce qu'on nomme la «maison pour tremblements de terre» du résident; c'est la maison la plus grande et la mieux bâtie de cette| espèce dans tout Ambon; elle est construite en planches avec une toiture en atap très légère. Les mouvements y ont été aussi violents que partout ailleurs à Ambon; les occupants ont été jetés sur le sol, et cependant la maison n'a *pas du tout* souffert par la commotion.

Les piliers en pierre placés devant le cimetière européen (n°. 5) se sont tous renversés, mais il n'a pas été possible de constater dans quelle direction ils étaient tombés, car, à mon arrivée, ils avaient déjà été enlevés. Divers édifices en pierre étaient plus ou moins endommagés et l'un d'entre eux mérite une mention spéciale. C'est le monument du tombeau de G. C. Ch. Köhler, «résident nommé de Banda», érigé en 1838. Il est bâti en briques et les faces étaient enduites de plâtre. Ce monument est représenté fig. 53 de l'annexe IV; la base est en forme de prisme carré; en haut il se termine par une petite pyramide quadrangulaire. Lors du tremblement de terre, la colonne s'est rompue suivant un plan de jonction horizontal, et il ne resta plus aucune liaison entre les deux parties. Or ce qui est remarquable, c'est que la portion supérieure libre a tourné de 20° sur la partie inférieure du monument, dans la direction indiquée par la flèche dans la fig. 53, de sorte que l'azimuth de l'une des faces latérales, qui était auparavant de 20°, est réduit maintenant à 0°; cette face s'est donc orientée exactement vers le nord. En projection horizontale, ce fragment supérieur du monument se présente comme un carré avec deux diagonales, et on reconnaît que ce fragment s'est déplacé d'une telle façon, que la *direction du choc*, qui était de 315° environ, *coïncide avec l'une de ces diagonales*. Après la rupture, les faces du prisme ainsi que les faces inclinées de la pyramide furent atteintes différemment par la commotion, ou plutôt par le mouvement ondulatoire du sol; la pyramide supérieure chancela quelque temps

Phototypie Mouton & Cie., La Haye.

Fig. 68. Cantine à Ambon, après le tremblement de terre, vue du côté de la mer.

de côté et d'autre jusqu'à ce que, par la coïncidence de la direction du choc avec l'une des diagonales, il se fût établi une sorte d'état d'équilibre, la partie supérieure s'étant placée symétriquement par rapport au plan vertical passant par la direction de la secousse. Je pense que cette explication est applicable à d'autres cas encore, observés dans les tremblements de terre antérieurs, où l'on a cru devoir invoquer un mouvement excentrique autour d'un certain point qui n'était pas situé dans l'axe du monument. Dans un mouvement pareil, il faut qu'au point de rotation il reste au moins encore quelque liaison entre les parties supérieure et inférieure, ce qui certes n'était pas le cas pour le monument dont nous parlons.

Dans la partie septentrionale d'Ambon, où sont situés les quartiers Halong, Mardika et Soja di bawah, les murs sont tombés en partie dans la direction normale, p. ex. à l'ancienne villa Rodenberg (n°. 7), à la maisonnette n°. 10 et autres; tandis que pour la maisonnette n°. 8 de M. Moorrees, et celle n°. 9 de M. Tuinenburg, occupée alors par le capitaine intendant Klöppel, les murs et les armoires se sont renversés, partie au nord-ouest, partie au sud-ouest, soit qu'ils ne pouvaient se déplacer dans la direction de la mer, soit par l'effet du mouvement secondaire déja cité plus haut, perpendiculaire au premier, et dirigé par conséquent du sud-ouest au nord-est. Les objets renversés par cette commotion sont presque tous tombés à l'encontre du choc, c'est à-dire vers le sud-ouest.

Dans l'atelier du «Waterstaat» (administration des ponts et chaussées) (n°. 11) tout était tombé du coté de la mer, donc dans la direction normale; il en était de même à la cantine militaire (n°. 12). Les deux murs, à la face du nord-ouest et à celle du sud-est, s'étaient écroulés en entier, comme s'ils avaient été emportés par un gros boulet de canon; à la face du nord-est et à celle du sud-ouest, les murs étaient encore en partie debout, mais ils étaient fortement lézardés. Les figg. 67 et 68 donnent une représentation de cette ruine; la première figure a été prise de l'intérieur de l'île; la fig. 68, du côté de la mer. Ce sont des reproductions d'après des photographies, que le lieutenant-colonel J. A. B. Masthoff, chef du service de santé à Ambon, a eu la bienveillance de prendre pour moi. Ici donc, ce sont les murs perpendiculaires à la direction du choc qui se sont renversés totalement; ils ont toujours eu plus à souffrir que ceux qui sont parallèles à cette direction, ainsi qu'on l'a pu observer à différentes autres maisons.

Rendons-nous à présent au fort Nieuw-Victoria; nous y voyons que presque tous les bâtiments ont été endommagés. Seuls les deux magasins à poudre (n°. 19), le grand et le petit, sont restés tout-à-fait indemnes, et les trois habitations des lieutenants (n°. 27) n'ont éprouvé que peu de dégâts; ce qu'il faut attribuer, pour ces dernières, à cette circonstance qu'elles étaient encore neuves et solides, et pour les magasins, à la très forte épaisseur des murs.

La porte principale, celle du sud, bâtie en 1757 du côté de l'intérieur de l'île, a été rompue à 2 m. au-dessus du sol; la voûte aussi est crevassée, bien que les murs soient très épais.

Le n°. 13, un hangar du génie pour la peinture et la scierie, qui a été construit en matériaux légers, s'est effondré sans causer d'autres dégâts. Mais l'écroulement de la caserne d'artillerie n°. 14, bâtie *en pierres*, qui se trouve à côté, a causé la mort d'un caporal et de trois canonniers qui ont été ensevelis sous les ruines, tandis qu'un autre artilleur fut blessé si grièvement qu'il est mort pendant son transport à Makasser. On peut voir par là, que le violent choc principal s'est produit si inopinément et si brusquement que personne n'a eu le temps de s'enfuir de ce bâtiment relativement petit. Un peu plus au nord se trouve le logis des adjudants sous-officiers, auquel confine l'habitation d'un capitaine et d'un lieutenant (n°. 15); de l'autre côté de la route est situé un bloc de deux habitations de capitaines (n°. 16); et, plus au nord-est encore, on arrive à l'habitation du commandant d'artillerie (n°. 17). Dans le pavage en ciment de ces maisons, on pouvait voir deux crevasses sensiblement parallèles; la crevasse principale avait, à l'extrémité ouest, une direction de 30°; elle se recourbait en forme de crochet vers le sud; puis, dans une direction de 45° et de 50°, elle traversait ces bâtiments pour atteindre l'arrière de l'habitation n°. 17, où la pĕndopo (galerie ouverte) s'est écroulée brusquement. La deuxième déchirure, un peu plus au nord, ne pouvait s'observer sur une aussi grande étendue; à mon arrivée, on ne pouvait la voir que dans les maisons n°s. 15 et 16. La distance de ces deux crevasses, qui étaient perpendiculaires à la direction du

choc, était en moyenne de 75 m. environ, ce qui peut correspondre
à la longueur d'onde du sol Cependant, cette distance ne sera pas
la longueur d'onde elle-même, mais son quadruple, car ailleurs on
a observé, entre des crevasses parallèles, une distance de 18$^1/_2$ m.
(18$^1/_2$ × 4 = 74 m.). Dans la galerie de derrière de l'habitation n°. 17,
une armoire s'était déplacée de plus de 1 m., contrairement au sens
du choc (à peu près vers 322°). Les deux pieds de devant avaient
sauté hors des baquets d'eau qui se trouvaient au-dessous; les deux
autres baquets avaient suivi le mouvement de l'armoire.

Un peu plus loin, on arrive à un point (n°. 18), où l'on a pu
observer un phénomène qui donne une bonne idée de l'énorme
énergie de cette commotion. L'artillerie y avait disposé, en série
régulière, quelques vieux canons hors d'usage, ainsi que le représente
la partie supérieure de la fig. 56 de l'annexe V. Les 12 premiers
reposaient librement sur des rails en fer, qui avaient une direction
de 10°; les axes des canons etaient donc dirigés de 280° vers 100°.
Les canons n°s. 1 à 10 ne pesaient pas moins de 3000 kilogrammes
chacun; les n°s. 11 et 12, 1500 kg. Venaient ensuite encore trois
canons, n°s. 13 à 15, de 1500 kg. chacun, placés sur des traverses
en bois; et puis, encore un 16e, aussi de 1500 kg., couché sur 2 blocs
en bois. Après le tremblement de terre, les canons avaient pris la
position indiqueé à la partie inférieure de la fig. 56; les axes avaient
pris toutes espèces de directions, représentées dans la figure. De
plus, le n°. 5 s'était fortement déplacé vers l'est; le n". 6 se trouvait
avec la bouche sur le n°. 7; le n°. 8 était lancé sur le n°. 9. Des
trois canons 13 à 15, le n°. 15 était jeté en bas des traverses; le
n°. 14 s'était déplacé exactement dans la direction du choc; et le
n°. 13 à peu près dans cette direction. Le n°. 16 aussi avait été jeté
à bas de ses supports; mais, à mon arrivée, on l'avait déjà remis en
place, de sorte que ce canon doit être mis hors de cause. Ce déplacement de corps pesant 3000 kilogrammes, projetés non seulement les
uns à côté des autres, mais même les uns *sur* les autres, fait voir
l'énergie violente avec laquelle les forces ont agi dans cette commotion.
La question, s'il y a eu ici, outre le mouvement ondulatoire, encore
un mouvement vertical, ne peut pas être résolue avec certitude; car
un soulèvement *rapide* du sol, suivi d'un affaissement brusque de

celui-ci, avec les rails qu'il portait, par suite d'un mouvement ondulatoire, est peut-être suffisant pour donner aux canons les positions que nous venons d'indiquer. Cependant, une ou plusieurs secousses verticales, avant ou après le mouvement ondulatoire, peuvent avoir augmenté l'effet; d'autres phénomènes, dont nous nous occuperons tantôt, me font présumer d'ailleurs, qu'à Ambon il y a eu en jeu non seulement une force horizontale, mais encore une force verticale.

Dans la fig. 69, on a représenté les canons nos. 1 à 16, et dans la fig. 70, les nos. 1 à 12, d'après des photographies dont je suis de nouveau redevable au lieutenant-colonel Masthoff. Des circonstances locales, notamment le voisinage d'un bâtiment servant de magasins et d'ateliers pour l'artillerie, qui était éloigné des canons de moins de 8 m., nous ont forcé de placer l'appareil de photographie plus près des canons qu'il ne convenait; c'est par là que dans la fig. 69 les dimensions des canons nos. 13 et 14 sont démésurément grandes, relativement à celles des canons situés plus loin vers la gauche.

Un peu plus loin, nous arrivons au magasin à poudre n°. 19, dont nous avons déjà parlé; à cause de l'énorme épaisseur de ses murs, il n'a pas souffert; puis, nous venons au n°. 20, le magasin d'habillements, dont le toit s'est effondré et dont les murs étaient fortement crevassés; le n°. 21 était une baraque, servant de salle de gymnastique, située en dehors des murs du fort; elle reposait sur des poteaux en bois, fixés par des goupilles en fer dans les assises en pierre. Tous ces poteaux avaient sauté hors de leurs appuis, et ils s'étaient placés à côté des tenons, ce qui, d'après moi, ne peut avoir été produit par un mouvement ondulatoire, mais seulement par une *secousse verticale*. Le toit était complètement distordu.

La porte extérieure, près de ce hangar, était lézardée dans sa voûte. La longue bâtisse n°. 22, la chambrée de la 1e et de la 3e compagnie, était heureusement une construction en bambou, à piliers en bois avec toiture en atap. Elle s'est totalement effondrée, mais on n'a pas eu à déplorer mort d'homme.

Aux cuisines des soldats, n°. 23, les murs s'étaient effondrés avec le toit. Le logis que l'on appelle le hangar des femmes, n°. 24, situé en dehors du fort, avait, par malheur, une toiture en tuiles; par l'effondrement de cette toiture plusieurs femmes indigènes, femmes

Photolypie Mouton & Cie. La Haye.

Fig. 69. Seize canons dans le fort Nieuw-Victoria à Ambon, après le tremblement de terre.

Phototypie Mouton & Cie., La Haye.

Fig. 70. Douze des canons de la fig. 69, pris d'un autre point de vue.

Phototypie Mouton & Cie., La Haye.

Fig. 71. La „Waterpoort" du fort Nieuw-Victoria à Ambon.

de soldats, ainsi que des enfants ont trouvé la mort. L'atelier de l'armurier, n°. 25, était une construction *en bois*, bâtie en planches, avec une toiture de «sirappen» (tuiles en bois). Le seul objet en pierre dans cette maisonnette, c'était un petit mur de la forge. D'après le récit de l'armurier, qui se trouvait dans le bâtiment au moment de la commotion, l'atelier a été secoué de côté et d'autre à plusieurs reprises; il s'est produit de forts craquements; mais en somme il est resté debout sans dommage. Le petit *mur* en pierre seul a été rompu et renversé. C'est bien là une des preuves les plus convaincantes de la préférence absolue qu'il faut accorder aux constructions en bois sur tout ce qui est bâti en pierre, dans les lieux sujets aux tremblements de terre. A l'ouest de cet atelier était le cachot, dont les murs fort épais ont été seulement lézardés. L'unique détenu a passé ici quelques moments d'angoisse durant le cataclysme; mais heureusement, il ne lui est pas arrivé d'accident.

La «Waterpoort» n°. 26, surmontée de la hampe du pavillon (voir notre fig. 71), a été érigée en 1775 et porte l'inscription: «Ita relinquenda ut accepta» ([1]), maxime bien vaine depuis la commotion de 1898! Les murs épais de cette porte ont été disloqués et rompus par le tremblement de terre.

De part et d'autre de cette porte, il y avait sur le mur deux canons, marqués sur le plan par les lettres *a* et *b*; ils étaient montés sur leurs affûts, *a* à peu près dans la direction du choc et *b* dans une direction perpendiculaire. Par la secousse, *a* s'est déplacé dans le sens de la flèche, mais *b* est demeuré en place.

Le mur extérieur, voisin de la côte, construit en 1770, qui portait déjà des traces de commotions antérieures, a reçu encore quelques crevasses en 1898. Les 3 habitations des lieutenants n°. 27, dont nous avons déjà parlé, ont peu souffert; les bâtisses adjacentes seules étaient fortement lézardées.

Aux bureaux de la résidence et des postes (n°. 28), datant de 1785, les murs étaient si fortement lézardés qu'on a dû abandonner le bâtiment immédiatement après le cataclysme.

([1]) „A laisser telle qu'elle a été reçue". („Rendez moi telle que vous m'avez trouvée").

Les autres bâtiments situés à l'intérieur du fort, et qui n'ont pas été metionnés spécialement, étaient tous plus ou moins endommagés et devenus inhabitables à cause du mauvais état des murs.

Le môle, en dehors du fort, s'était affaissé et les pilotis à vis s'étaient recourbés en partie. On n'a pas pu constater que la mer y fût plus profonde qu'auparavant, et il en était de même à une plus grande distance de la plage.

Le grand et magnifique hôpital militaire (n°. 29), à la rive droite de la rivière Tomo, a aussi beaucoup souffert. Quelques-uns des bâtiments se sont effondrés totalement; d'autres, en partie. La cuisine k s'est renversée à l'encontre du choc; le mur du sud, dans le sens du choc; le mur de l'ouest, formant la façade antérieure qui longe la «Hospitaalstraat», s'est rompu à la base et s'est affaissé un peu vers le nord-est, car il ne pouvait se renverser contrairement à la direction du choc. Seul le corps de garde a, ainsi que le bureau et l'infirmerie des officiers l, avaient peu souffert. Dans le carrelage de la galerie de devant de la grande infirmerie g, on pouvait voir diverses crevasses parallèles, nombreuses surtout à des distances de 18.5 m. Ce chiffre donne peut-être la longueur des ondes du sol; et dans ce cas, la distance de 75 m. entre les deux grandes crevasses du fort, qui est sensiblement le quadruple de ce chiffre, représenterait la distance de 4 ondulations successives.

Les murs des édifices de la Olifantenstraat, tels que le n°. 30, l'école normale pour instituteurs indigènes, le n°. 31, l'école des externes et salle de gymnastique, le n°. 47, les locaux des élèves-instituteurs indigènes, le n°. 32, la première école, le n°. 46, l'école primaire publique (celle-ci peu endommagée), et les bâtiments qui suivent jusqu'à l'Esplanade, se sont presque tous renversés dans la direction normale du nord-ouest; quelques-uns, vers le sud-est. Les bâtiments qui longent l'Esplanade, depuis la rue de traverse Tanah Tinggi jusqu'au club n°. 34, sont tous fortement lézardés, l'ancien bâtiment du «Landraad» n°. 33 p. ex.; quelques-uns, tels que l'entrepôt du «Waterstaat», se sont entièrement effondrés.

Dans le bâtiment du club n°. 34, un mur plâtré avec ses solives transversales a été jeté contre un pilier en bois; et, comme celui-ci ne pouvait pas se déplacer, le mur est revenu avec de fortes lézardes, et une colonne en maçonnerie s'est rompue à la base, ainsi que le représente, à l'échelle de 1 : 20, la fig. 55 de l'annexe V.

Du côté est de l'Esplanade, les murs de la plupart des maisons étaient fortement fissurés; quelques bâtiments s'étaient écroulés, les uns en partie, d'autres même complètement.

La grande église n°. 35 s'était effondrée en partie; dans le pavage il y avait un trou, que l'on reconnut pour un ancien tombeau. Nous avons déjà parlé des lampes de cette église et de la direction de leurs oscillations. L'école Fröbel n° 37, située à côté, était très endommagée; mais un monument à la mémoire de TILENIUS KRUYTHOFF, érigé tout près de ces bâtiments, le n°. 36, est resté tout-à-fait intact; même les fondements ne se sont pas crevassés, ce qui doit être attribué entièrement à la solidité de cette construction.

. Dans le quartier des Chinois, la dévastation fut à son comble, parce que tous les bâtiments y étaient construits en pierre et rapprochés les uns des autres. Il y a eu de nombreuses victimes ici, de même que sous les hangars du marché, n°. 40, qui reposaient sur d'épais piliers en pierre. Les murs se sont renversés, les uns dans la direction normale, les autres dans une direction perpendiculaire, comme aux entrepôts n°. 38, l'annexe de l'habitation du capitaine des Chinois, n°. 39, où deux de ses filles ont trouvé la mort, un mur à l'est du marché et d'autres encore. Il semble qu'il ait agi ici un mouvement secondaire, sensiblement perpendiculaire au choc principal.

Les murs épais de plus d'un mètre de l'ancienne «Burgerwacht» (garde civique) (n°. 41) étaient crevassés en divers points; mais, informations prises, ces déchirures dateraient, en grande partie, de commotions antérieures.

Les hangars en pierre de la Société royale des paquebots (K. P. M. sur le plan) étaient très fortement lézardés; les quais de chargement et de déchargement s'étaient affaissés.

Dans la rue Ouri mèsèng, la plupart des murs sont tombés dans la direction normale, vers la mer; tels sont ceux des annexes de la maison n°. 42, occupée alors par M. VAN EUPEN. L'habitation même, de construction spéciale en bois dite «regelbouw», n'avait que peu souffert, et elle a été aménagée provisoirement comme école des filles, après la catastrophe. Puis encore, la partie de derrière de l'habitation de M. Kësouli, le n°. 49, une maison occupée par un Pangeran (prince) Javanais banni, qui s'est effondrée totalement. Le tombeau de l'empereur de Solo, qui jadis a vécu là, aussi en bannissement, était seulement crevassé.

Dans la Paradijsstraat, on a pu observer encore les deux mouvements: les murs de l'école des filles, n°. 43, sont tombés vers le sud-ouest; ceux qui entourent la propriété de M. Roskott, n°. 44, sont tombés les uns au nord-ouest, les autres au sud-ouest. A une seule et même maison, située un peu plus à l'est, on a pu observer les deux directions dans les murs renversés; mais, à la maison qui forme le coin de la Paradijsstraat et de la Prinsenstraat, le n°. 45, les murs étaient couchés dans la direction normale seulement.

Nous avons déjà parlé des nᵒˢ. 46 et 47 de la Olifantenstraat. Enfin, d'après des témoins oculaires, la grande prison en pierre n°. 48 a été démolie soudain verticalement, d'un seul coup; on a même prétendu avoir ressenti une secousse verticale venant d'en bas. Un nombre de prisonniers (douze) relativement considérable y ont perdu la vie.

Les murs de l'église des indigènes à Batou gantoung, n°. 50, étaient fort lézardés, et le mur de front (dirigé de 80° vers 260°) s'était rompu horizontalement.

Nous terminons par là la description des dévastations à Ambon; et il ne nous reste plus qu'à faire connaître le nombre des victimes.

D'après les rapports officiels, on a eu à déplorer la mort de 141 personnes, parmi lesquelles 9 Européens. Ce sont:

1. Madame Vᵛᵉ A. G. F. Harmsen, née Bernard.
2. Madame M. H. de Haas, née Pietersz.
3. H. van der Aa, caporal d'artillerie, régistre matricule n°. 44292.
4. F. C. H. Romang, artilleur de 1ᵉ classe, rég. matr. n°. 37468.
5. D. Janse, artilleur 2ᵉ classe, rég. matr. n°. 38141.
6. R. Kok, artilleur 2ᵉ classe, rég. matr. n°. 40407.
7. C. de Rooy, artilleur 2ᵉ classe, rég. matr. n°. 26669.
8. M. Einogg, fusilier, rég. matr. n°. 46255.
9. Echter (enfant du fusilier Echter, rég. matr. n°. 26703.)

Européens.

10. AMATKARYO, fusilier indigène, rég. matr. n°. 42903.

6 Orientaux étrangers, dont deux enfants (filles) du capitaine des Chinois.

41 Ambonais.

65 (¹) autres indigènes (Binoungkounais, etc.).

12 prisonniers.

7 femmes de soldats et enfants.

Ensemble 141 personnes.

Les personnes mentionnées sous les nᵒˢ. 3 à 6 ont péri par l'effondrement de la caserne d'artillerie n°. 14, bâtie en *pierres*, et qui avait de plus une toiture en tuiles. DE ROOY y fut blessé si grièvement qu'il est mort à bord de l'«Arend», un bateau à vapeur de l'Etat, en route pour Makasser. Le fusilier EINOGG est mort de saisissement. Les orientaux étrangers ont été ensevelis sous les murs en *pierre* du quartier des Chinois; la plupart des indigènes, sous les lourds piliers en *pierre* des hangars du marché n°. 40; les femmes et les enfants de soldats ont trouvé la mort par l'effondrement du hangar des femmes n⁰. 24, qui avait une toiture de tuiles *en pierre*; et les prisonniers, par la démolition de la prison, bâtie aussi en *pierres*. Les bâtiments en *bois*, et ceux qui avaient été construits en matériaux légers, suivant la construction dite «regelbouw», sont restés la plupart en bon état; et même, lorsqu'ils se sont renversés, ils n'ont pas causé mort d'homme.

Heureusement, le nombre des victimes de ce tremblement de terre très violent était relativement minime; à cause des nombreux édifices en pierres qui existent à Ambon, il aurait certainement été bien plus grand si la commotion ne s'était pas produite à une heure aussi favorable de la journée. Comme nous l'avons dit, les écoles étaient vides; le dîner n'avait pas encore été pris, de sorte que personne ne s'était encore couché pour la sieste. Si la catastrophe avait eu lieu pendant la nuit, le nombre des personnes qui y auraient perdu la vie aurait été peut-être vingt fois plus grand.

On ne connaît pas exactement le nombre des blessés, il est évalué à 300.

(¹) Il y a une présomption fondée que ce chiffre est trop élevé. Quelques Binoungkounais, signalés comme „disparus", paraissent avoir quitté l'île déjà avant le tremblement de terre.

Les *dégâts aux propriétés particulières* sont estimés à 800 000 fl. ; ceux qu'ont subis les édifices du gouvernement sont bien plus considérables.

Lors de mon enquête au sujet des causes et des conséquences de ce tremblement de terre, on m'a posé la question s'il ne serait pas prudent d'abandonner Ambon comme siège de l'administration. Après mûre réflexion, j'ai dû répondre négativement, et cette réponse était basée sur les considérations suivantes.

D'abord, bien qu'elle soit sujette aux tremblements de terre, la ville d'Ambon offre de très grands avantages. C'est une localité particulièrement salubre; elle possède une eau potable excellente, provenant du granite ou du gravier granitique quaternaire, et elle offre un assez bon mouillage pour les bâteaux. Le danger de victimes humaines à la suite des grands tremblements de terre futurs peut-être réduit à un minimum, si on renonce aux bâtiments et aux murs en pierre. Si j'ai donc conseillé de conserver Ambon comme chef-lieu de la province, c'est sous la réserve expresse que tous les édifices du gouvernement, même les casernes, fussent reconstruits en matériaux légers, suivant le mode dont nous avons déjà parlé plus d'une fois; et que l'administration locale insistât auprès des Européens et des Chinois de ne plus construire dorénavant de maisons en pierre et de les recouvrir autant que possible d'une toiture légère en atap ou en plaques minces de fer galvanisé (voir mémoire n°. **41**, pp. 26 à 28).

Lors de mon voyage à Ambon en 1904, j'ai constaté que, dans la reconstruction des bâtiments, on a effectivement tenu compte de mes recommandations. Des habitations fortement lézardées, un petit nombre seulement étaient encore debout; la plupart étaient abandonnées, une seule était encore habitée. Il est à espérer que ces édifices dangereux seront aussi bientôt démolis.

D'ailleurs, le déplacement du siège de l'administration aurait eu de graves inconvénients; car d'abord, il n'existe pas dans toute l'île un terrain convenable pour une localité aussi grande. Banda ne pouvait venir en ligne de compte, car elle a également à souffrir de commotions terrestres et marines. On avait recommandé la localité Amahei, à Céram, située à la baie d'Elpapouti, comme un endroit particulièrement favorable; mais on a dû y renoncer complètement, surtout à cause de l'absence d'eaux courantes suffisantes, de l'état sanitaire peu avantageux, et de la constitution du sol d'Amahei, formé de matériaux meubles qui s'élèvent à peine de quelques mètres au-dessus du niveau de la mer; par suite d'un mouvement sismique de la mer, la langue de terre à l'ouest de la plaine d'Amahei «pourrait donc bien être un jour submergée, et alors le terrain plus large, situé à l'est, éprouverait indubitablement aussi de très grands dégâts» (voir mémoire n°. **41**, p. 35).

Voilà ce que j'ai écrit le 4 mai 1898; 17 mois plus tard, le 30 septembre 1899, une grande partie d'Amahei a été inondée par une onde sismique venant de Céram, et 350 personnes ont été noyées!

2. *Zone au sud d'Ambon, jusqu'à la côte du Sud.*

Cette bande est indiquée sur la carte n°. IV. Immédiatement en arrière d'Ambon, près de la petite cime de 80 m. d'altitude (feuille 5 de la carte n°. II), il s'était produit dans la route une grande crevasse, et les terres meubles s'étaient affaissées aux deux bords du chemin, de sorte que la largeur restante était à peine de $^1/_2$ m.

Sur la route au nord de Hatalaï et entre cette localité et Nakou, on a constaté aussi de pareilles fissures; et de grandes masses du terrain granitique, désagrégé en une matière sableuse, avaient glissé, entraînant des troncs d'arbres et des arbustes, et obstruant la route en divers endroits. Il y avait eu aussi un grand éboulement au flanc nord de la montagne de péridotite Loring ouwang, marquée *f* sur la carte n°. IV; on pouvait même le voir d'Ambon. Comme il n'y a pas de villages tout près de la faille, telle qu'elle a été représentée sur la carte n°. IV, les maisons de ce terrain ont subi relativement peu de dégâts; cela peut tenir aussi en partie à la dureté du sous-sol, du granite qui n'est fort altéré qu'à proximité de la surface.

Près d'une cime granitique au nord de *Soja di atas*, le sol était fortement crevassé parallèlement à la mer; une maisonnette avait dévié de la verticale et penchait aussi vers la côte du côté d'Ambon. Au kampong Soja di atas même, l'éboulement du terrain granitique altéré a endommagé des maisons et les a fait pencher. L'église était fort maltraitée; le mur de derrière s'était renversé dans la direction de 240°, donc dans une direction qui s'écarte fort de la normale, ce qui doit sans doute être attribué à l'état de délabrement de ce mur.

A *Hatalaï* l'église a reçu un choc de 320° et était assez endommagée ; au demeurant, les dégâts ont été peu importants. A l'église de *Nakou*, le mur de derrière avait dévié dans une direction de 32° vers 212°, donc encore dans une direction qui ne correspondait pas à la direction normale et qui est sensiblement celle de la cime du Horiel vers Nakou. A *Kilang*, l'habitation du régent, qui était très vieille, a été fort éprouvée ; le choc venait à peu près de 320°. L'église et l'école avaient été atteintes également, mais à un degré moindre ; à l'église, le choc paraît être venu, non seulement de cette direction, mais aussi dans un sens perpendiculaire, à en juger d'après l'inclinaison des piliers extérieurs, qui ont été poussés vers le sud-ouest. A *Ema*, il y avait seulement 6 maisons qui penchaient ; à *Houkourila* l'église est un peu abimée ; dans ces deux localités, le choc venait d'Ambon, ou sensiblement dans la direction normale (320° environ). A *Mahija*, 6 maisons se sont écroulées.

3. *Côte sud de Hitou, entre Kĕmiri, Nipa, Roumah tiga et Poka.*

Pour autant qu'on ait pu l'observer au petit nombre de maisons et de piliers en pierre, à *Kĕmiri* et à *Nipa*, ces constructions sont tombées pour la plupart à la suite d'un choc qui venait de la direction de 55° ou 60° ; quelques-unes étaient couchées du côté de la mer, donc sensiblement vers le sud ou le sud-est. A *Roumah tiga*, divers petits poteaux s'étaient renversés dans une direction de 267° environ. A la maison de Madame ROSKOTT, le choc principal avait été parallèle à la mer, de 252° vers 72°, donc à peu près vers l'est ; la maison penchait vers l'ouest ; mais de plus, il paraît qu'il y a eu aussi un choc perpendiculaire à cette direction, parce que dans le plafond de la pĕndopo les piliers en gaba-gaba s'étaient déplacés dans une direction sud. Nous sommes ici dans le domaine sismique III, où a agi non seulement l'ébranlement principal, mais encore un autre mouvement, perpendiculaire au premier, suivant la faille qui longe la côte sud de Hitou. A *Poka*, le choc secondaire a agi également ; les murs latéraux de l'église, dans la direction de 67°, sont restés debout, les deux autres ont été renversés, mais tous deux vers l'extérieur, donc, l'un vers la mer, l'autre du côté opposé ; quatre piliers de l'église sont également tombés du côté de la mer.

Fig. 72. Maison en bois à Wakal, après le tremblement de terre.

4. *Intérieur de Hitou, entre Nipa et Wakal.*

L'intérieur de Hitou est totalement inhabité, de sorte qu'on n'a
rien pu observer à des bâtiments. Toutefois, au nord de Sahourou,
de Kĕmiri, de Nipa et de Roumah tiga, de grosses masses de matériaux meubles, brèches tendres et calcaire corallien, dont se
composent les collines, se sont éboulées en un grand nombre
d'endroits, ce que l'on a pu reconnaître à des taches blanches
dans la verdure des arbres, que l'on pouvait même voir d'Ambon.
Sur les deux rives de la Waï Ami se trouvent les éboulements marqués **1, 2, 2a, 3, 4,** sur la carte n°. IV (ils sont représentés aussi
fig. 34 de l'annexe IV); trois autres, marqués *a, b, c,* se trouvent à
proximité de la Waï Lela; ils fournissent la preuve que ce terrain
a été fortement ébranlé. Près de la côte du nord il y a aussi deux
éboulements pareils, marqués *d, e;* le dernier a été décrit en détail
ci-dessus, et il est représenté dans la fig. 37 de l'annexe IV.

5. *Côte du nord de Hitou, à Wakal.*

La plus grande partie de la négorie *Wakal* a été dévastée par le
tremblement de terre; la plupart des maisons, de construction légère,
se sont écroulées verticalement. Une des maisons en planches, à laquelle des piliers solides en bois avaient donné plus de résistance,
n'a pas été renversée, mais elle a pris une position oblique et penche
vers la mer, donc au nord (à peu près 358°), à l'encontre du choc.
Elle est représentée dans la fig. 72, faite d'après une photographie
prise par l'ingénieur KOPERBERG. Ici aussi le choc venait donc du
nord, bien que sa direction se rapprochât de la verticale, car la grande
majorité des habitations se sont abattues verticalement.

II. Le *second terrain* a beaucoup moins souffert que le premier de
ce tremblement de terre.

6. *Côte nord de Hitou.*

Dans la négorie *Hitou lama,* qui n'est qu'à 1 km. à l'est de Wakal,
la dévastation était bien plus faible; on y pouvait observer deux
directions de secousses, l'une qui venait sensiblement du nord, l'autre
à peu près parallèle à la mer et presque perpendiculaire à la première.
A l'oratoire (roumah sĕmbajang) à côté de l'habitation du régent,

un pilier d'angle avait dévié vers le nord; par contre, au cabinet, l'un des piliers s'était déplacé vers 55°, donc à peu près vers le nord-est, tandis que l'arrière mur de la cuisine était renversé du côté du sud-ouest.

Dans une autre maison, celle du pateh, un des murs intérieurs était tombé dans la direction de 72°, et plusieurs poutres s'étaient détachées dans cette direction. C'étaient-là les plus grandes maisons, construites en calcaire corallien et en maçonnerie; aux autres maisons endommagées il était moins aisé de reconnaître la direction du mouvement. Nous nous trouvons ici à l'extrémité de la bande I (carte n°. IV), et déjà dans le domaine de la bande II, où le choc parallèle à la mer, le long d'une faille qui existe à cet endroit, se faisait sentir plus fortement que le choc principal.

Les kampongs *Mamala* et *Morela*, situés plus loin au nord-est, n'ont presque pas eu à souffrir du tremblement de terre, probablement parce qu'ils se trouvent bien loin au nord de la faille II.

Plus à l'ouest, à *Kaïtetou* et à *Hila*, les maisons ont peu souffert, seule l'église de *Hila* était endommagée et le pilier nord-ouest était déplacé vers le nord-est. A *Saïd*, le mur d'un bâtiment penchait vers 285°; les dégâts étaient également minimes.

7. Côte sud de Hitou.

A *Alang* la secousse était nettement perceptible, mais il n'y eût que peu de dégâts; les murs de l'église présentaient des crevasses horizontales; dans le presbytère les lampes suspendues oscillaient, au dire des habitants, dans une direction sensiblement nord-sud, mais le toit était déplacé quelque peu vers l'est, donc en sens contraire du mouvement dans la zone sismique III (carte n°. IV).

A *Laha*, *Tawiri* et *Hatiwi bĕsar* (Batou loubang) quelques maisons seulement étaient renversées; la plupart penchaient, notamment vers l'est ou le nord-est, donc à l'encontre des secousses dans la zone III.

Ainsi que je l'ai déjà mentionné ci-dessus (sous 3), tel était aussi le cas plus loin à l'est, à *Sahourou*, *Kĕmiri* et *Nipa*; ici des poteaux étaient tombés du côté du nord-est environ, et les maisons penchaient aussi vers le nord-est.

Par contre, à *Roumah tiga*, déjà située à l'est de la faille principale, les maisons étaient inclinées du coté du sud-ouest, c.-à-d. encore une fois en sens contraire du mouvement dans la zone III, mouvement qui paraît avoir pris naissance sur la faille principale I, de sorte que tous les points situés à l'ouest de cette ligne ont subi un choc $\pm$ nord-est, et ceux situés à l'est un choc $\pm$ sud-ouest. Dans le terrain sis entre *Sahourou* et *Roumah tiga*, on a ressenti en outre une secousse venant du nord ou du nord-nord-ouest, et qui doit être attribuée au mouvement principal I.

A *Poka* le choc venait aussi à peu près du sud-ouest, ainsi que je l'ai déjà dit tantôt (sous 3). Deux murs se sont renversés vers 67° et 247°, non évidemment dans un sens exactement perpendiculaire à la direction de l'impulsion, mais perpendiculairement à leur propre direction, comme cela arrive toujours.

Plus loin, le long de la côte nord de la baie Intérieure, la secousse n'a pas produit beaucoup de dégâts; seule la maison de M. MULDER, située au sud du gué de la rivière Gourou gourou kĕtjil, s'écroula, probablement parce qu'elle menaçait déjà ruine.

Si nous prolongeons la faille III vers le nord-est, nous arrivons à la côte est de Hitou, près de la négorie Waë. Dans cette localité des morceaux s'étaient détachés des murs d'une vieille bâtisse. Dans la maison du pasteur adjoint les piliers en bois manifestaient un faible écart dans la direction de 30° vers 210°, donc contre le choc.

8. *Côte nord de Leitimor.*

A *Silali* et à *Eri* la secousse ne produisit pas de dégâts. A *Amahousou* les deux murs de l'église placés dans une direction de 60° vers 240° n'eurent pas beaucoup à souffrir; les deux autres, perpendiculaires aux premiers, beaucoup au contraire, mais ils restèrent néanmoins debout. Cela indique que la secousse est venue du nord-est dans la zone sismique IV, le long de la faille qui longe la côte nord de Leitimor. Dans la montagne en arrière d'Amahousou, à peu près sur la limite de la péridotite et du terrain quaternaire, il s'était formé une crevasse dans la direction de 128°, donc à peu près perpendiculairement au choc.

Plus loin nous arrivons à l'église indigène à *Batou gantoung* (n°. 50 du plan), et puis à *Ambon*, dont nous avons déjà parlé plus haut.

De l'autre côté de la rivière Batou merah se trouve *la négorie de ce nom* (feuille 2 de la carte nᵒ. II). Là les murs de la mĕsigit, dirigés du nord au sud, se sont renversés dans une direction de 270°, et la porte en pierre du tombeau d'un certain Dɪᴇᴘᴏ Nᴇᴇɢᴏʀᴏ (un neveu, si je ne me trompe, du Dɪᴇᴘᴏ Nᴇᴇɢᴏʀᴏ, bien connu, qui est enterré à Makasser) est tombée vers 280°, également dans un sens perpendiculaire à sa propre direction. La secousse principale, provenant sensiblement de 315°, a fait sentir ici son influence; les murs ne se sont pas renversés toutefois perpendiculairement à la direction du choc, mais perpendiculairement à leur propre direction, comme cela se passe toujours. A *Gĕlala* diverses maisons indigènes se sont renversées, mais, comme on en avait déjà enlevé les décombres à mon arrivée, je n'ai plus pu déterminer la direction de la secousse.

A *Halong* quatre maisons tombèrent; la maison du régent, très vieille et caduque, fut fortement endommagée, les piliers présentant un écart vers 84°; l'impulsion dans la zone IV était donc ici à peu près parallèle à la côte.

Plus à l'est, à *Lata*, *Lateri*, *Nontetou*, *Paso* et *Toulehou*, la secousse ne produisit aucun dégât.

III. *Le troisième terrain*, comprenant la portion de l'île située en dehors des domaines sismiques I, II, III et IV, eût fort peu à souffrir du tremblement du terre, mais on y a ressenti partout le mouvement.

A *Latou halat* l'église était lézardée, surtout aux murailles placées dans une direction de 330° vers 150°.

A *Lea hari*, *Routoung* et *Houtoumouri* le choc venait, suivant le témoignage unanime de toutes les personnes qui assistèrent au tremblement de terre, à peu près d'une direction de 310° à 320°, soit en moyenne 315°, ce qui correspond à la secousse principale. Les observations n'étaient pas en désaccord avec cette assertion. A *Lea hari* les effets étaient peu marqués, aucune maison n'était sérieusement endommagée, l'église pas davantage. A *Routoung* une maison s'était renversée vers 35°, une autre vers 45°. A *Houtoumouri* le mur de l'église présentait des fissures.

Il ne semble donc pas qu'il y ait eu une impulsion le long de la faille qui borne Ambon au sud.

IV. *Localités en dehors de l'île d'Ambon, où l'on a ressenti le tremblement de terre.*

En dehors d'Ambon, la secousse du 6 janvier 1898 a été sentie à Haroukou, Saparoua et Nousa laout, dans les baies de Pirou et d'Elpapouti à Céram méridionale, et à Wahaai à la côte nord de Céram. A Banda on s'est aperçu à peine du tremblement de terre et à Labouha, dans Batjan, on ne l'observa pas du tout.

Résultats.

Le tremblement de terre, excessivement violent, de janvier 1898 était d'origine tectonique et doit être attribué à une dislocation le long d'une ancienne faille en travers de l'île d'Ambon. Les observations ont appris, qu'au chef-lieu Ambon la secousse principale était dirigée du nord-ouest au sud-est; le mouvement était essentiellement ondulatoire, horizontal, mais il vint s'y ajouter un mouvement vertical, plus fort à Wakal qu'à Ambon, ce qui fait que l'inclinaison des chocs se rapprochait plus de la verticale au premier endroit qu'au second.

Outre ce mouvement primaire on a constaté aussi des chocs secondaires, plus ou moins perpendiculaires aux premiers, probablement le long de plans de rupture voisins des côtes de l'île.

A la côte nord de Hitou et à la côte sud de Leitimor il ne se produisit pas de mouvement de la mer pendant ce tremblement de terre; dans la baie d'Ambon un pareil mouvement se produisit, mais faiblement.

www.ingramcontent.com/pod-product-compliance
Lightning Source LLC
Chambersburg PA
CBHW061124220326
41599CB00024B/4153